全彩图解 电工识图 快捷入门

黄北刚 编著

内 容 提 要

本书详细地介绍了有关电工识图的基本知识、方法和技巧。书中首先介绍了电气图纸的基本内容与识图基础、阅读电气图纸的顺序与方法、认识电气设备及其图文符号；其次介绍了时间继电器及其触点性质的检测，具有时间控制的电气控制电路，交流接触器、热继电器、倒顺开关、行程开关的用途与电路接线；最后介绍了怎样看识电气动力系统图与配置图、电气照明系统图与配置图、电气设备配线图与接线图。

本书将开关及各种电气设备的实物图片与图文符号相结合，直观易学，便于初学者理解，可供具有初中以上文化水平的厂矿初级电工阅读学习和电工爱好者自学，也可作为电工岗位技能培训教材。

图书在版编目（CIP）数据

全彩图解电工识图快捷入门 / 黄北刚编著. —北京：中国电力出版社，2025.2
ISBN 978-7-5198-6975-5

Ⅰ. ①全…　Ⅱ. ①黄…　Ⅲ. ①电路图–识图–图解　Ⅳ. ①TM13-64

中国版本图书馆 CIP 数据核字（2022）第 137882 号

出版发行：中国电力出版社
地　　址：北京市东城区北京站西街 19 号（邮政编码 100005）
网　　址：http://www.cepp.sgcc.com.cn
责任编辑：杨　扬（010-63412524）
责任校对：黄　蓓　王海南
装帧设计：赵姗姗
责任印制：杨晓东

印　　刷：三河市万龙印装有限公司
版　　次：2025 年 2 月第一版
印　　次：2025 年 2 月北京第一次印刷
开　　本：787 毫米×1092 毫米　16 开本
印　　张：13.75
字　　数：307 千字
定　　价：69.00 元

PREFACE

前言

随着我国电力工业的发展，许多青年渴望通过学习电工技术，掌握一技之长，运用电工技术为国家经济建设作贡献。为了满足电工初学者的愿望，特编写《全彩图解电工识图快捷入门》一书。

学习电工技术，除了必须学好各种电气规程、规范（电气规程、规范是电工岗位的技术质量标准与安全工作准则），还需学习电工基础理论知识，更要学习实际的电工操作技能。要学好这些，必须从识读电气图纸开始。首先要认识开关设备的外形，了解它的作用和操作方法，然后逐步了解电气设备的结构和动作原理，这是理解控制电路工作原理的基础。

本书采用大量开关和电气设备的实物图片，根据控制电路的构成，用线条连接，形成了“实物接线图”，这是实物图片与图文符号相结合的一种表达方式。电路图中的相序采用不同的颜色线条来区分。本书还提供了大量视频资源，扫描下方的二维码，可以观看视频，其中包括一些开关设备动作过程和电路工作原理的讲解。通过这样的方式来看识电路的实物接线图，了解元器件启停操作的顺序，以及电动机控制电路故障的处理方法，对于初学者来说是非常直观易学的，再结合实际接线，就能使初学者快速掌握电工技能与识图技巧。

本书构思新颖，书中电路没有像一般图书那样按功能或设备的种类来划分，而是按控制电路的元器件特点来划分，目的是使读者通过电路分析，从而举一反三、触类旁通。

由于编者水平有限，书中难免存在不足甚至错误，诚恳希望读者给予批评指正。

编　者

2024 年 9 月

扫一扫

观看视频讲解

目录 CONTENTS

本书配套视频目录

（页码为书中对应内容所在页）

第一章

第三章

第四章

第五章

第六章

第七章

第十一章

第十二章

第一章

电气图纸的基本内容与识图基础

通过本章的学习，读者能够掌握电气符号的使用方法、电气图的制图规则和方法、电气图纸说明与设备材料表、电气图纸的种类等识图的基础知识。

|第一节|　电气设备与电气图纸

新入职的电工要根据职务和工作性质，熟悉《电业安全工作规程》的有关部分（发电厂和变电所电气部分、电力线路部分、热力和机械部分），学会紧急救护法，特别是要学会触电急救法，并经考试合格，方能从事电气设备的安装、检修、维护、运行值班及倒闸操作等工作。

如果有机会走进不同等级的变电站、配电站，或走进大中型厂矿企业（如油田、采油泵站、炼油厂、石油化工厂、炼钢厂、机械制造厂等）的变电站、配电站，将会看到不同等级的开关柜。图 1－1 所示为变电站内采用 DMP300 微机保护测控装置的 10kV 高压开关柜。一座高压变电站的开关柜见视频资源。

图 1－1　采用 DMP300 微机保护测控装置的 10kV 高压开关柜（一）

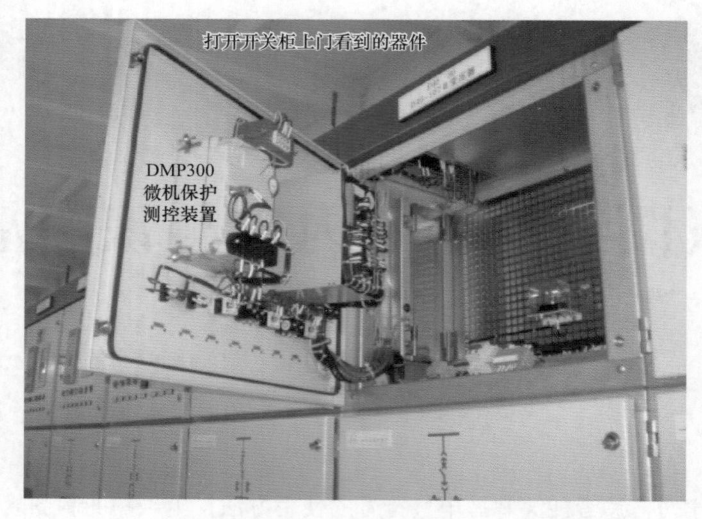

图1-1　采用DMP300微机保护测控装置的10kV高压开关柜（二）

在开关柜的外表面上安装有电流表、信号灯、按钮开关、万能控制开关等。打开开关柜的柜门可看到柜内的设备，如断路器、接线端子排等。

安装在线路上的变压器，如图1－2所示。进入低压变电站会看到排列整齐的低压配电盘（屏），如图1－3所示。在低压配电盘上可看到许多形状不一、大小不同的继电器、接触器、母线、断路器等电气器件，如图1－4所示。各器件之间由导线连接，这些连接是按照电气图纸上的电路图和技术要求由安装电工来完成的。

图1-2　柱上变压器

1—6kV或10kV架空输电线路；2—跌落开关；3—避雷器；4—6kV或10kV/0.4kV变压器；5—变压器二次配电箱；6—0.4kV架空输电线路

图1-3 低压配电盘

图1-4 低压配电盘上安装的电气器件

1—隔离开关；2—母线；3—断路器；4—交流接触器；5—电动机回路负荷电缆；6—隔离开关电源侧母线

要在头脑中建立电路图中电气器件的代表符号与实际器件的对应关系，就要通过实物图片来认识常用开关电器的外形及用途。能够基本满足电动机回路控制要求的不可缺少的开关电器，称为基本电气设备。

用统一规定的符号（表示电气器件、导线的图形符号和文字符号）把图1-4中电气器件之间的连接关系画出来，这样的图就是主回路图，也就是常说的系统图，如图1-5所示。学习识图要从认识电气设备，了解电气设备的工作原理，以及每个图形符号和文字符号所代表的设备名称、触点等开始。

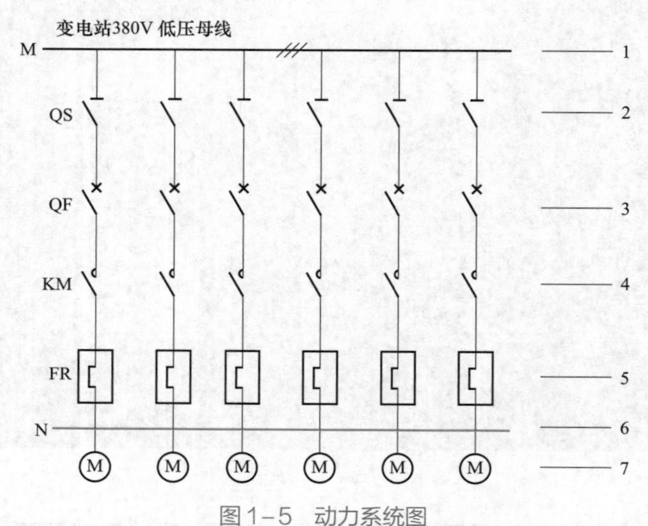

图1–5　动力系统图

1—母线（斜线表示三根线）；2—隔离开关；3—断路器；4—交流接触器；
5—热继电器；6—变压器中性线；7—电动机

如果将图 1–6 所示的电气设备实物外形，用线条代表连接用的导线，就构成了一台电动机的实物接线图。对于没有专业知识的人来说，只要按照这种实物接线图讲一遍，就能大致明白其电路原理，但这种实物接线图画起来相当困难、麻烦。

如果将图 1–6 所示电动机主电路和控制电路实物接线图中的隔离开关、空气断路器、接触器、端子排、热继电器、控制按钮，用统一规定的图形符号、文字符号的代替并绘制接线图，就可以清楚地表示电气器件之间的连接关系及其特征。这是实际接线图，这种图比较容易绘制，如图 1–7、图 1–8 所示。

通过图 1–7 可以清楚地看出电路图主要是由图形符号、线型符号、文字符号和数字符号构成的。只用图形符号不能明确地表示电气设备的名称与特征，如交流接触器，因为各种继电器线圈的图形符号（一般符号）是相同的。

要区别相同的图形符号表示的不同电气设备，必须配以相应的文字符号。例如，线圈的图形符号上面加上字母 KM，表明这是交流接触器的线圈；在触点符号旁边加上字母 KM，表示触点是交流接触器所带的触点。再如，线圈的图形符号上面加上字母 KT，表明这是时间继电器的线圈；在触点符号旁边加上字母 KT，表示触点是时间继电器所带的触点。

把图 1–7、图 1–8 所示的实际接线图画成另一种形式的控制电路图，就是电工在分析电路时常用的电路图了。这种图画法简单、层次清晰，能很容易地看出电路的工作原理，如图 1–9、图 1–10 所示。

根据图 1–6 所示的电动机主电路和控制电路实物接线图，画出单方向转动的电动机 220V 控制电路图，如图 1–9 所示。

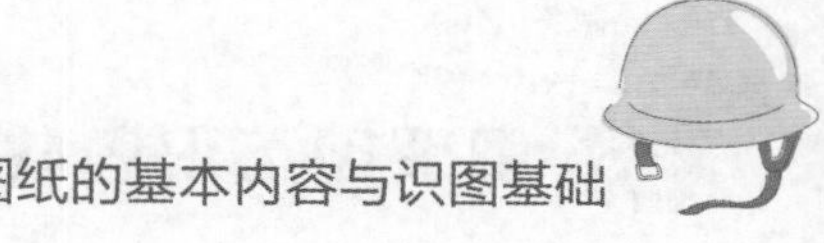

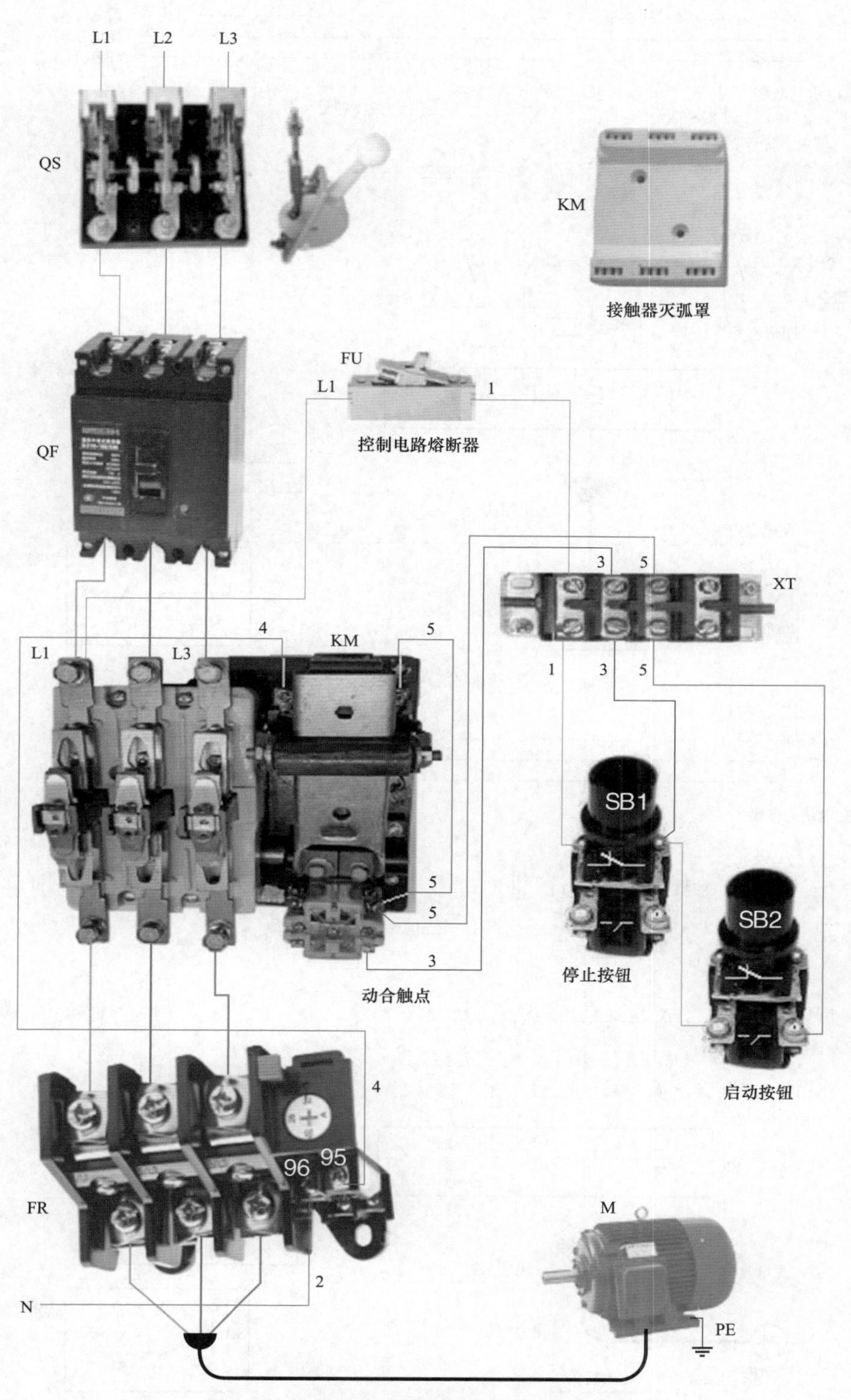

图1-6 电动机主电路和控制电路实物接线图

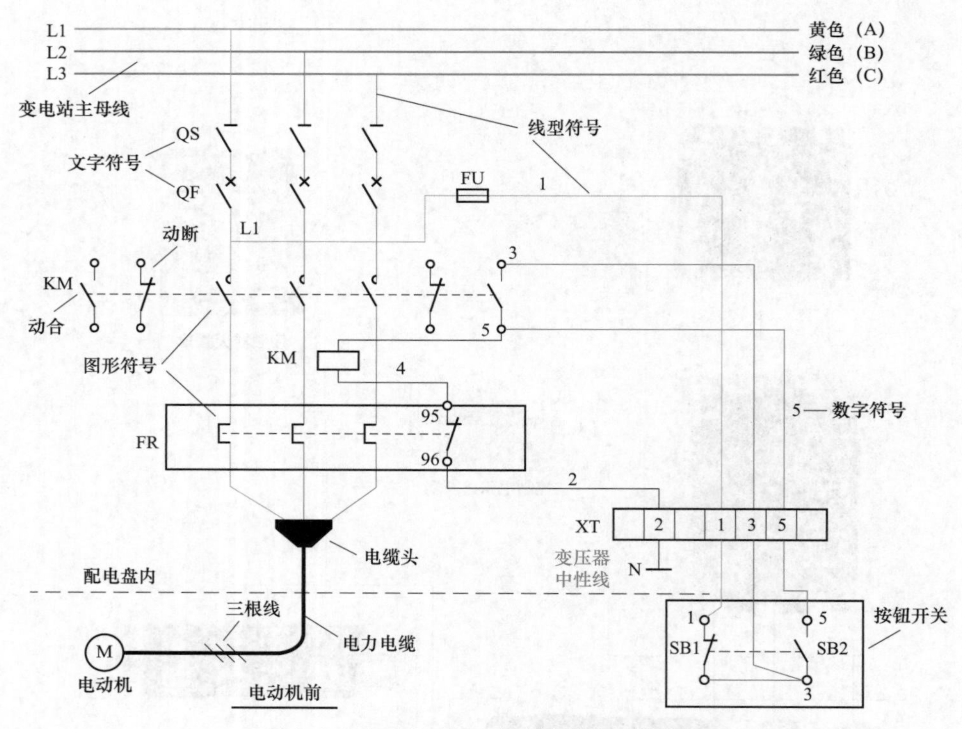

图 1-7　电动机 220V 控制电路实际接线图

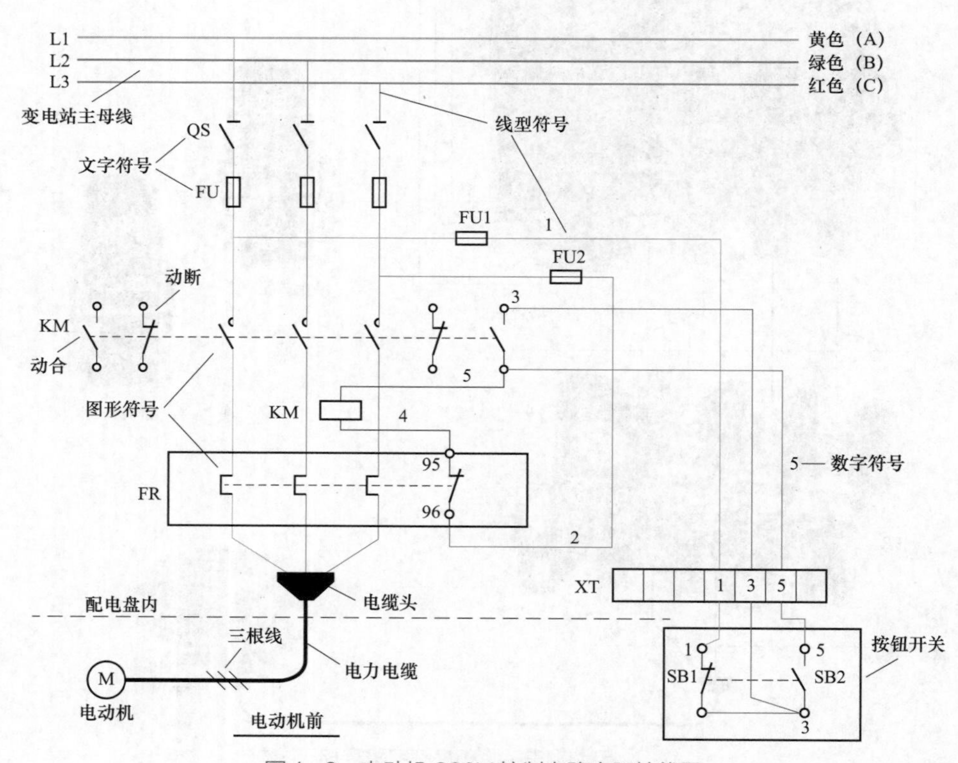

图 1-8　电动机 380V 控制电路实际接线图

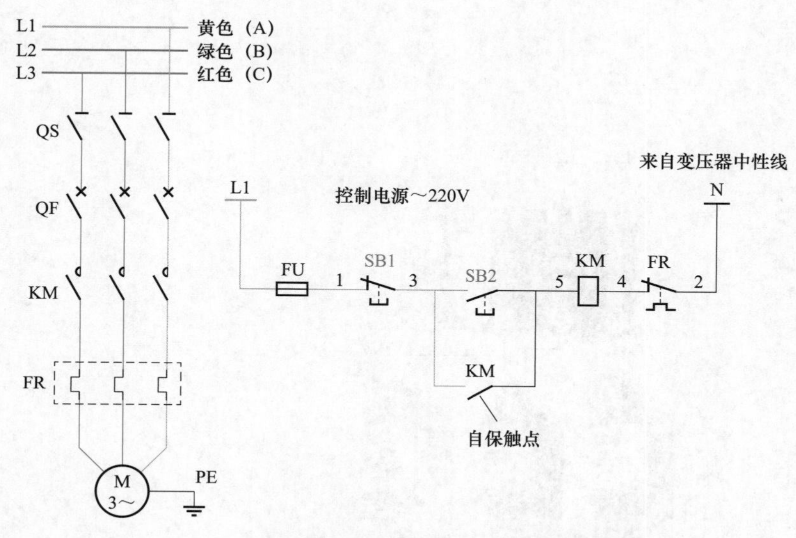

图1-9 单方向转动的电动机220V控制电路图

将图1-10所示的电动机380V控制电路的主电路改成电气设备的实物连接的方式，将控制电路改成用图形符号与文字符号表示的形式，画出的接线图如图1-11所示。

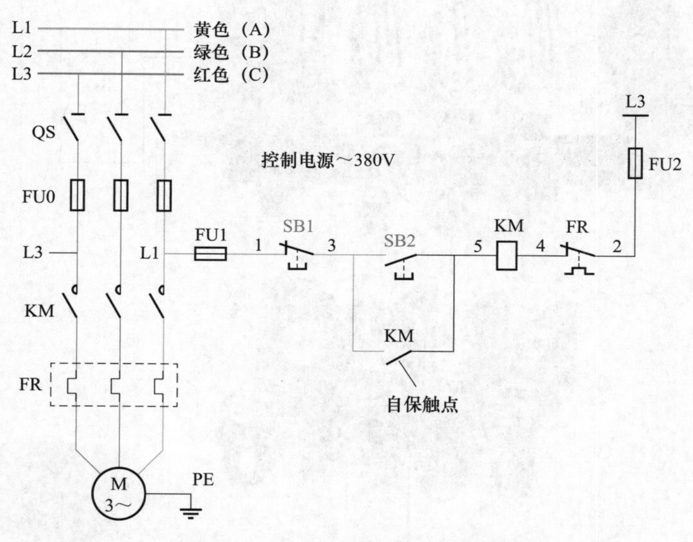

图1-10 电动机380V控制电路图

通常情况下，主电路与控制电路是分开画的，如图1-9所示。主电路图一般称为系统图，控制电路图一般称为原理展开图。用这样的图来表示电气器件之间的连接关系及其特征，电工容易看得懂。图1-9所示电动机控制电路工作原理见视频资源。

图形符号和文字符号在电路图中表示什么电气设备、附件、器件，是电工必须熟悉和掌握的基础知识。将图1-9、图1-10所示的电路图画在普通纸上，只能称为电路图、接线图；将这些图画在描图纸上，再经过晒图机晒出来的蓝色的图，称为电气图纸，如图1-12所示。

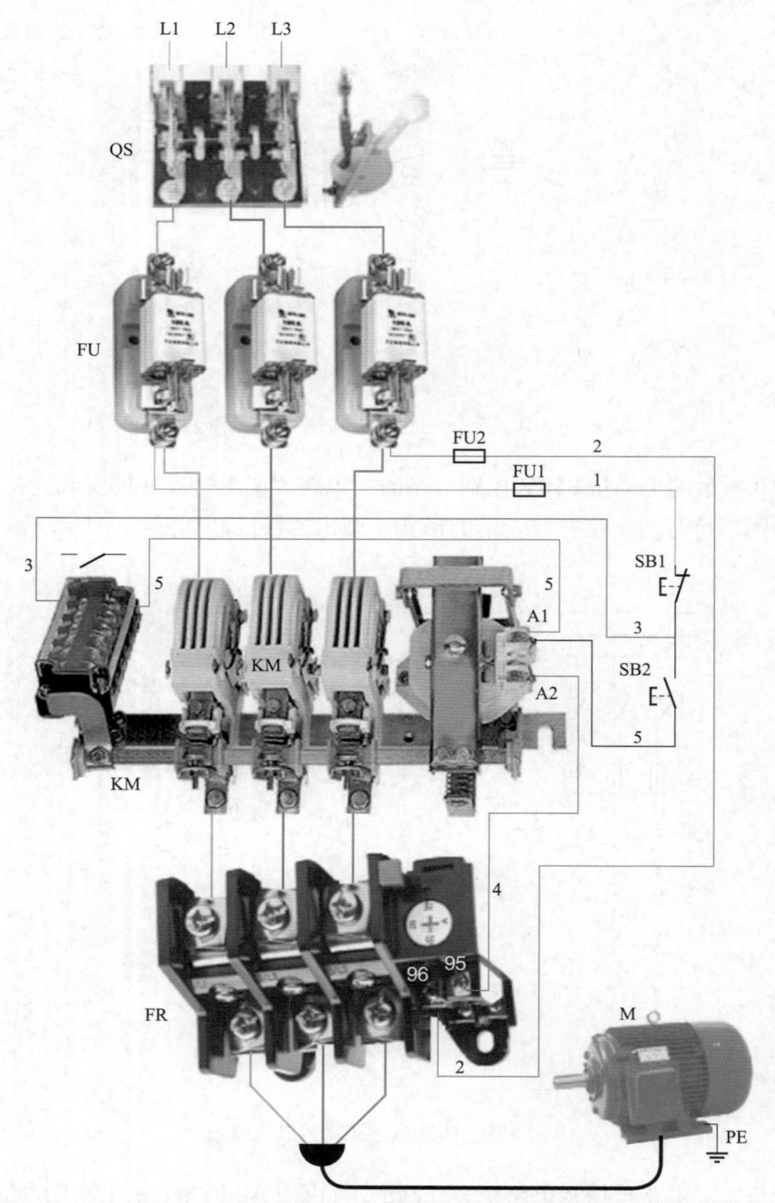

图1-11 实物与图形符号、文字符号相结合画出的电动机380V控制电路接线图

三相交流电动机操作顺序、三相交流电动机启停操作见视频资源。

能够看懂与本岗位相关的各种电气图纸，是提高电工技能的基础，本书旨在介绍识图方面的基本知识。

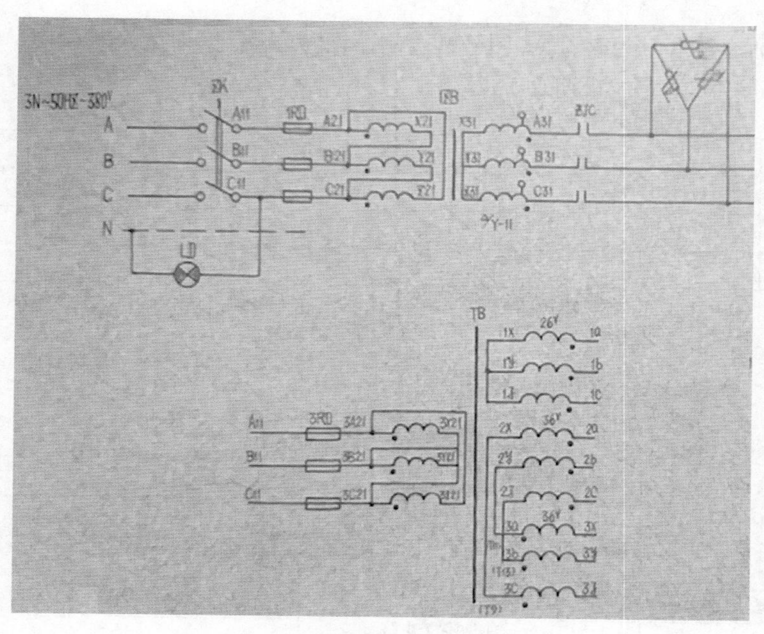

图 1–12　电气图纸

第二节　电气图纸的基础知识

电气图纸是各种电工用图的统称，是电工对电气设备进行安装、配线、分析判断电路故障等工作的主要依据，也是设计人员与电工进行技术交流的共同语言。电气工程图纸见视频资源。

一、图幅

A 类图纸的图幅尺寸规格有 0、1、2、3、4 号，其具体尺寸见表 1–1。

表 1–1　A 类图纸的图幅尺寸规格表　单位：mm

尺寸代号	幅面代号				
	A0	A1	A2	A3	A4
B × L	841 × 1189	549 × 841	420 × 594	297 × 420	210 × 297
C	10	10	10	5	5
A	25	25	25	25	25

二、图标

图标又称标题栏，如图 1–13 所示。它一般放在电气图纸的右下方，其主要内容包括图纸的名称（或工程名称和项目名称）、图号、比例、设计单位、设计人员、制图、专业负责人、工程负责人、审定人及完成日期等。

<table>
<tr><td></td><td colspan="3"></td><td></td><td></td><td></td><td></td></tr>
<tr><td></td><td colspan="3"></td><td></td><td></td><td></td><td></td></tr>
<tr><td></td><td colspan="3"></td><td></td><td></td><td></td><td></td></tr>
<tr><td></td><td colspan="3"></td><td></td><td></td><td></td><td></td></tr>
<tr><td>修改</td><td colspan="3">修改内容</td><td>日期</td><td>设计</td><td>核对</td><td>审核</td></tr>
<tr><td colspan="4">×××设计院</td><td colspan="4">×××石化公司
×××装置及配套工程</td></tr>
<tr><td>职别</td><td>签字</td><td>日期</td><td rowspan="2">×××装置
×××变电站6kV部分</td><td colspan="2">设计阶段</td><td colspan="2"></td></tr>
<tr><td>设计</td><td></td><td></td><td colspan="2">设计日期</td><td colspan="2"></td></tr>
<tr><td>校对</td><td></td><td></td><td rowspan="4">进线柜
控制保护电路图</td><td colspan="2">图纸比例</td><td colspan="2"></td></tr>
<tr><td>审核</td><td></td><td></td><td colspan="2">第 1 页</td><td colspan="2">共 1 页</td></tr>
<tr><td>批准</td><td></td><td></td><td colspan="3" rowspan="2">S17800–DQ00–01</td><td rowspan="2">0</td></tr>
<tr><td></td><td></td><td></td></tr>
</table>

图1–13　图标

三、比例和方位标识

电气图纸常用的比例是 1∶200、1∶100、1∶60、1∶50，大样图可用的比例是 1∶20、1∶10 或 1∶5，外线电气图纸常用小比例。图中的方位按国际惯例通常是上北下南、左西右东，但有时可能采用其他方位，这时必须标明指南针。最简单的方位标识如图 1–14 所示。

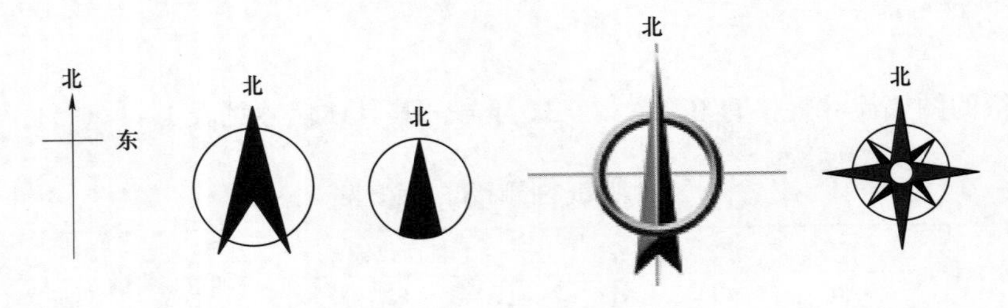

图1–14　方位标识

四、标高

标高是指在电气图纸上标出的电气设备的安装高度或线路的敷设高度。在建筑图中标高用相对高度，如以建筑物室内的地平面为标高的零点。

五、图例

以电气工程相关的建筑平面图、立面图、剖面图为条件图画出的电气图纸中，采用统一的图形符号表示线路和各种电气设备，以及敷设方式与安装方式等。

某些电气工程平面图中，为明确图形符号所表示的电器名称，就将图形符号与说明标注在电气图纸的某一位置上，这就是图例，如图 1－15 所示。

壁灯　天棚灯　防水防尘灯

图 1－15　图例

六、尺寸标注

在电气图纸中，尺寸标注常用毫米（mm）为单位；在总平面图中或采用特大设备时，采用米（m）为单位。

七、平面图定位轴线

凡是有建筑物承重墙、柱子、主梁及房架的平面图都应该设置定位轴线。平面图定位轴线标注编号分为纵轴编号和横轴编号，如图 1－16 所示。

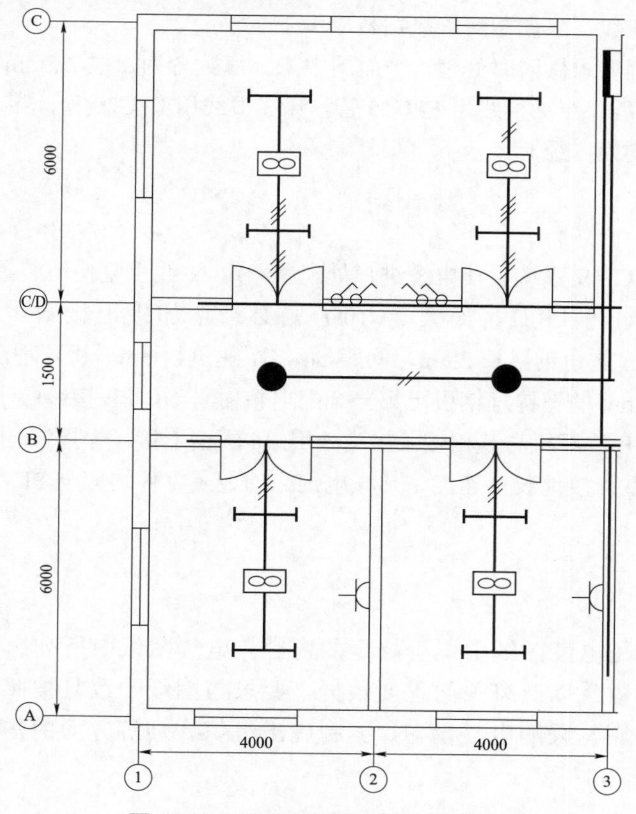

图 1－16　平面图定位轴线标注示意图

它的标注方法是：纵轴编号用阿拉伯数字从左向右标注；横轴编号用大写英文自下而上标注。而轴线间距是由建筑结构尺寸来确定的。在电气平面图中，通常在外墙外侧画出横、竖轴线，这样做的目的是突出电气线路。

|第三节|　电气图纸说明与设备材料表

一、电气图纸说明

说明是电气图纸中不可缺少的内容。它用文字叙述的方式说明了一个电气工程中的供电方式、电压等级、主要线路敷设形式，以及在图中表达的各种电气器件的安装高度、工程主要技术数据、施工和验收要求、有关注意事项等。例如，一个照明工程的电气图纸中，会就线路敷设方式用文字简要叙述其施工要求。

1. 线路敷设方式说明

进户线、一层配电干线、层间配电干线采用钢管沿地、墙暗配线（SC）；各楼层分回路线采用阻燃塑料管暗配线，阻燃塑料管氧指数应大于27。

钢管按规定规程要求做防腐处理，平面图中未标线数者为2根2.5mm^{2}铜芯线。所有导线均采用2.5mm^{2}铜芯线，穿2根线用FPC15管，穿3根线用FPC20管，穿4～6根线用FPC25管（钢管与塑料管均为内经）。

2. 接地说明

接地采用TN－C－S系统，在电缆进户处配置一组N线重复接地装置（与防雷共用接地装置），接地电阻小于10Ω，如大于10Ω则必须增加接地极数，接地极采用3根50mm×50mm×5mm的角钢（长2.5m，间距5m，距建筑物3m，极顶埋深1.1m），从重复接地装置用25mm×4mm的镀锌扁钢引至第一个配电箱内与N、PE接线端子板相接，从总配电箱分别配出的N、PE线不再与其相接。接头处用ϕ6圆钢连接（焊接），进出建筑物的各种金属管道在进出处与重点接地装置连接，凡与电绝缘的金属零件均应与PE线连接。

二、设备材料表

设备材料表也是电气图纸中不可缺少的内容。电气图纸中所列出的全部电气设备材料的规格、型号、数量以及有关的重要数据，要求与图纸一致且按照序号编写。这是基于施工单位计算材料、采购电气设备、编制施工组织计划等方面的需要。设备材料表示例见表1－2。

表1-2　　设备材料表示例

序号	符号	名称	型号	规格	单位	数量	备注
3	KZT	控制台	ZK-3Z		个	1	与设备配套
2	PA2	电流表	42L1-A		个	1	在操作柱上
1	QB	旋转开关			个	2	在操作柱上
安装在现场上的设备							
11	PA1	电流表	42L1-A	600/5A	个	1	
10	HL1、HL2	信号灯	NXD2	380V	个	2	红、绿各1个
9	FU1、FU2	熔断器	GF1	16/6A	个	2	
8	KA	中间继电器	JZ7-44	380V	个	1	
7	FR	热继电器	JR36-20	5A	个	1	调整范围3.2～5.0A
6	F	分励脱扣线圈			个	1	QA附件
5	S	失压脱扣线圈			个	1	QA附件
4	CD	合闸电磁铁			个	1	QA附件
3	STA	速饱和互感器			个	3	QA附件
2	QA	自动开关	DWX15	600A	个	1	
1	QS	隔离开关	HD13/3	600A	个	1	
安装在开关柜上的设备							
序号	符号	名称	型号	规格	单位	数量	备注

版次	修改内容	日期	修改	核对	审核
版次	修改内容	日期	修改	核对	审核

×××设计院			
设计	第三冷冻站扩建 250kW 电动机　额定电流455A	设计阶段	施工图
制图		比例	
校对		第　张	
审核	电动机控制电路图		
审定		LYCKJ-DT-S23	

第四节　电气图纸的分类

电气图纸是电气工程用图的统称。电气工程都与建筑物有关联，并在土建施工图中体现出电气设备安装的实际位置。目前电气图纸分为系统图、配置图、电气原理图、原理展开图、实际接线图、配线图、平面布置图等。一个电气工程通常需要几种电气图纸配合才能将工程表达得清楚完整，进而使施工人员按照图纸的各项技术、质量要求，完成电气施工任务。使用计算机CAD画出的电路图见视频资源。

电工岗位不同，接触的电气图纸范围也有所区别。例如，厂矿维护电工接触的是机械设备的电气控制原理图和电气接线图，变电站运行值班电工主要接触的是变、配电系统图（反映变、配电系统一次线的接线方法）。

电气接线图有很多种，可按其使用目的来分类。有的是几种接线图配合起来用于一个目的，也有的是一种接线图用于多种目的。

电气接线图一般可分为两大部分，即表示电力设备接线的主回路接线图（也称一次线路图）和表示控制设备接线的控制回路接线图（也称二次线路图），如图 1－17 所示。其中，主回路接线图可画成单线图，也可画成多线图（或称复线图）。还有一种用中断线表示的电路图（在中断处必须标识导线的走向），一般用于成套开关设备厂的内部配线与现场施工。

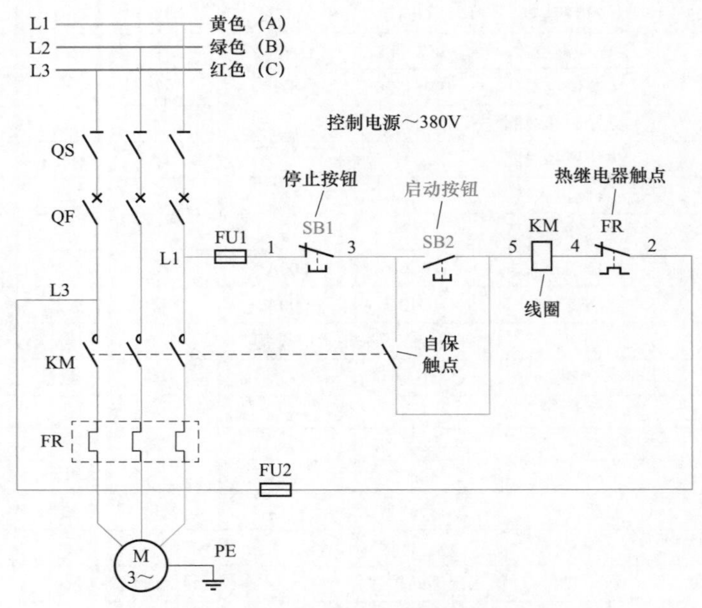

图 1－17　主回路接线图和控制回路接线图

关于电气接线图的分类方法，目前尚无确定的标准，相应的名称也尚未统一。现按连接的表示方法、表示内容等将电气接线图进行分类，如图 1－18 所示。

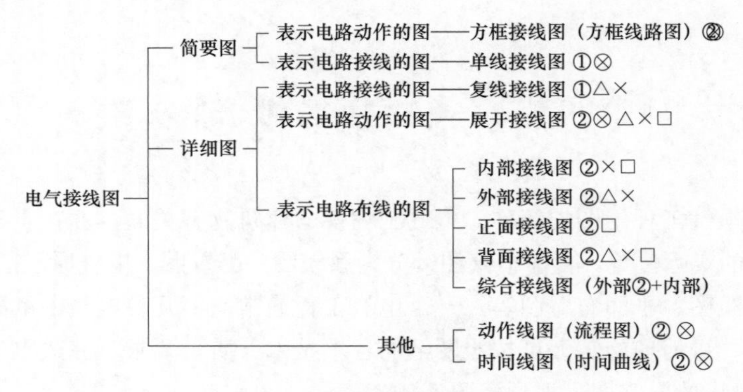

图 1－18　电气接线图分类

①—主电路接线图；②—控制电路接线图；⊗—规划、设计阶段的接线图；△—施工阶段接线图；×—交付阶段的接线图；□—试验运行维护用的接线图

第二章

阅读电气图纸的顺序与方法

通过本章的学习，读者能够掌握阅读电气图纸的一般顺序，了解电路图中部分触点的定义和电气设备（器件）动作的条件，知道看识电气图纸的方法。

|第一节| 阅读电气图纸的一般顺序

阅读电气图纸应按照一定的顺序进行，如此才能较迅速全面地实现看图的目的。一般应按照以下顺序依次看图。

一、看标题栏和图纸目录

拿到图纸后，首先要仔细阅读电气图纸的主标题和有关说明，包括技术说明、元件明细表、施工说明书等，并结合已有的电工知识，对该电气图纸的类型、性质、作用有一个明确的认识，从整体上理解电气图纸的概况和表述的内容。表 2－1 为 BKL－Ic 型图纸目录示例。

表 2－1　BKL－Ic 型图纸目录示例

序号	图纸名称	编号
1	图纸封面	电机 BKLIc－1
2	图纸目录	电机 1MZ－Ic
3	BKL－Ic 型励磁装置电气原理图	电机 BKLIc－1－1－1
4	BKL－Ic 型励磁装置失步保护及控制信号电气原理图	电机 BKLIc－1－1－2
5	BKL－IB 型励磁装置整流柜	电机 BKLIB－1－2－1
6	BKL－Ic 型励磁装置整流柜电气接线图	电机 BKLIc－1－2－2
7	BKL－IB 型励磁装置启动单元接线图	电机 1－BKLIB－1－2－3

续表

序号	图纸名称	编号
8	BKL－IB 型励磁装置风机单元电气图	电机 1－BKLIB－1－2－4
9	BKL－IB 型励磁装置控制柜	电机 1－BKLIB－1－3－1A
10	BKL－Ic 型励磁装置控制柜失步保护信号电气接线图	电机 BKLIc－1－3－2G
11	BKL－IB 型励磁装置电源板外部接线图	电机 1－BKLIB－1－3－2－1
12	BKL－IB 型励磁装置控制柜灭磁单元电气接线图	电机 1－BKLIB－1－3－3
13	BKL－IB 型励磁装置控制柜插件单元电气接线图	电机 BKLIc－1－3－4－1
14	Ⅱ型投励插件	电机 1－BKLIB－1－3－4－2
15	Ⅰ型灭磁插件	电机 1－BKLIB－1－3－4－3
16	Ⅰ型给定放大插件	电机 1－BKLIB－1－3－4－4A
17	Ⅰ型给定放大插件设备接线图	电机 1－BKLIB－1－3－4－5A
18	Ⅰ型触发插件	电机 1－BKLIB－1－3－4－6
19	Ⅰ型励磁状态插件	电机 1－BKLIB－1－3－4－7
20	Ⅲ型失控插件	电机 1－BKLIB－1－3－4－8

二、看成套图纸的说明书

看成套图纸的说明书，目的在于了解工程总体概况及设计依据，了解图纸中表达的各有关事项，包括供电电源、电压等级、线路和敷设方式、设备的安装高度和安装方式、各种补充的非标准设备及规范、施工中应考虑的有关事项等。分项工程的图纸上有说明的，在看分项工程图纸时，也要先看图纸说明。

三、看系统图

各分项工程的图纸中都包含系统图，如变配电工程的供电系统图、电力工程的电力系统图、电气照明工程的照明系统图、电气电缆系统图等。看系统图的目的在于了解电气系统的基本组成，主要的电气设备、元件等的连接关系，以及设备和元件的规格、型号、参数等，从而掌握系统的基本情况。

四、看电路图和接线图

电路图是电气图纸的核心，也是内容最丰富、最难懂的电气图纸。看电路图，首先要了解图形符号和文字符号，了解电路图中各组成部分的作用和原理，分清主电路和控制电路、保护电路、测量电路，熟悉有关控制线路的走向，按照先看主电路、从电源侧到负荷侧的原则进行。

主电路图一般用较粗线条绘制，放在电路图的左侧；控制电路一般用较细线条绘制，放在电路图的右侧。看主电路图时，通常要按从下而上的顺序看；看控制电路图时，则按从上而下、从左至右的顺序看。先看各条回路，分析各回路元器件的情况以及与主电路的关系，并注意电气元件与机械机构的连接关系。

对电工来讲，不仅要会看主电路图，而且要看懂控制电路图。要根据回路编号对端子进行标号，同一回路的设备编号是相同的。通用的回路编号的标号是相同的。

五、看平面布置图

平面布置图是电气图纸中的重要图纸之一，如变配电设备安装平面图和剖面图、电力线路架设与电缆敷设的平面图、照明平面图、机械设备的平面布置图、防雷工程的平面布置图、接地平面图等。平面布置图用来表示设备的安装位置、线路的敷设部位和敷设方法，以及所用导线的型号、规格、数量和穿管的管径大小。平面布置图是电气工程施工的主要依据，电工必须掌握。

六、看设备材料表

电工从设备材料表中可以看出该回路所使用的设备名称、材料型号、规格和数量。设备损坏后，可以选择与材料设备表给出的型号、规格相同的设备进行更换。

能阅读电气图纸是提高电工技能的第一步，只有学会看电气图纸，才能完成电气安装、接线、查线与分析处理故障的任务。

|第二节| 电路图中部分触点的定义

一、电路图中的触点状态

电路图中触点的图形符号都是按电气设备在未接通电源状态下的实际位置画出的，表示触点在静止状态。

二、动合触点与动断触点

操作器件（线圈）得电动作时，附属的触点闭合；操作器件（线圈）断电释放时，附属的触点从闭合状态中断开，这样的触点称为动合（常开）触点。

操作器件（线圈）得电动作时，附属的触点从闭合状态中断开；操作器件（线圈）断电释放时，附属的触点从断开状态中闭合（复归原始位置），这样的触点称为动断（常闭）触点。

动合触点与动断触点的图形符号如图 2－1 和图 2－2 所示。

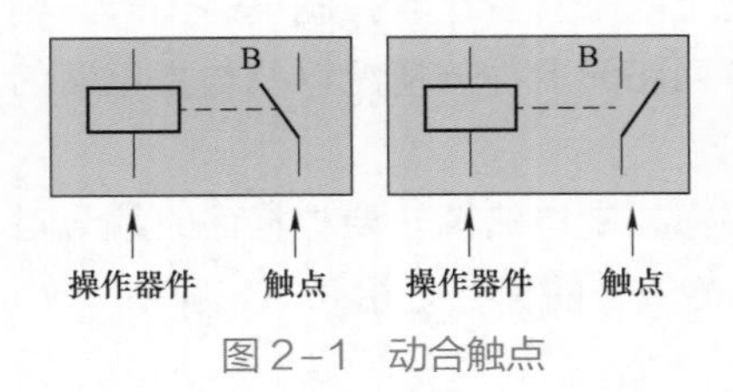

图 2－1　动合触点

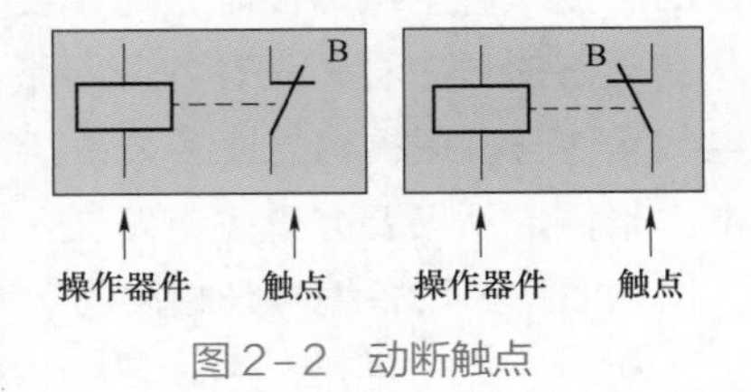

图 2－2　动断触点

三、时间性触点

操作器件（线圈）得电动作时，附属的触点按照设计（整定）时间闭合或断开，这样的触点称为时间性触点。整定的时间长短可以调节。

（1）延时闭合的动合触点。操作器件（线圈）得电动作时，附属的动合触点不能立即闭合，必须到整定时间，触点才能闭合，这样的触点称为延时闭合的动合触点，其图形符号如图 2－3 所示。

（2）延时断开的动合触点。操作器件（线圈）得电动作时，附属触点立即闭合，但该触点在操作器件（线圈）断电后不能立即断开，必须到整定时间，触点才能断开（复归原始位置），这样的触点称为延时断开的动合触点，其图形符号如图 2－4 所示。

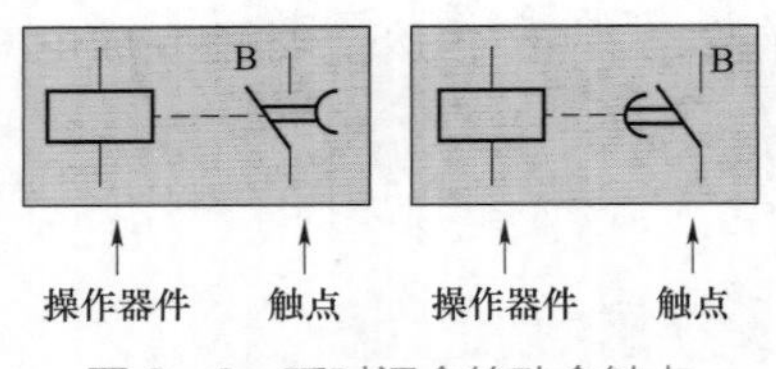

图 2－3　延时闭合的动合触点

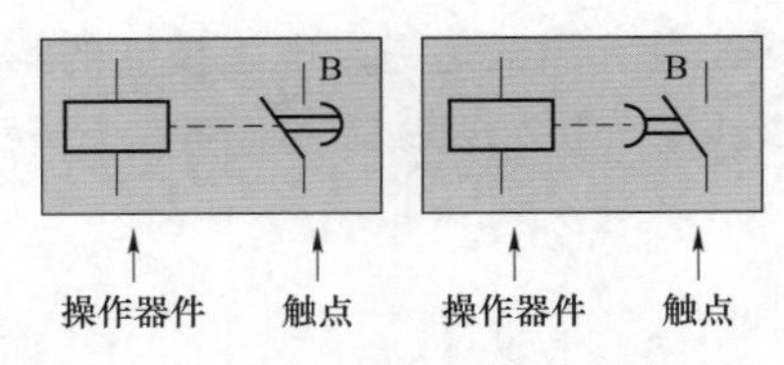

图 2－4　延时断开的动合触点

（3）延时断开的动断触点。操作器件（线圈）断电释放时，附属触点立即闭合，但该触点在操作器件（线圈）得电后不能立即断开，必须到整定时间，才由闭合状态断开，这样的触点称为延时断开的动断触点，其图形符号如图 2－5 所示。

（4）延时闭合的动断触点。操作器件（线圈）得电动作时，附属触点不能立即断开，必须到整定时间才能断开，这样触点称为延时闭合的动断触点，其图形符号如图 2－6 所示。

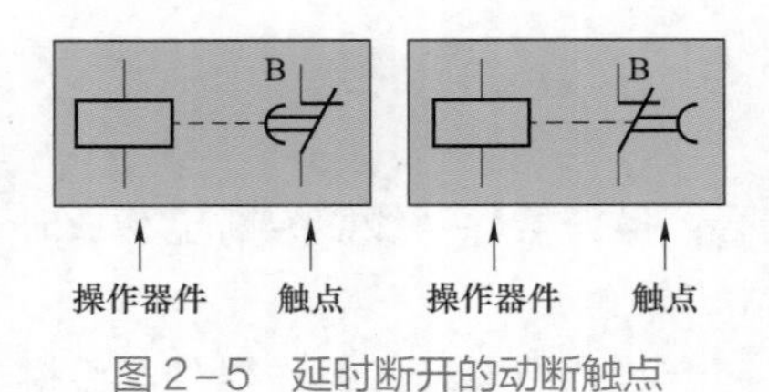

图 2－5　延时断开的动断触点

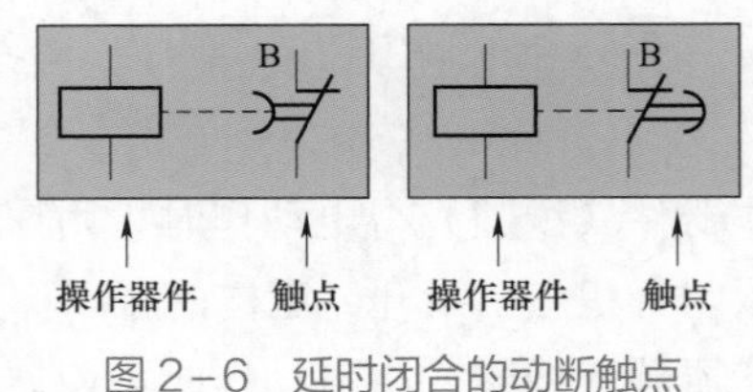

图 2－6　延时闭合的动断触点

四、自锁（自保）触点

操作器件（线圈）得电动作时，附属的动合触点闭合，保证电路接通，使操作器件（线圈）维持闭合状态。换句话说，就是将自身附属的触点作为辅助电路，维持操作器件（线圈）的吸合状态，所用触点称为自锁（或称自保）触点。这样的回路称为自锁或自保触点回路，如图 2-7 所示。

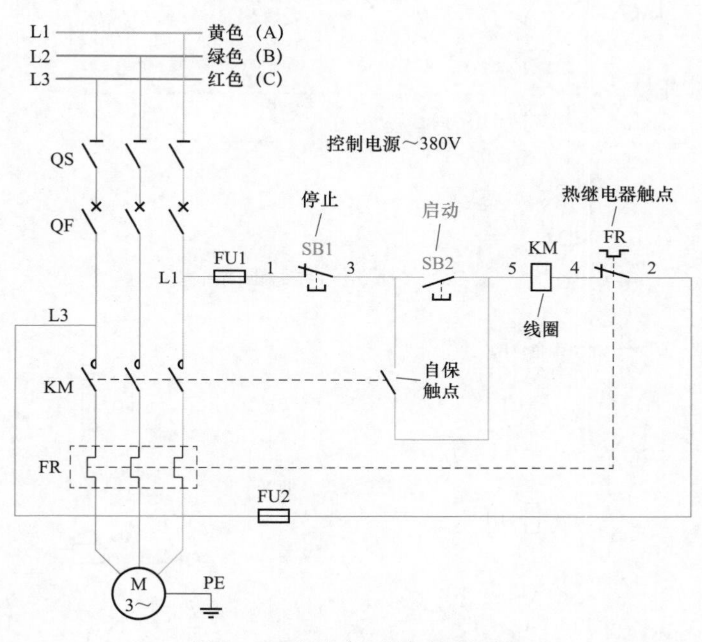

图 2-7 自锁（自保）触点回路

五、旁路保持触点

依靠其他操作器件的触点来维持电路的闭合状态，所用触点称为旁路保持触点，该回路称为旁路保持触点回路，如图 2-8 所示。旁路保持触点在控制电路中应用较多。

六、触点的串联

根据电气（机械）控制要求，把一些开关或继电器触点的末端与另一个触点的前端相连接的方式称为触点的串联。在这种回路中，只要有一个触点不闭合，线路的最终设备不能动作。触点的串联如图 2-9 所示。

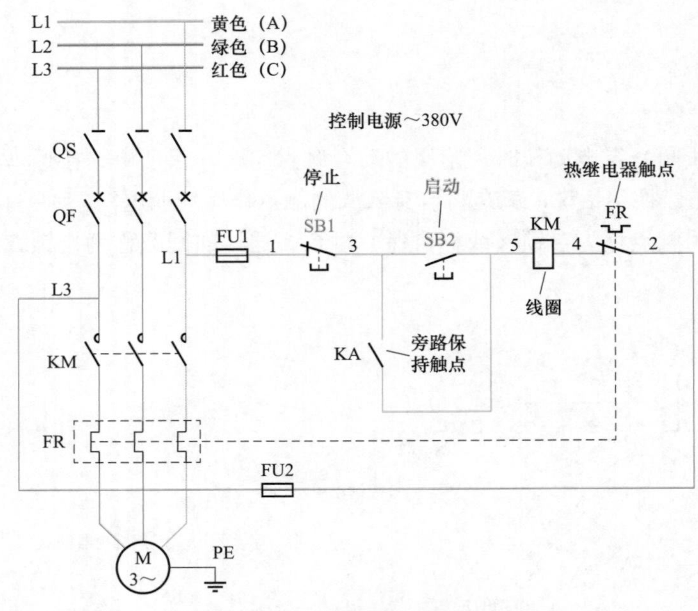

图2-8 旁路保持触点回路

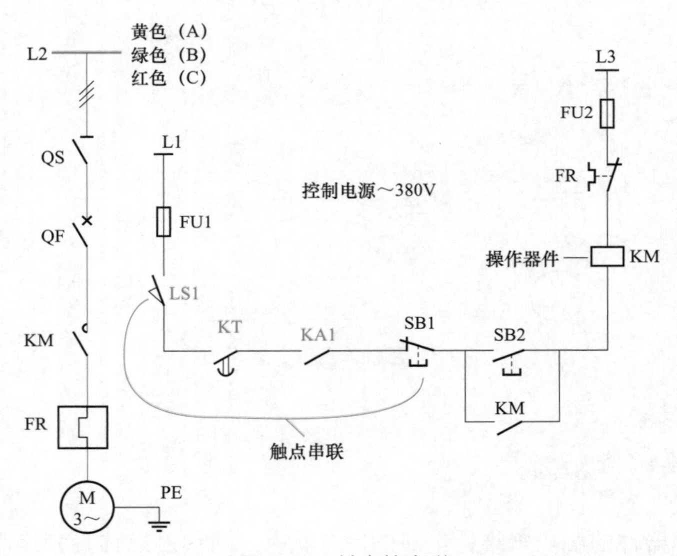

图2-9 触点的串联

七、触点的并联

根据电气（机械）控制要求，把一些开关或继电器触点的前末端与另一个触点的前末端相连接的方式称为触点的并联。在这种回路中，只要有一个触点闭合，线路的最终设备就能动作。图2-9中的按钮SB2动合触点与接触器KM动合触点的连接就是触点的并联。

第三节 电气设备（器件）动作的条件

电气设备（器件）的动作必须要有电或外力的作用。这些外力可以由人工触动，也可以由机械触动，还可以由线路感应电压、电流触动。在这些外力的作用下，可使电气设备（器件）的线圈得电动作，如图 2－10 所示。电工在看识电气图纸时，首先要看懂操作开关或触点接通什么设备，与什么触点或线圈连接，才能进一步弄清楚设备的动作情况。

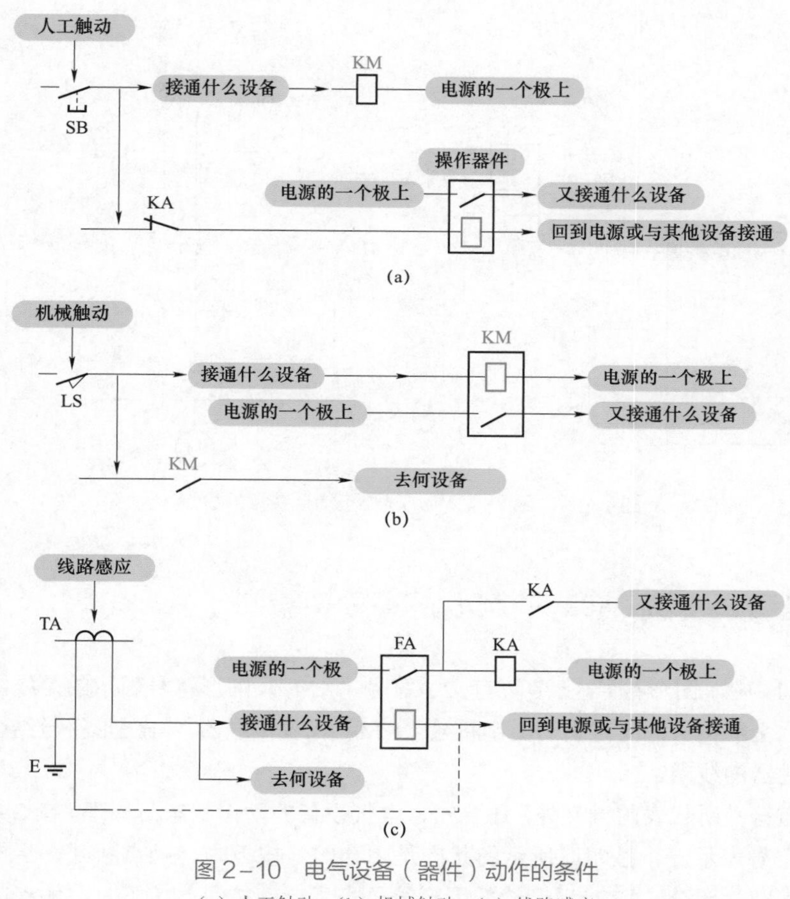

图 2－10 电气设备（器件）动作的条件

（a）人工触动；（b）机械触动；（c）线路感应

第四节 看识电气图纸的方法

要看懂电气图纸不仅要认识文字符号和图形符号，而且要与电气设备的工作原理结合起来。下面以图 2－11 所示的实际接线图为例进行说明。

图 2－11 画出了经过端子排与外部电器连接的线，从中可以容易地看出电气元件之间的连接关系，可以清楚地看到端子排 XT 右侧的线条是与配电盘上的电器连接的线，端子排 XT 左侧的线条是与配电盘外部的电器连接的线。按图 2－11 进行接线要比按图 2－7 所示的方法接线更方便、容易。

电气图纸是按照规定的符号绘制的，图形符号旁边的文字符号表示设备的名称，看图前首先要弄清楚图中的图形符号、文字符号代表什么电器，还要熟记符号说明表。下面举三个例子来说明如何按文字符号看识电气图纸。

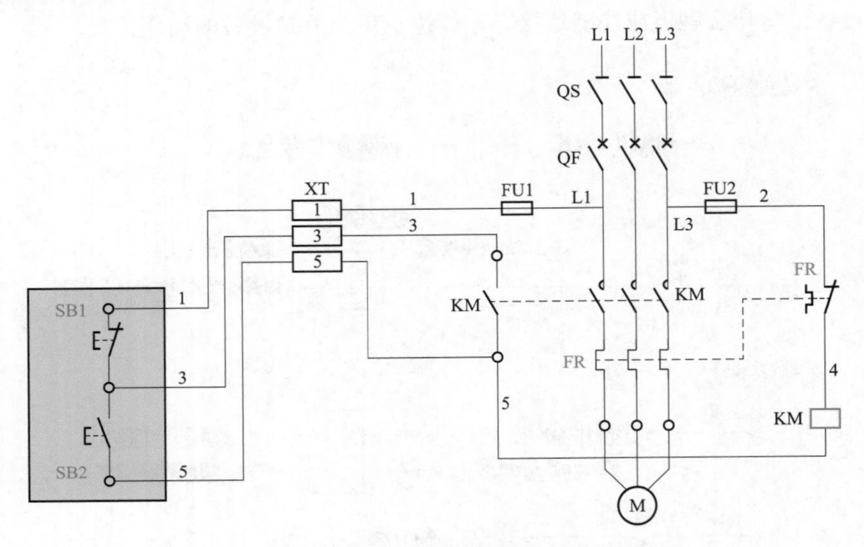

图 2－11 电动机交流 380V 控制电路实际接线图

一、电动机交流 380V 控制电路实际接线图

在图 2－11 中，图形符号-□-旁边有文字符号“KM”，图形符号表示的是线圈，具体是何种线圈则要看文字符号，而这里的文字符号“KM”代表接触器，与图形符号结合在一起，则表示这是接触器的线圈。

除了知道符号所代表的意义外，还要知道电气设备的动作状态与原理。图 2－11 中“SB1”旁边的图形符号表示停止按钮，所示的状态是闭合的。按下时，触点断开，将电路切断，松手后触点（回归）闭合。“SB2”旁边的图形符号表示启动按钮，按下时，触点闭合，使电路接通，松手后触点（回归）断开。

（1）启动运转。合上三相隔离开关 QS，合上主回路断路器 QF，合上控制回路熔断器 FU1、FU2。按下启动按钮 SB2，电源 L1 相→控制回路熔断器 FU1→端子排上的 1 号线→停止按钮 SB1 动断触点→启动按钮 SB2 动合触点（按下时闭合）→端子排上的 5 号线→接触器 KM 线圈→4 号线→热继电器 FR 的动断触点→2 号线→控制回路熔断器 FU2→电源 L3 相，构成 380V 电路。

接触器KM线圈得到380V的工作电压，接触器KM动作，接触器KM动合触点闭合自保，维持接触器KM在吸合状态，接触器KM的三个主触点同时闭合，电动机M绕组获得L1、L2、L3三相380V交流电源，电动机M启动运转，所驱动的机械设备运行。

接触器KM自保电路的工作原理如下：

松开启动按钮SB2时，闭合中的按钮SB2动合触点断开，从图2-11中可看出接触器KM线圈的5号线与接触器KM动合触点5的一端连接→触点的另一端3号线→端子排上的3号线→停止按钮SB1动断触点与启动按钮SB2间的连线。标有3、5的接触器KM动合触点闭合，将启动按钮SB2的3、5号动合触点短接。

由于接触器KM动合触点闭合后，接触器KM线圈的电路工作电流不能通过启动按钮SB2动合触点，而是经过接触器KM的动合触点。

电源L1相→控制回路熔断器FU1→端子排上的1号线→停止按钮SB1动断触点→3号线→已经闭合的接触器KM动合触点→5号线→接触器KM线圈→4号线→热继电器FR的动断触点→2号线→控制回路熔断器FU2→电源L3相，构成380V电路，维持接触器KM在吸合工作状态。这种依靠自身所带的触点来维持接触器吸合工作状态的回路，就是自保触点回路。

触点的变化状态：接触器KM线圈得电动作，附属的触点也随之变化。吸合前接通的触点，吸合后断开；吸合前断开的触点，吸合后闭合。

在电路图中，凡是同一设备上的元器件，都采用相同的文字符号，即接触器线圈用KM表示，接触器触点也用KM表示。

（2）停止运转。如果要使电动机停止运转，只需将停止按钮SB1按下即可。停止按钮SB1动断触点断开，切断接触器KM线圈的控制线路，接触器KM线圈断电，接触器KM释放，接触器KM的三个主触点同时断开，电动机M绕组脱离三相380V交流电源，停止转动，机械设备停止运行。

（3）电动机过负荷停机。电动机过负荷，一般是指机械设备运转中发生部件损坏而卡住不能转动，使电动机的工作电流超过电动机的额定值的运行状态。电动机过负荷时，主电路中热继电器FR动作，热继电器FR动断触点断开，切断接触器KM线圈电路，接触器KM线圈断电，接触器KM释放，接触器KM的三个主触点同时断开，电动机M绕组脱离三相380V交流电源，停止转动，机械设备停止运行。

二、电动机交流380V控制电路原理展开图

把图2-11所示的电动机交流380V控制电路实际接线图画成控制电路原理展开图，如图2-12所示。原理展开图有助于理解电路的工作原理。它是通过按钮开关启、停电动机的基本控制电路。

（1）启动运转。合上三相隔离开关QS，合上主回路断路器QF，合上控制回路熔断器FU1、FU2。按下启动按钮SB2动合触点，电源L1相→控制回路熔断器FU1→1号线→停止按钮SB1动断触点→3号线→启动按钮SB2动合触点（按下时闭合）→5号线→接触器KM线圈→4号线→热继电器FR的动断触点→2号线→控制回路熔断器FU2→电源L3相，构成380V电路。

接触器 KM 线圈得到 380V 工作电压，接触器 KM 动作，接触器 KM 动合触点闭合自保，维持接触器 KM 的吸合状态，接触器 KM 的三个主触点同时闭合，电动机 M 绕组获得三相 380V 交流电源，电动机 M 启动运转，所驱动的机械设备运行。

接触器 KM 自保电路工作原理如下：

按下启动按钮 SB2 时动合触点闭合，松开启动按钮 SB2 时动合触点断开，但由于接触器 KM 的动合触点闭合，电源 L1 相→控制回路熔断器 FU1→1 号线→停止按钮 SB1 动断触点→3 号线→接触器 KM 闭合的动合触点→5 号线→接触器 KM 线圈→4 号线→热继电器 FR 的动断触点→2 号线→控制回路熔断器 FU2→电源 L3 相。依靠接触器自身所带的动合触点的闭合，维持了接触器 KM 的工作状态。

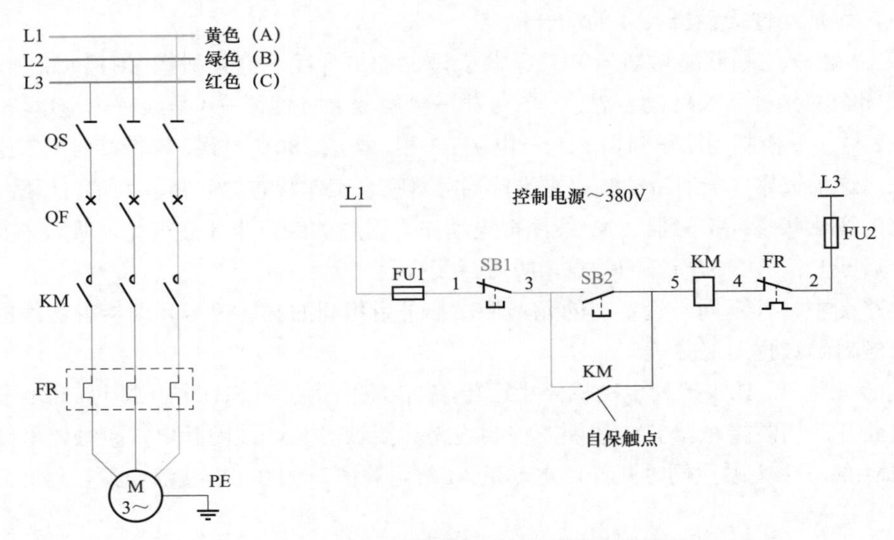

图 2-12　电动机交流 380V 控制电路原理展开图

（2）停止运转。如果要使电动机停止运转，只需将停止按钮 SB1 按下即可。停止按钮 SB1 动断触点断开，切断接触器 KM 线圈的控制线路，接触器 KM 线圈断电，接触器 KM 释放，接触器 KM 的三个主触点同时断开，电动机 M 绕组脱离三相 380V 交流电源，停止转动，所驱动的机械设备停止运行。

（3）电动机过负荷停机。主电路中的热继电器 FR 动作，热继电器 FR 的动断触点断开，切断接触器 KM 线圈电路，接触器 KM 线圈断电，接触器 KM 释放，接触器 KM 的三个主触点同时断开，电动机 M 绕组脱离三相 380V 交流电源，停止转动，所驱动的机械设备停止运行。

三、450kW 电动机过电流保护回路图

简单的电路图一看就明白，但比较复杂的电路图就不那么容易看懂了。例如，6kV、450kW 电动机控制保护电路图是由许多回路构成的，其动作回路可分为主回路（一般称系统图）、控

制保护回路（一般称二次回路图）及信号回路。其中，控制保护回路又可分为分闸回路、合闸回路、过电流保护回路、接地保护回路、低电压保护回路及工艺联锁保护回路；信号回路又可分为分闸信号灯回路、合闸信号灯回路、断线监视回路、事故报警信号回路及故障预告信号回路。

按动作回路看图就是按操作及电气设备动作回路的顺序看图。想看图中的某一回路，就按回路名称看图。

450kW 电动机过电流保护部分回路如图 2－13 所示。电动机因某些原因发生过负荷或短路故障时，电流互感器 TA1、TA2 的二次感应电流增加，达到电流继电器 FA1、FA2 的整定值时，电流继电器 FA1、FA2 动作。

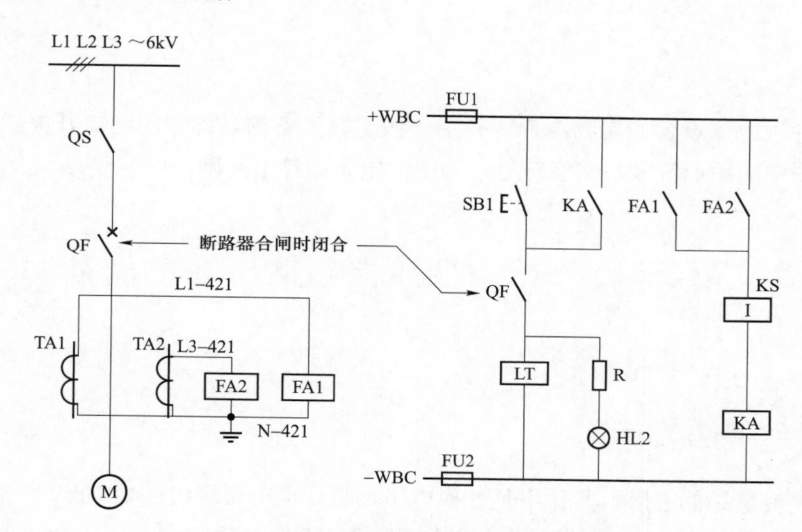

图 2－13　450kW 电动机过电流保护部分回路

按文字符号在图 2－13 中找到电流继电器 FA1、FA2 所带的触点，看该触点又接通什么设备，从中可知电流继电器 FA1、FA2 所带的动合触点另一端与信号继电器 KS 线圈相连，中间继电器 KA 线圈另一端与控制回路熔断器 FU2 相连。

当电流继电器 FA1、FA2 吸合后，可使中间继电器 KA 线圈得电动作，之后找到中间继电器 KA 所带的触点，中间继电器 KA 所带触点闭合后，断路器 QF 的分闸线圈 LT 得电，分闸铁芯向上冲击断路器分闸拉板“死点机构”，使其跳闸，从而达到过电流保护的目的。

提示

看图前，首先要看图的标题，确定是所要看的电路图；其次看符号说明；最后看设计说明，从中了解机械生产工艺及控制要求。例如，设计要求润滑油压力低于 0.05MPa 时，电动机应自动停止运行，以保证主机安全，那么在电路图中应能找到相应的控制部分（油压触点）。

第三章

认识电气设备及其图文符号

本章将通过电气设备的实物图片，介绍一些电气设备的名称、用途、开关操作方法，以及其在电路图中的图形符号与文字符号，为阅读电路图打下基础。

|第一节| 电力变压器与低压变电设备

一、变压器

变压器是变电站的心脏，其作用是变换电压，将一个电压等级（如 10kV）变成同频率的另一个电压等级（如 110kV）。升高电压的变压器称为升压变电器。升压有利于电能的远距离输送。电能输送到负荷中心经变压器降压后才能满足不同用户的需要。降低电压的变压器称为降压变压器。低压变电站使用的变压器属于降压变压器。它是低压变电站的主要电气设备之一，其将高电压变换成低电压，即用户所需电压。变压器的外形与符号如图 3－1 所示。变压器可以安装在固定的场所，安装在地面上的变压器如图 3－2 所示，安装在室内的变压器如图 3－3 所示。

图 3－1　变压器的外形与符号

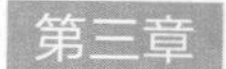

二、地面箱式变电站

地面箱式变电站是把变压器和二次回路匹配的开关、相关表计组合在一起形成的一种电气配电设备。地面箱式变电站由变压器和配电盘两个单元组成，通过架空输电线路杆上的隔离开关、跌落开关，再通过电缆与变压器的一次高压绕组连接，如图 3-2 所示；二次侧通过母线与馈出回路断路器电源侧连接，如图 3-3 所示。

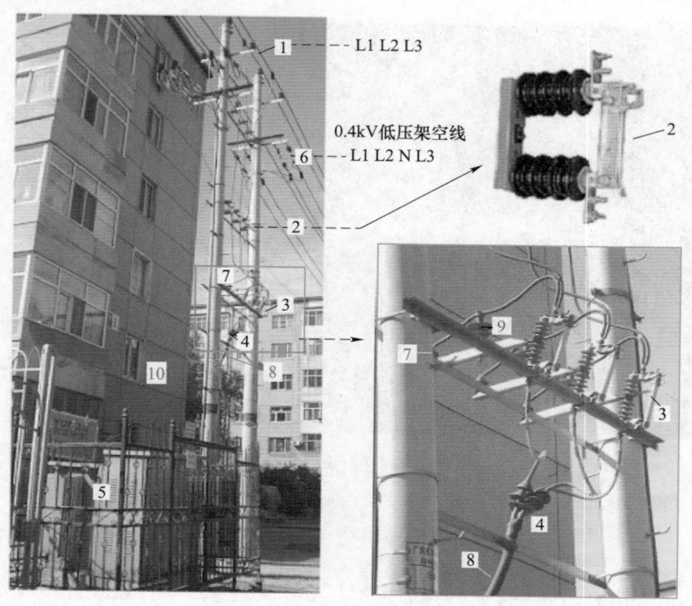

图 3-2 架空输电线路到变压器的一次开关和电缆

1—6kV 或 10kV 线路；2—隔离开关；3—跌落开关；4—电力电缆；5—箱式变电站；6—低压架空输电线路；7—避雷器；8—去变压器或箱式变电站的一次电力电缆；9—绝缘子；10—去低压架空输电线路电力电缆

图 3-3 箱式组合式变电站

1—电能表；2—电力电缆头端子与变压器一次接线端子连接；3—0.4kV 母线；4—馈出回路断路器；5—馈出回路电缆；6—去低压架空输电线路的断路器；7—低压架空输电线路的电力电缆；8—箱式变电站变压器一次高压电力电缆

三、低压变电站

低压变电站的高压电源来自架空输电线路。低压变电站一般由变压器和低压配电盘组成。其中，变压器安装在变压器室，低压配电盘安装在配电室，两室相隔一墙。低压变电站见视频资源。

图 3－2 所示跌落开关负荷侧下的电力电缆直接引入变电站的变压器室，其电缆头连接到变压器高压侧接线柱上，如图 3－4 所示。

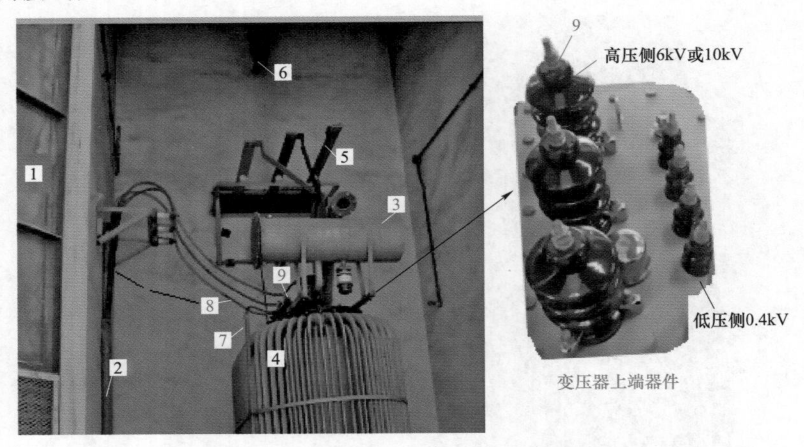

图 3－4　变压器高压侧、低压侧的连接

1—变压器室门；2—电缆保护管；3—储油柜；4—变压器；5—变压器二次母线；6—工字钢；7—零母线；8—电力电缆；9—变压器高压侧

变压器二次侧 0.4kV 电源端子与变压器二次母线连接，母线的另一端与变压器二次隔离开关电源侧连接，如图 3－5 所示。变压器二次隔离开关负荷侧连接到变电站低压配电盘的主母线上，通过图 3－6 所示的低压配电盘内的配出开关（如隔离开关、断路器等）供给用户。

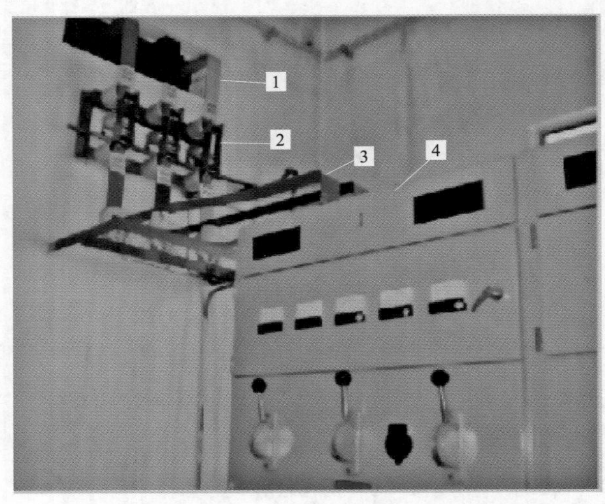

图 3－5　变压器二次与低压配电盘的连接（盘前看）

1—变压器二次母线；2—变压器二次隔离开关；3—低压配电盘主母线；4—低压配电盘

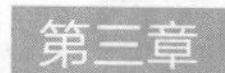

四、变电站馈出回路

变电站馈出回路所用的开关设备与器件，包括隔离开关、低压断路器、交流接触器、热继电器、电流互感器、控制回路熔断器、端子排等，安装在变电站（开关站）的配电盘、柜、屏内，如图 3－6 所示。控制按钮、电流表、信号灯等经过端子排并通过控制电缆连接。

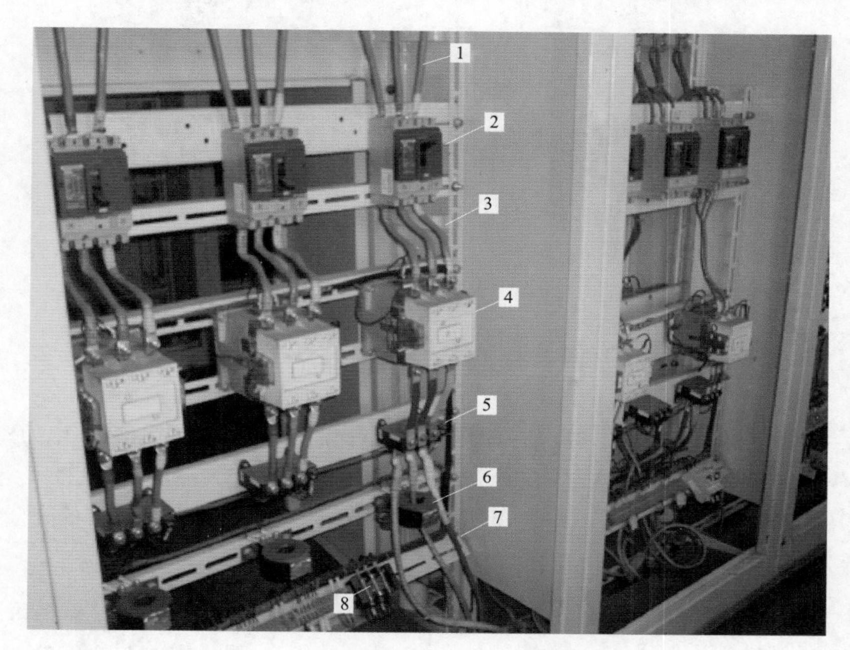

图 3－6 变电站馈出回路的开关设备与器件

1—电源线；2—低压断路器；3—连接线；4—交流接触器；5—热继电器；6—电流互感器；7—去电动机电缆；8—控制回路熔断器

|第二节| 电力变压器一次电源用断路器

高压断路器具有良好可靠的灭弧和断流能力，平时能够接通或断开负荷电流，如通过断路器合闸可使高压电动机接通电源而启动运转，通过断路器分闸可将电动机从电路中切开，使电动机断电停运。

（1）根据电力系统运行需要，通过断路器的关合和断开操作，可使部分电力设备、线路投入或退出运行状态，实现供电、停电或改变一个系统的运行方式。

（2）故障时可迅速切除故障部分。高压断路器与各种保护继电器配合使用，在发生短路故障时，继电保护装置发出跳闸指令信号，使断路器跳闸，可迅速切除故障部分，缩小停电范围，达到保证无故障部分安全运行的目的。

因此，断路器不仅是线路的负载开关，而且承担着保护其他设备的重要作用。断路器的种类较多，如常用的油断路器、真空断路器等。

高压断路器及其图文符号如图3－7所示。

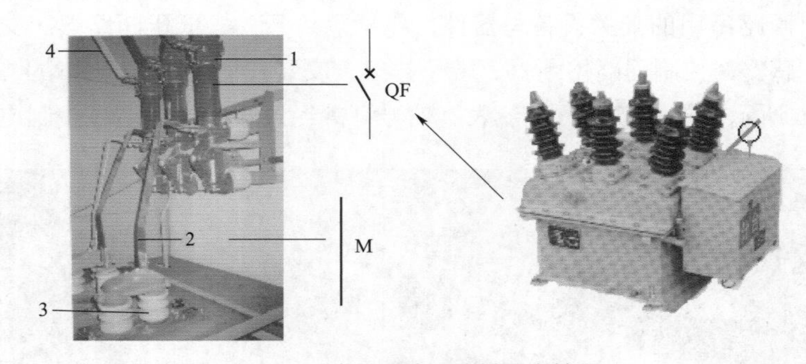

图3－7　高压断路器及其图文符号

1—少油断路器；2—母线；3—电流互感器；4—母线

一、LW3G－12型户外交流高压SF_6断路器

LW3G－12型户外交流高压SF_6断路器主要用于交流50Hz的三相12kV电力系统，作为12kV线路分段和联络开关，如图3－8所示。该断路器配置远程终端单元（RTU）等微机控制装置后，即成为智能型自动开关，是实现配电网自动化的理想开关设备，具备分合负荷电流、过负荷电流及短路电流的能力。

图3－8　LW3G－12型户外交流高压SF_6断路器

该断路器具有如下特点：

（1）箱体采用不锈钢制造，达到了永久使用的耐腐要求。

（2）装设高气压泄压装置，即使发生内部故障，也不会因为箱体内气体压力突然升高而损坏箱体。

（3）装设低气压闭锁报警装置，预防断路器在过低的气压下开断短路电流而发生故障，提高了运行可靠性。

（4）除了端子进出线，还增加了绝缘电缆进出线，可有效地避免外来因素引发的进出线端子相间短路故障。

（5）除了陶瓷套管外，还可以提供多种方案，包括有机绝缘子套管，以杜绝因外力和雷电造成的绝缘子破裂和瓷质因素造成的开裂。

（6）装设了手动闭锁装置，在停电作业时，能有效地防止误操作。

（7）改进了进出线瓷质套管工艺，可有效地防止运行中的电晕放电。

（8）装设了智能涌流控制器，能连续不断地实时检测线路电流的工频周期分量和非周期分量，可有效地避免因合闸涌流而造成的误动作。

（9）可以电动操作，也可手动操作。备有自动控制器，既可就地遥控操作，也可远距离控制或通过 RTU 界面实现主控台操作。

二、SPV－12 型户外柱上真空断路器

SPV－12 型户外柱上真空断路器主要用于三相交流 12kV 电力系统，用于开断、关合电力系统中的负荷电流、过负荷电流及短路电流，如图 3－9 所示。该断路器适用于变电站及工矿企业配电系统，更适用于农村电网及需要频繁操作的场所，特别适用于城网、农网的改造。

图 3－9　SPV－12 型户外柱上真空断路器

该断路器具有如下特点：

（1）采用真空灭弧原理，使用新颖的小型化弹簧操动机构，分、合闸能耗低，机构传动采用直动传输方式，分、合闸部件少，可靠性高，使用寿命长（机械寿命 2 万次）。

（2）机构置于密封的机构箱中，解决了机构锈蚀的问题。

（3）采用三相分箱式结构，相间距 340mm，能在高海拔、高温、潮湿地区使用，可避免由于相间距小而造成的相间、对地故障。

（4）外壳采用不锈钢制造，达到了永久使用的耐腐要求。

（5）整体固封极柱及电流互感器采用进口户外环氧树脂固体绝缘，耐高低温、耐紫外线、耐老化，使用寿命长。

（6）可加装紧凑型隔离开关，具有体积小、质量小的特点；或者加装不锈钢一体式隔离开关，可安装避雷器。

（7）隔离开关三相联动，在分闸状态下有明显断口，并具备与断路器防误联锁的功能，维护方便，安全可靠。

三、SPG－12 型户外柱上 SF_6 负荷开关

SPG－12 型户外柱上 SF_6 负荷开关主要用于交流 50Hz 的三相 12kV 配电网，用于开断、关合系统中的负荷电流，能够自动将发生故障的配电线路区段隔离开，如图 3－10 所示。

图 3-10　SPG-12 型户外柱上 SF_6 负荷开关

该负荷开关具有如下特点：

（1）可以手动操作、电动操作和远距离操作。

（2）电子控制装置放在不锈钢箱体内，能够在各种气候条件下使用。

（3）柱上安装简单、方便、快速，且施工成本低。

（4）采用压气式灭弧原理，以 SF_6 气体为绝缘和灭弧介质，并配以独特的内置三角形弹簧机构，具有性能优越、操作简单、操作功小、免维护、机构不受外界环境影响等优点，可在高海拔地区使用。

（5）外壳采用不锈钢（3mm）制造，采用熔化极氩弧焊焊接，具有良好的密封性和强度，并进行了表面喷涂处理。

（6）安装了防爆泄压装置，以避免因开关内部压力异常增高而导致断路器壳体爆裂。

（7）装设了低气压闭锁装置，当开关内部气体压力达到闭锁压力（0.03～0.04MPa）时，低气压闭锁装置将开关闭锁并给出红牌指示。

（8）装设了手动闭锁装置，可将开关闭锁在合闸或分闸位置，以防止运行时的误操作，同时在停电作业时防止误合闸。

第三节　低压隔离开关

低压隔离开关是低压开关中最简单、应用最普遍的一种电气设备。其型号、种类很多，按操作方式可分为单投和双投隔离开关，按极数可分为双极和三极隔离开关，按灭弧结构可分为带有灭弧罩和不带灭弧罩的隔离开关。

带有灭弧罩的隔离开关可以切断负荷电流，故也可称为负荷开关，但在大电流负荷时，拉闸过程中产生的弧光也会烧坏刀形触头。不带灭弧罩的隔离开关，只能在无负荷电流条件下操作，在配电设备中作电源隔离之用。带有灭弧罩的产品在规定的条件下可用来接通或分断交流电路。低压隔离开关外形和图文符号如图 3-11 所示。

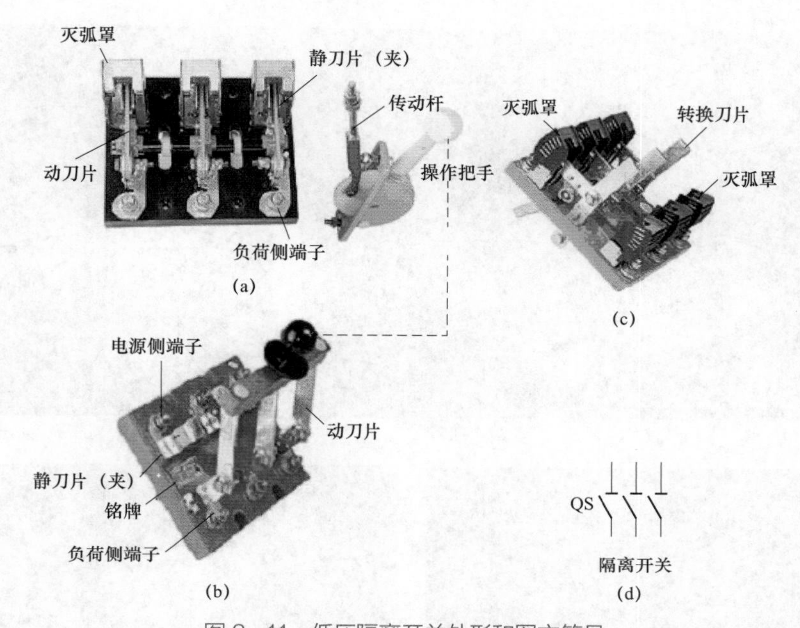

图 3-11 低压隔离开关外形和图文符号

（a）中央正面杠杆操动机构；（b）单投隔离开关；（c）双投隔离开关；（d）图文符号

隔离开关与操作杆的连接如图 3-12 所示。把住隔离开关的操作把手，向箭头所指方向上推，传动杠杆向箭头的方向运动，带着隔离开关向箭头方向运动，当操作把手靠近盘面时，隔离开关合闸。拉开隔离开关的方向与合闸的方向相反。

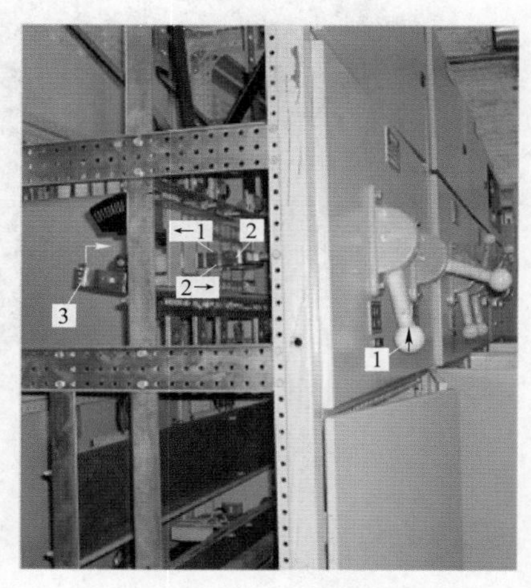

图 3-12 隔离开关与操作杆的连接

1—操作把手；2—传动杠杆；3—隔离开关

合闸操作时，操作者走到要操作的隔离开关的位置，与监护人员认真核对被操作的隔离开关，确定隔离开关设备回路名称编号无误，回路名称编号在盘面位置，方可进行拉、合操作。为避免误操作，确保操作安全，正确的操作方法如图 3-13 所示。注意观察回路送电、合闸的过程，可以看到握操作把手的姿势是要改变的。

图 3-13（a）所示为开始时手的姿势，把柄离开盘面 70°～100°。当把柄达到水平或向上位置时，手的姿势发生改变，如图 3-13（b）所示。当把柄超过水平位置时，手的姿势又发生改变，如图 3-13（c）所示。接下来，将把柄快速推向盘面使隔离开关合到位，如图 3-13（d）所示。然后，手离开把柄，至此完成隔离开关合闸过程。在图 3-13 所示的合闸过程中，手没有离开把柄，是连续的，直到完成隔离开关的合闸。

(a) (b) (c) (d)

图 3-13 隔离开关合闸的正确操作方法

（a）第一步；（b）第二步；（c）第三步；（d）第四步

隔离开关的操作要领：

（1）手动合隔离开关时，应迅速而果断，合闸终了时不能用力过猛，以防损坏支持绝缘子或合闸过头。在合闸过程中若产生电弧，要毫不犹豫地将隔离开关合到位，禁止将隔离开关拉开。

（2）手动拉开隔离开关时，特别是隔离开关刚离开固定触点时，应缓慢而谨慎，整个过程要按由慢到快再到慢的原则进行，以防隔离开关脱轮。在操作过程中若产生电弧，应立即反向合上隔离开关，并停止操作。

（3）隔离开关经操作后，必须检查其开、合闸位置是否正确。合闸时检查三相刀片接触是否良好，拉开时检查三相断开角度是否符合要求。应防止由于操动机构发生故障或调整不当而出现操作后三相不同期的现象。

|第四节| 低压断路器与熔断器

电力断路器和熔断器都用于线路及设备的短路保护。

断路器是能接通、承载和分断正常电路条件下的电流，也能在短路等规定的非正常条件下接通、承载电流一定时间和分断电流的一种机械开关电气设备。在发生短路故障时，断路器按整定的范围动作，通过触点的断开将用电设备从电路隔离。短路故障排除后，将操作把手下压，使断路器复位，即可进行合、分操作。断路器能进行无数次的开断并能立即再投入，当回路出现紧急情况时，可以进行手动断开，以确保回路设备安全。部分断路器的外形及图文符号如图 3－14 所示，断路器的操作如图 3－15 所示。

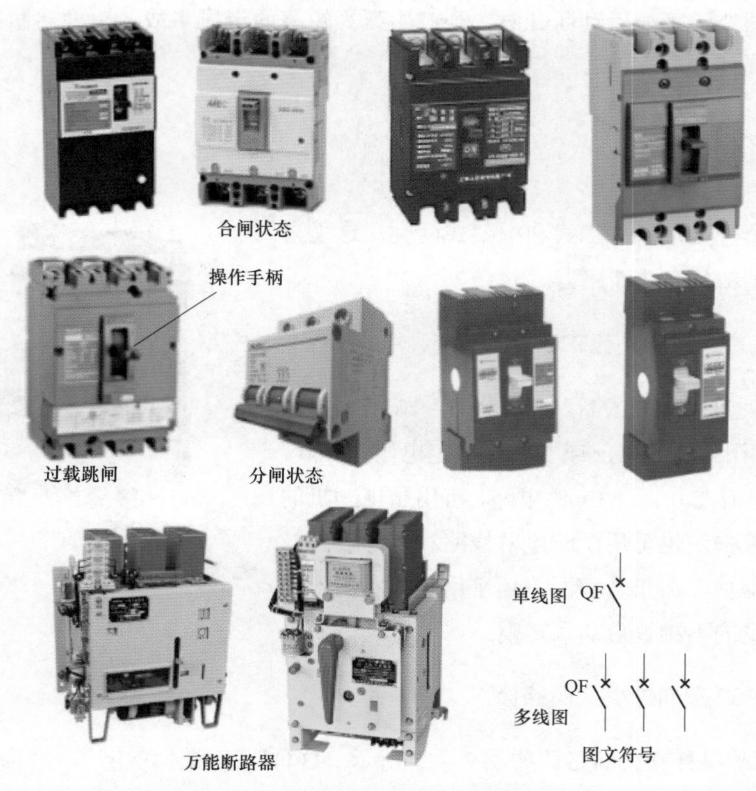

图 3－14 部分断路器的外形及图文符号

(a)

(b)

图 3－15　断路器的操作

（a）向上扳沿箭头方向合闸；（b）往下压沿箭头方向分闸

熔断器是当回路发生短路故障，短路电流很大时，其内部的熔丝（片）立即熔断，将用电设备与电路隔离的一种电气设备。如果采用 RM 型管式熔断器，可更换其内部的熔丝（片）；如果采用 RTO 型熔断器，其内部的熔断体不能更换，只能更换熔断器。当回路出现紧急情况，负荷电流较大的线路不能手动断开时，会产生弧光短路而造成事故。更换熔断器的操作必须按规程要求进行。

一、低压断路器

低压断路器分为塑料外壳式和框架式两类，这里只介绍几种低压塑料外壳式断路器。

1. DZ108 系列塑料外壳式断路器

DZ108 系列塑料外壳式断路器如图 3－16 所示。该系列断路器适用于交流 50Hz 或 60Hz、额定电压在 660V 及以下、额定电流在 0.1～63A 的电路，可用于电动机的过负荷及短路保护，也可用于配电网线路和电源设备的过负荷及短路保护，在正常情况下还可用于线路的不频繁转换及电动机的不频繁启动和转换。

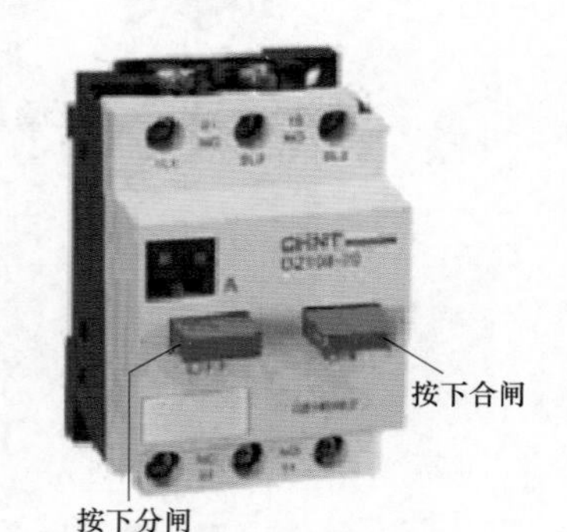

图 3－16　DZ108 系列塑料外壳式断路器

2. DZ12－60 塑料外壳式断路器

DZ12－60 塑料外壳式断路器如图 3－17 所示。这种断路器体积小巧，结构新颖，性能优良可靠，适用于交流 50Hz、额定工作电压在 400V、额定电流在 60A 的供电线路，可用于线路的过负荷、短路保护以及正常情况下线路的不频繁转换。

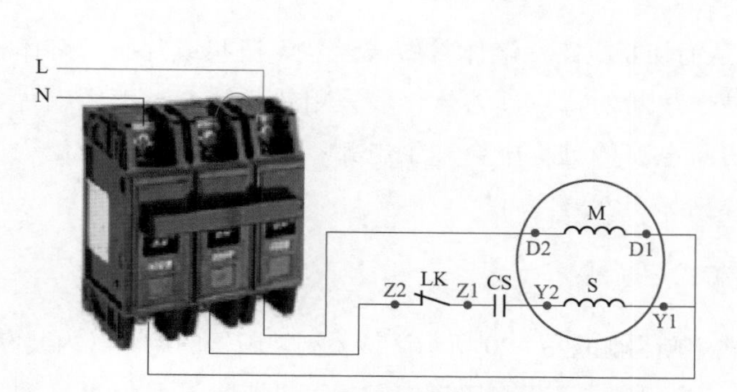

图 3-17 DZ12-60 塑料外壳式断路器

3. DZ25/3 系列塑料外壳式断路器

DZ25/3 系列塑料外壳式断路器如图 3-18 所示。该系列断路器适用于交流 50Hz（或 60Hz）、额定绝缘电压在 690V、额定工作电压在 660V（690V）及以下、直流电压在 250V 及以下、额定电流在 12.5～800A 的电路，用来分配电能，在正常条件下可用于不频繁的闭合和断开，并在线路和设备过负荷、短路和欠电压时起保护作用。额定壳架等级电流在 400A 及以下的断路器，也可用于鼠笼型电动机的不频繁启动，以及在运转中断、电动机过负荷、短路及欠电压时起保护作用。

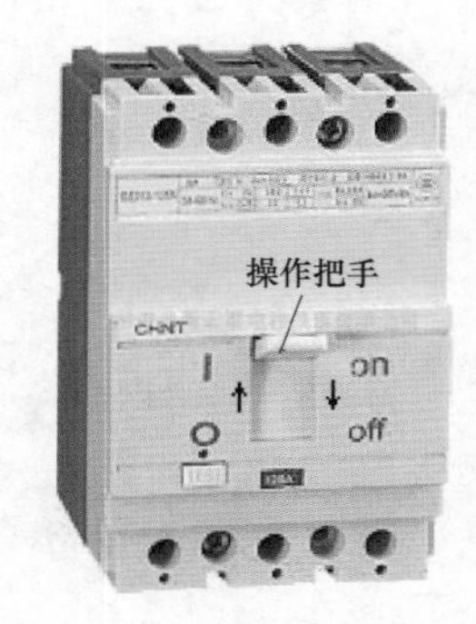

图 3-18 DZ25/3 系列塑料外壳式断路器

4. DZ5 系列塑料外壳式断路器

DZ5 系列塑料外壳式断路器如图 3-19 所示。该系列断路器适用于交流 50Hz、380V、额定电流在 0.15～50A 的电路。电动机用断路器用来保护电动机的过负荷和短路，配电用断路器在配电网中用于分配电能和线路及电源设备的过负荷和短路保护，也可分别用于电动机不频繁启动及线路的不频繁转换。

图 3-19 DZ5 系列塑料外壳式断路器

1—分闸按钮；2—合闸按钮

二、低压熔断器

熔断器是起安全保护作用的一种电气设备，广泛应用于电网保护和用电设备保护。当电网或用电设备发生短路故障或过负荷时，熔断器可自动切断电路，避免电气设备损坏，防止事故蔓延。熔断器由绝缘底座（或支持件）、触头、熔体等组成。熔体是熔断器的主要工作部分，相当于串联在电路中的一段特殊的导线，当电路发生短路或过负荷时，电流过大，熔体会因过热而熔化，从而切断电路。熔体常做成丝状、栅状或片状。熔体材料具有相对熔点低、特性稳定、易于熔断的特点。熔体一般采用铅锡合金、镀银铜片、锌、银等金属材料。在熔体熔断切断电路的过程中会产生电弧，为了安全有效地熄灭电弧，一般将熔体安装在熔断器壳体内。

1. RL 系列螺旋式熔断器

RL 系列螺旋式熔断器如图 3－20 所示。该系列熔断器的熔断管内装有石英砂，熔体埋于其中，熔体熔断时，电弧喷向石英砂及其缝隙，可迅速降温而熄灭。为了便于监视，该系列熔断器一端装有色点，不同的颜色表示不同的熔体电流，熔体熔断时，色点跳出，表示熔体已熔断。

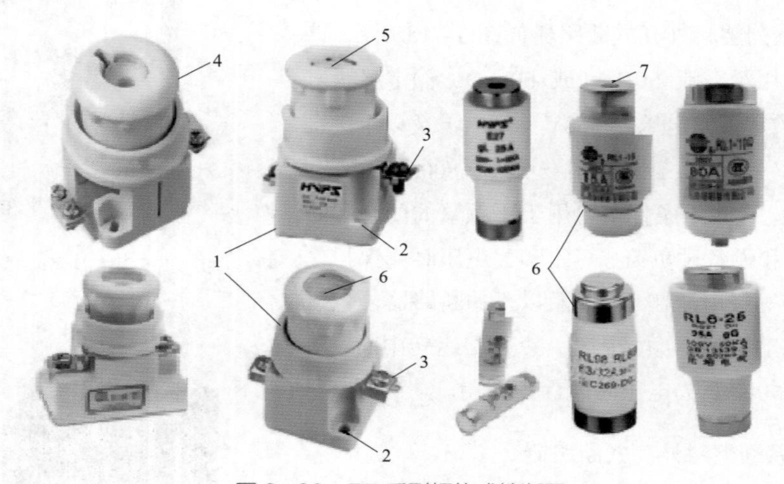

图 3－20　RL 系列螺旋式熔断器

1—底座；2—固定孔；3—接线端子；4—瓷帽；5—玻璃窗口；
6—熔断管（芯子）；7—熔断指示器

该系列熔断器适用于交流 50、60Hz，额定电压在 380V，直流电压在 440V 及以下，额定电流在 200A 及以下的电路，用于过负荷及短路保护元件。熔断器由底座、瓷帽和熔断管三部分组成。底座、瓷帽和熔断管（芯子）由电瓷制成，熔断管（芯子）内装有一组熔丝（片）和石英砂。熔断管上盖中有一熔断指示器，当熔体熔断时指示器跳出，显示熔断器熔断，通过瓷帽上的玻璃窗口可观察到。

该系列熔断器为板前接线式，熔断器在带电压（不带负荷）时，用手直接旋转瓷帽即可更换熔体。

2. RT0 系列有填料封闭管式熔断器

RT0 系列有填料封闭管式熔断器如图 3－21 所示。该系列熔断器按 GB 13539.1《低压熔

断器 第 1 部分：基本要求》及其相关标准设计、制造与检验，适用于交流 50Hz、额定电压在 380V、直流电压在 440V 及以下、额定电流在 50～1000A 的短路电流大或有易燃气体的电力网络或配电装置，用于电缆、导线及电气设备（如电动机、变压器及开关等）的过负荷和短路保护，以及导线、电缆的过负荷保护，尤其适用于供电线路或断流能力要求较高的场所，如发电厂用电、变电站的主回路及靠近电力变压器出线端的供电线路。

该系列熔断器由熔管、指示器、填料、熔体和底座等组成。

（1）熔管采用高频滑石瓷制成，具有耐热性好、机械强度高、外表光洁美观等优点。

（2）指示器为一种机械信号装置，由与熔体并联的康铜丝及压缩弹簧等零件组成，能在熔体熔断后立即烧断，弹出红色醒目的指示件，表示熔体熔断。

（3）填料采用纯净的石英砂粒，充填在熔管内。石英砂用来冷却电弧，使电弧迅速熄灭。

（4）熔体采用紫铜箔冲制的网状熔片并联而成，具有提高断流能力的变截面和增加时间的锡桥结构，可使熔断器获得良好的保护性能。

（5）底座主要由插座与底板组成。插座设计成楔形触头，触头压力用弹簧来保证。底板用普通电瓷制成，机械强度高，且光洁美观。

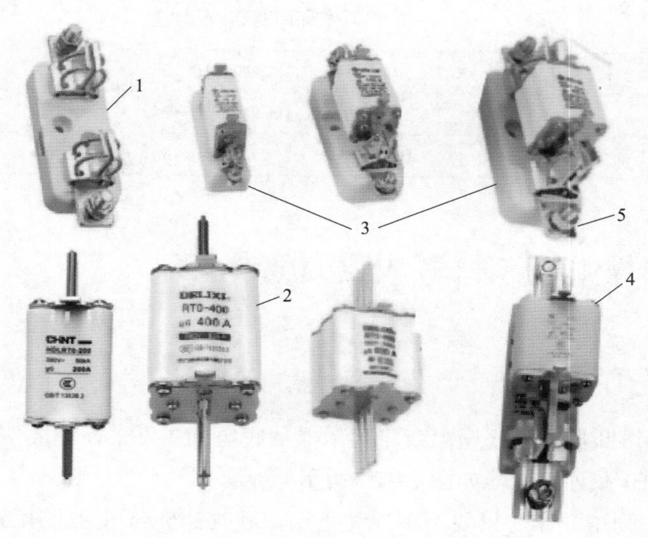

图 3-21 RT0 系列有填料封闭管式熔断器

1—底座；2—RT0 熔断器；3—不同规格的熔断器；4—NT 熔断器；5—接线螺栓

3. 小型熔断器

小型熔断器，如 RT14 系列有填料封闭管式筒形帽熔断器，如图 3－22 所示。该系列熔断器适用于交流 50Hz、额定电压在 380V、额定电流在 10A 及以下的电路，可用于电动机控制回路的短路保护。RT14 系列有填料封闭管式筒形帽熔断器的技术数据见表 3－1。

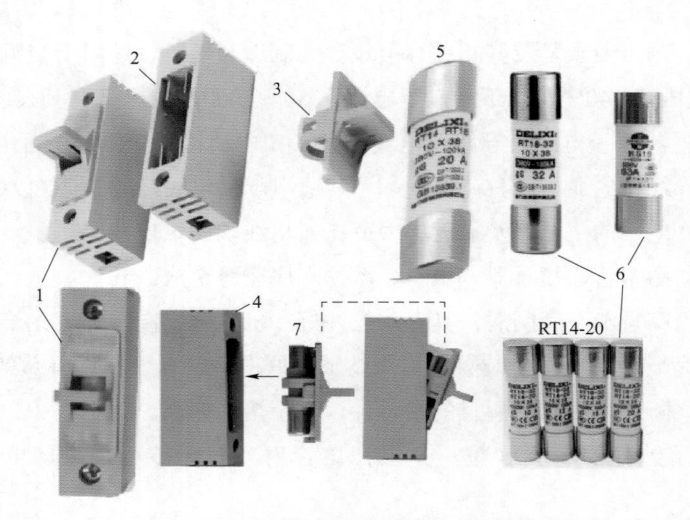

图 3－22　RT14 系列有填料封闭管式筒形帽熔断器

1—熔断器本体；2—插座；3—熔断管绝缘支架；4—熔断器壳体；
5—熔断体；6—不同型号的熔断体；7—熔断体装入绝缘支架内

表 3－1　　RT14 系列有填料封闭管式筒形帽熔断器的技术数据

型号	额定电压（V）	支持件额定电流（A）	熔断体额定电流规格（A）	耗散功率（W）	分断能力（kA）
RT14-20	交流 380	20	2、4、6、8、10、16、25	≤3	100
RT14-32	交流 380	32	2、4、6、8、10、16、20、25、32	≤5	100
RT14-63	交流 380	63	10、16、20、25、32、40、50、63	≤9.5	100

三、熔断器操作与熔体额定电流的选择

1. 熔断器操作方法

要将 RT0 系列熔断器插入底座上或将熔断器从底座上拔下来，都要使用 RT0 系列熔断器的操作手柄。拔 RT0 系列熔断器如图 3－23 所示。

要更换 RT0 系列熔断器，只要用手拧动瓷帽，顺时针旋转可合上熔断器，逆时针旋转可卸下熔断器。

其他型号的熔断器只要用手推入或拉出即可更换。图 3－24 所示为值班电工拉合控制电路中的熔断器。

2. 熔体额定电流的选择方法

为保证电动机正常运行，必须根据电动机驱动的负载性质合理地选择熔体额定电流。电动机主回路中熔体额定电流的选择方法如下：

图 3-23 拔 RT0 系列熔断器

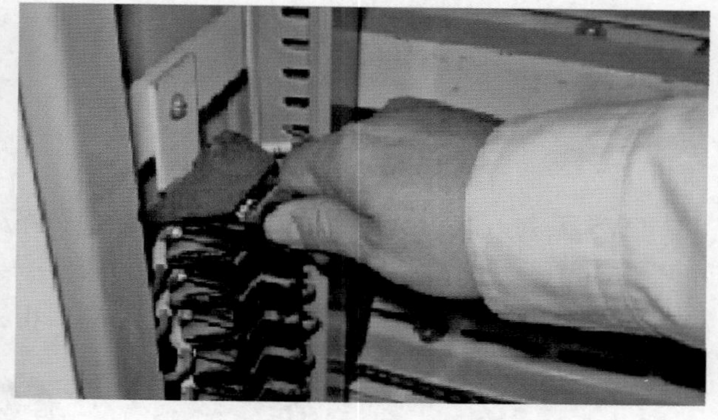
图 3-24 拉合控制电路中的熔断器

（1）单台全压启动的电动机，熔体的额定电流 = 电动机额定电流 ×（1.5～2.5）。

（2）多台全压启动的电动机，熔体的额定电流 = 最大一台电动机的额定电流 ×（1.5～2.5）+ 其他几台电动机的额定电流之和。

（3）降压启动电动机，熔体的额定电流 = 电动机额定电流 ×（1.5～2.0）。

（4）绕线式电动机，熔体的额定电流 = 电动机额定电流 ×（1.2～1.5）。

|第五节| 万能转换开关与组合开关

万能转换开关与组合开关如图 3-25～图 3-29 所示。万能转换开关由手柄、带号码牌的触点盒、可转动的触头片、定位器、自复机构、限位机构等组成，有的还带有信号灯。它具有多个挡位、多对触点，可用于自动开关的远距离控制、电动机回路的控制和仪表的换相。

图 3-25 LW8 万能转换开关

一、LW8 万能转换开关

LW8 万能转换开关如图 3-25 所示。该万能转换开关适用于交流 50Hz、工作电压在 380V 及以下，直流电压在 220V 以下的电路中转换电气控制线路和电气测量仪表，也可直接用于控制小容量三相交流笼型感应电动机(2.2kW 及 5.5kW)。

二、HZ5 系列组合开关

图 3-26 HZ5 系列组合开关

HZ5 系列组合开关如图 3-26 所示。该系列组合开关是为综合代替 HZ1、HZ2、HZ3 等系列组合开关而发展的一种新型开关，可作为交流 50Hz、电压 380V 及以下电路中的电源开关和笼型感应电动机的启动、换向、变速开关，也可用于控制线路的换接。

三、LW5系列万能转换开关

LW5 系列万能转换开关如图 3－27 所示。该系列万能转换开关适用于交流 50Hz、额定电压在 500V 及以下、直流电压在 440V 的电路中转换电气控制线路（电磁线圈、电气测量仪表和伺服电动机等），也可直接控制 5.5kW 三相鼠笼型异步电动机及可逆转换、变速等。

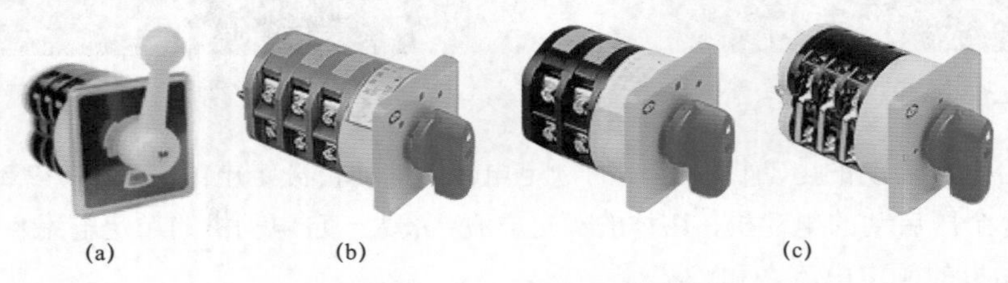

图 3－27　LW5 系列万能转换开关

（a）LW5－40；（b）LW5－25；（c）LW5－16

四、LW12－16 系列凸轮式万能转换开关

LW12－16 系列凸轮式万能转换开关如图 3－28 所示。该系列万能转换开关适用于交流 50Hz、

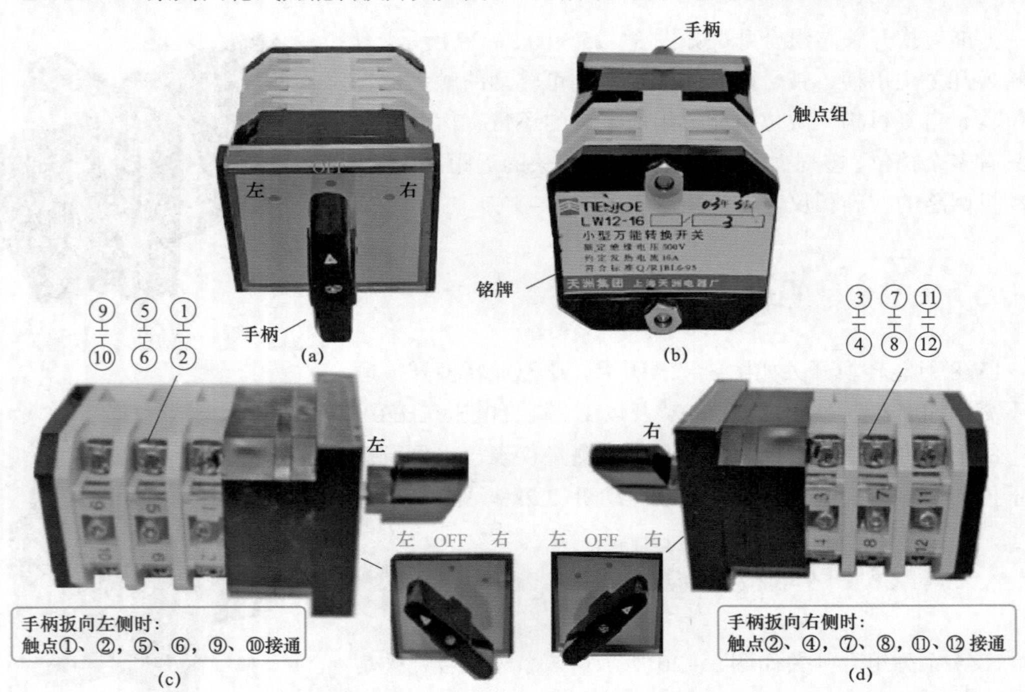

图 3－28　LW12－16 系列凸轮式万能转换开关

（a）开关前面；（b）开关后面；（c）左侧看到的触点标识；（d）右侧看到的触点标识

额定工作电压 380V 及以下、直流电压在 220V 的电路中转换电气控制线路（电磁铁、电气测量仪表和伺服电动机等），也可直接控制 380V、5.5kW 及以下的三相交流鼠笼型异步电动机。

下面列举 4 例来介绍 LW12－16 系列凸轮式万能转换开关控制的电动机电路。

【例 3－1】采用 LW12－16 系列凸轮式万能转换开关控制的单电容单相电动机电路

采用 LW12－16 系列凸轮式万能转换开关控制的单电容单相电动机电路，如图 3－29 所示。

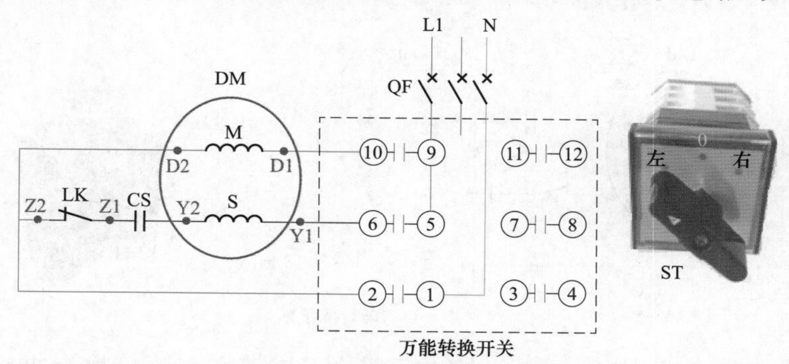

图 3－29 采用 LW12－16 系列凸轮式万能转换开关控制的单电容单相电动机电路

电路工作原理：

将电源 L1 连接到万能转换开关的电源触点端子①、⑤、⑨，将电源触点端子②、⑥、⑩连接到单相电动机接线端子上。万用表检测器触点闭合良好，利用绝缘电阻表检测得到的电动机绝缘电阻值为 200MΩ。电动机具备启停条件。

合上断路器 QF，将万能转换开关切换到“左”的位置，触点①、②接通，触点⑤、⑥接通，触点⑨、⑩接通。电动机 DM 运行绕组 M，启动绕组 S 获电，电动机 DM 启动运转。电动机 DM 转速达到 90%以上，离心开关 LK 断开，切断启动电容 CS 和启动绕组 S。

需要停机时，将万能转换开关扳到“中间”的位置，凸轮将闭合的触点断开，电动机断电停止运转。

【例 3－2】采用 LW12－16 系列凸轮式万能转换开关控制的双电容单相电动机电路

采用 LW12－16 系列凸轮式万能转换开关控制的双电容单相电动机电路，如图 3－30 所示。

电路工作原理：

将电源 L1 连接到万能转换开关的电源触点端子①、⑤、⑨，将电源触点端子②、⑥、⑩连接到单相电动机接线端子上。用查线灯分别检测并确认转换开关触点①、②灯亮，⑤、⑥灯亮，⑨、⑩灯亮。触点闭合良好，利用绝缘电阻表检测得到的电动机绝缘电阻值为 300MΩ。电动机具备启停条件。

合上断路器 QF，将万能转换开关切换到“左”的位置，触点①、②接通，触点⑤、⑥接通，触点⑨、⑩接通。

电源是这样接通的：

电源 L1→断路器 QF 的触点→万能转换开关⑨、⑩之间接通的触点→运行电容 CR→电动机运行绕组 M→万能转换开关②、①之间接通的触点→断路器 QF 的触点→电源 N 极。电动机运行绕组 M 得电。

电源 L1→断路器 QF 的触点→万能转换开关⑤、⑥之间接通的触点→启动电容 CS→离心开关 LK 触点→电动机启动绕组 S→万能转换开关②、①之间接通的触点→断路器 QF 的触点→电源 N 极。电动机启动绕组 S 得电。

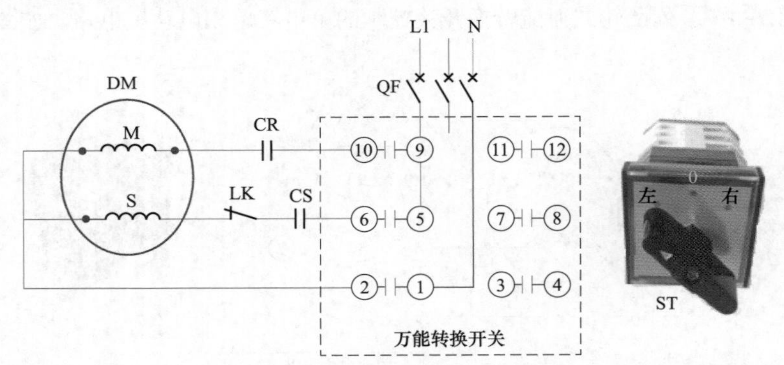

图 3－30　采用 LW12－16 系列凸轮式万能转换开关控制的双电容单相电动机电路

电动机运行绕组 M、启动绕组 S 获电，电动机启动运转。电动机 DM 转速达到 90%以上，离心开关 LK 断开，切断启动电容和启动绕组。

需要停机时，将万能转换开关扳到“中间”的位置，凸轮离开被顶的触点，触点断开，电动机断电停止运转。

【例 3－3】采用 LW12－16 系列凸轮式万能转换开关控制的 380V 电动机正向运转电路

采用 LW12－16 系列凸轮式万能转换开关控制的 380V 电动机正向运转电路，如图 3－31 所示。将万能转换开关扳到“左”的位置，触点接通，电动机得电运转；扳到“0”的位置，触点断开，电动机断电停止运转。

合上断路器 QF，将万能转换开关切换到“左”的位置，触点①、②接通，触点⑤、⑥接通，触点⑨、⑩接通。

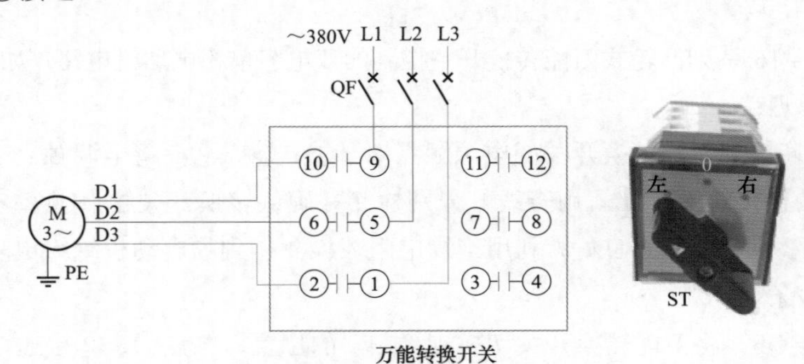

图 3－31　采用 LW12－16 系列凸轮式万能转换开关控制的 380V 电动机正向运转电路

电源是这样接通的：

电源 L1→断路器 QF 的触点→万能转换开关⑨、⑩之间接通的触点→电动机绕组 D1 端子。

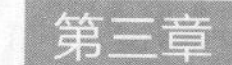

电源 L2→断路器 QF 的触点→万能转换开关⑤、⑥之间接通的触点→电动机绕组 D2 端子。

电源 L3→断路器 QF 的触点→万能转换开关①、②之间接通的触点→电动机绕组 D3 端子。

电动机 M 绕组获得 380V 三相交流电，按 L1、L2、L3 排列的三相交流电相序，启动正向运转。

【例 3-4】采用 LW12-16 系列凸轮式万能转换开关控制的 380V 电动机正反向运转电路

采用 LW12-16 系列凸轮式万能转换开关控制的 380V 电动机正反向运转电路，如图 3-32 所示。

（1）电动机正向运转。合上断路器 QF，将万能转换开关切换到“左”的位置，触点①、②接通，触点⑤、⑥接通，触点⑨、⑩接通。

电源是这样接通的：

电源 L1→断路器 QF 的触点→万能转换开关⑨、⑩之间接通的触点→电动机绕组 D1 端子。

电源 L2→断路器 QF 的触点→万能转换开关⑤、⑥之间接通的触点→电动机绕组 D2 端子。

电源 L3→断路器 QF 的触点→万能转换开关①、②之间接通的触点→电动机绕组 D3 端子。

电动机绕组获得 380V 三相交流电，按 L1、L2、L3 排列的三相交流电相序，启动正向运转。

（2）电动机反向运转。将万能转换开关切换到“右”的位置，触点③、④接通，触点⑦、⑧接通，触点⑪、⑫接通。

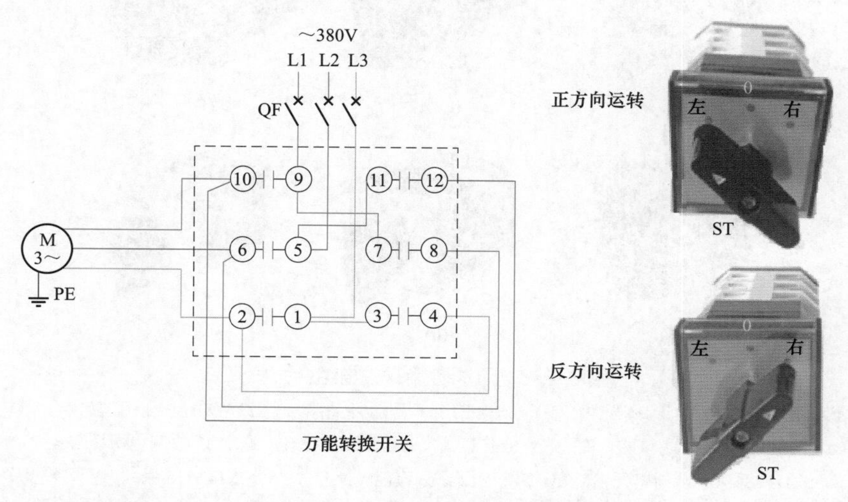

图 3-32 采用 LW12-16 系列凸轮式万能转换开关控制的 380V 电动机正反向运转电路

电源是这样接通的：

电源 L1→断路器 QF 的触点→万能转换开关③、④之间接通的触点→电动机绕组 D1 端子。

电源 L2→断路器 QF 的触点→万能转换开关⑦、⑧之间接通的触点→电动机绕组 D2 端子。

电源 L3→断路器 QF 的触点→万能转换开关⑪、⑫之间接通的触点→电动机绕组 D3 端子。

由于红线通过触点⑦、⑧，绿线通过触点⑪、⑫，相线 L1 与 L2 交换了相序，电动机绕组获得的相序按 L2、L1、L3 排列，电动机绕组相序改变，启动反向运转。

（3）停机。电动机在正向运转或反向运转中，只要将万能转换开关切换到“中间”的位置，就可以断开接通中的触点，切断电源，电动机断电停止运转。

五、其他系列万能转换开关与组合开关

万能转换开关与组合开关的型号非常多，如图 3－33 所示。

图 3－33　万能转换开关与组合开关

（a）SZW26 系列万能转换开关；（b）SZHZ5B 系列组合开关；（c）SZLW8D 系列万能转换开关；（d）SZLW5 系列万能转换开关；（e）SZHZ5D 系列组合开关；（f）SZHZ12 系列电源切断开关；（g）SZD11 系列负载断路开关；（h）SZLW12 系列万能转换开关；（i）SZLW15 系列万能转换开关

|第六节|　低压电流互感器

从结构和工作原理上来说，电流互感器是一种特殊变压器。电流互感器应用于各种电压的变、配电回路，对电气进行测量、控制、监视，是继电保护装置中不可缺少的电气设备。如果不使用电流互感器，直接将大电流电路的电流引入电流表、继电器等，就必须加大导线、接线端子、仪表、继电器的绝缘以及扩大设备结构和增加设备投资，且存在不易安装、使用不便、工作环境危险等缺点。为了使二次设备小型化，使安装使用简单方便，绝缘材料成本低廉，就需要把通过电流互感器的大电流变换成小电流。

电流互感器的文字符号为 TA，它的二次电流为 5A，二次电流为测量、计量仪表及继电器电流线圈提供电源。电动机回路中的电流互感器安装位置如图 3－34 所示。

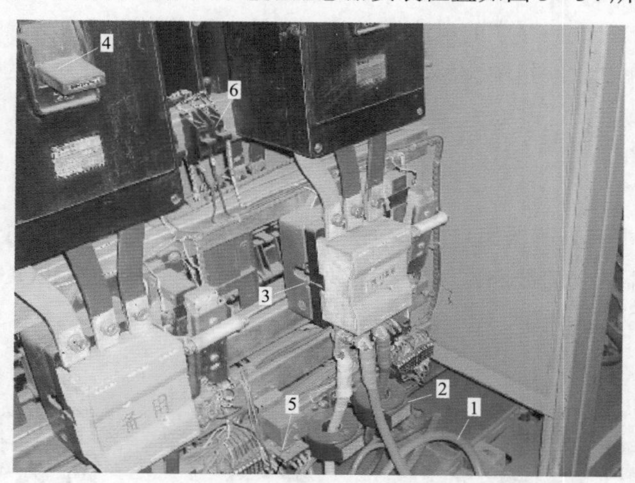

图 3－34　电动机回路中的电流互感器安装位置

1—电缆；2—电流互感器；3—接触器；4—断路器操作把手；5—整流装置电容；6—控制熔断器

一、电流互感器的选择与应用

（1）电流互感器的选择应遵循以下原则：

1）额定电流（一次侧）应为线路正常运行时负载电流的 1.0～1.3 倍。电流互感器的变比与电流表的变比相同。

2）额定电压应为 0.5kV 或 0.66kV。

3）注意精度等级。若用于测量，应选用精度等级为 0.5 或 0.2 的电流互感器；若负载电流变化较大，或正常运行时负载电流低于电流互感器一次侧额定电流的 30%，则应选用精度等级为 0.5 的电流互感器。

4）根据需要确定变比与匝数。

5）型号、规格的选择。根据供电线路一次负荷电流确定变比后，再根据实际安装情况确定型号。

6）额定容量的选择。电流互感器二次额定容量要大于实际二次负载，实际二次负载应为二次额定容量的25%～100%。容量决定二次侧负载阻抗，负载阻抗又影响测量或控制精度。负载阻抗主要受测量仪表和继电器线圈电阻与电抗以及接线接触电阻、二次连接导线电阻的影响。在实际应用中，若电动机的过负荷保护装置需接至电流互感器，应将计量（控制）装置与保护装置分开，以免影响保护的可靠性。

（2）电流互感器应用注意事项：

1）电流互感器运行中二次侧不得开路。电流互感器正常运行中二次侧处于短路状态。如果二次侧开路，产生的感应电动势将高达数千伏及以上，会危及在二次回路上工作的人员的安全。铁芯高度磁饱和、发热可损坏电流互感器二次绕组的绝缘，损坏二次设备。

2）电流互感器二次侧不装熔断路。这是为了避免熔丝一旦熔断或虚连，造成电流互感器二次回路突然开路。二次回路中的电流等于零，会导致铁芯中磁通大大增加（磁饱和），铁芯发热而损坏；同时在二次绕组中会感应出高电压，危及操作人员和设备的安全。

二、LQG系列低压电流互感器

LQG系列低压电流互感器为户内装置线圈式电流互感器，适用于额定频率在50Hz、额定电压在500V及以下的交流线路，用于电流、电能测量及继电保护。LQG系列部分低压电流互感器的外形如图3－35所示。

图3－35　LQG系列部分低压电流互感器的外形

三、LMZ系列低压电流互感器

LMZ系列低压电流互感器适用于额定频率在50Hz、额定工作电压在0.5kV及以下的交流线路，用于电流、电能测量或继电保护。该系列电流互感器为浇注绝缘母线式，铁芯上绕有二次绕组，下部有底座，供固定安装之用。LMZ系列部分低压电流互感器的外形及图文符号如图3－36所示。

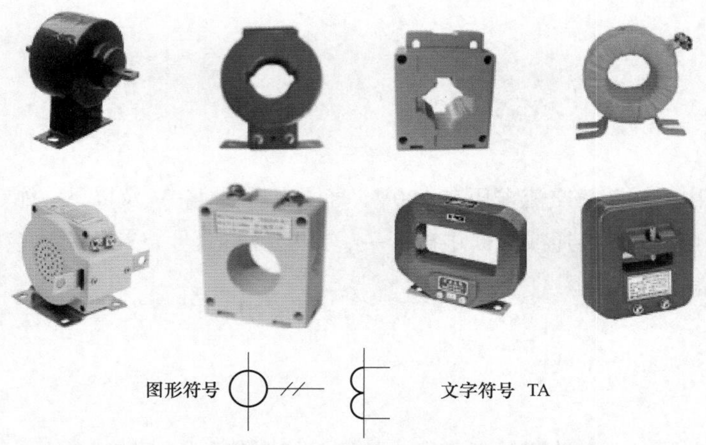

图 3－36 LMZ 系列部分低压电流互感器的外形及图文符号

第七节 接线端子排

接线端子排是配电盘、柜内设备与外部设备进行连接的转换器件，常用于电气设备控制以及信号、保护回路的连接（接线）。如果不经过接线端子排而直接与外部设备相连接，控制保护回路的接线容易出错，线多时会很乱，而且当出现故障时，查线会很困难。接线端子排见视频资源。

在控制保护回路中使用接线端子排，不仅方便安装、接线整齐美观，而且在发生故障时查线方便，还有利于计量和保护电流回路中计量保护设备的调校。因此，配电盘、柜外连接的导线或设备与配电盘、柜内的二次设备相连时必须通过接线端子排。

接线端子排一般适用于额定电压在 380V、额定电流在 10A 以内的控制回路以及信号系统、继电保护、计量装置的二次接线。接线端子排外形及图文符号如图 3－37 所示。

图 3－37 接线端子排外形及图文符号

|第八节| 控 制 按 钮

控制按钮适用于50Hz、交流电压在380V、直流电压在440V及以下、额定电流不超过5A的控制电路，用于远距离接通或分断电磁开关、继电器和信号装置、交流接触器、继电器，以及其他电气线路的遥控。

一、控制按钮的分类

一般控制按钮只有一个动断触点（停止按钮），或只有一个动合触点（启动按钮）。当按下只有动断触点（停止按钮）的按钮时，其触点断开；当松开按钮时，依靠复位弹簧的作用复归接通状态。按下只有动合触点（启动按钮）的按钮时，其触点闭合；当松开按钮时，依靠复位弹簧的作用复归断开状态。控制按钮的动断触点与动合触点见视频资源。

复合式控制按钮由一对动断触点和动合触点组成，按下时动断触点先断开，继续按时动合触点才闭合（接通），松开时动合触点断开，动断触点接通（复归原始状态）。复合式控制按钮外形及图文符号如图3－38～图3－40所示。几种不同结构的控制按钮及开启式控制按钮见视频资源。

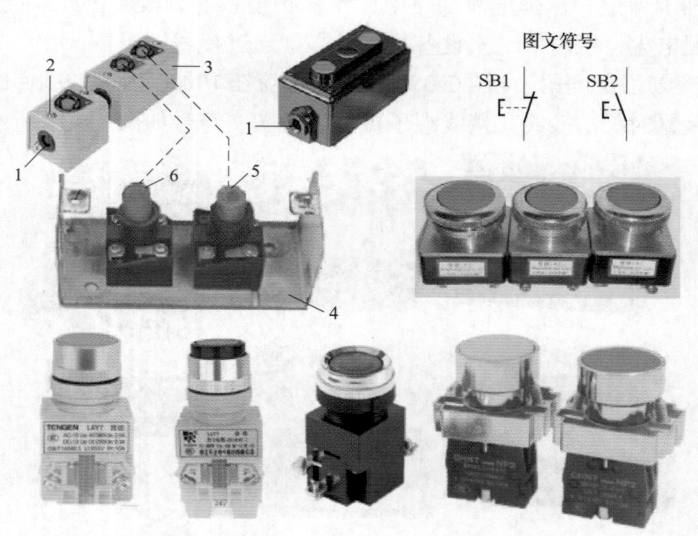

图3－38 几种常用的控制按钮

1—进线口；2—固定螺钉；3—防护罩；4—底座；5—启动按钮；6—停止按钮

控制按钮开关部件名称与动作状态如图3－41所示。其中，控制按钮开关具有动断触点和动合触点。按钮按下时，动触桥A处于与触点1、2断开的状态，触点1、2称为动断触点；继续按动按钮，动触桥A处于与触点3、4接通的状态，触点3、4称为动合触点。

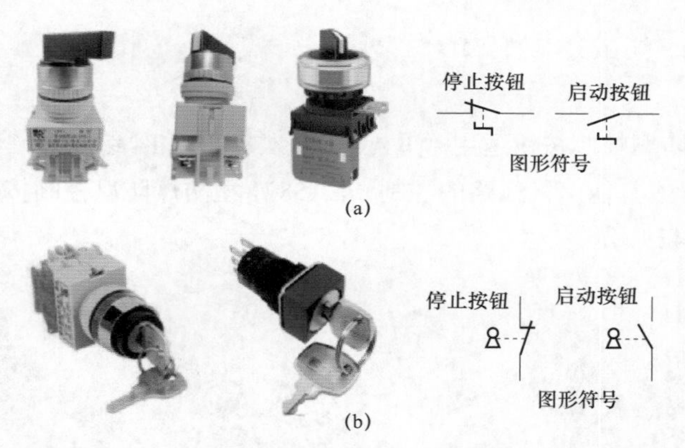

图 3-39 旋钮式控制按钮与钥匙式控制按钮

（a）旋钮式控制按钮；（b）钥匙式控制按钮

启动按钮 停止按钮

图形符号

图 3-40 蘑菇头控制按钮

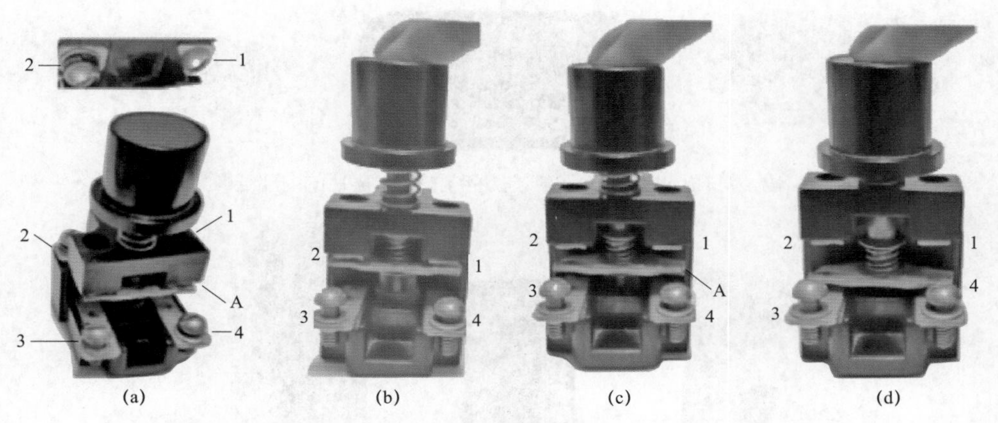

图 3-41 控制按钮开关部件名称与动作状态

（a）部件外形；（b）未按下动断触点（接通）；（c）按下动断触点 1、2（断开）；

（d）按到底动合触点 3、4（接通）

1、2—动断触点；3、4—动合触点；A—动触桥

二、LA5821 型防爆防腐控制按钮

LA5821 型防爆防腐控制按钮适用于ⅡA、ⅡB 类、T1～T4 组爆炸性气体环境，用于就地或远距离对电磁电器或其他电气线路的控制。LA5821 型防爆防腐控制按钮分为单钮、双钮、三钮三类，如图 3－42 所示。

图 3－42　LA5821 型防爆防腐控制按钮

LA5821 型防爆防腐控制按钮有一对动断触点和动合触点，按下时动断触点先断开，继续按时动合触点才闭合（接通），松开时动合触点断开，动断触点接通（复归原始状态）。为在实际操作中避免误操作，通常将按钮帽做成不同的颜色以示区别，其颜色有红、绿、黑、黄、蓝、白等。例如，红色表示停止按钮，绿色表示启动按钮等。按钮开关的主要参数有形式、安装孔尺寸、触头数量及触头的电流容量等。当打开包装盒时，盒内应有控制按钮的使用说明书。感应验电笔对 LA5821 型防爆防腐控制按钮触点的检测见视频资源。

同一个型号的 LA5821 型防爆防腐控制按钮，如生产厂家不同，拆开按钮上盖看到的内部结构略有差别。若按钮触点固定在上盖，内部结构为两层，如图 3－43 所示；若按钮触点固定在底座内，内部结构为三层，如图 3－44 所示。

图 3－43　打开 LA5821 型防爆防腐控制按钮上盖后的内部结构为两层

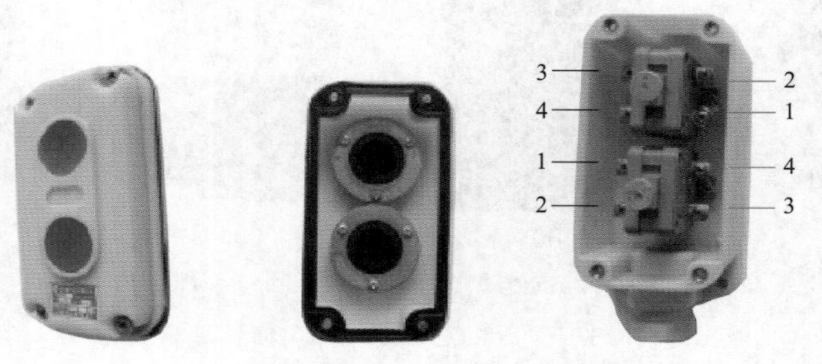

图 3－44　打开 LA5821 型防爆防腐控制按钮上盖后的内部结构为三层

1、2—动断触点；3、4—动合触点

|第九节| 信 号 灯

信号灯是用来表示电气设备和电路状态的灯光信号器件，作为指示信号、事故信号或其他信号。信号灯通过不同的颜色表示不同的状态。例如，通常绿色灯亮，表示电气设备处于热备用状态，随时可以进行启停操作；红色灯亮，表示电气设备运行正常与跳闸回路完好；黄色灯亮，表示电气设备处于故障状态。各种信号灯在电路中的图形符号是相同的，信号灯外形及图文符号如图 3－45 所示。信号灯的常用颜色含义为：RD 为红色，YE 为黄色，GN 为绿色，BL 为蓝色，WH 为白色。

图 3－45 信号灯的外形及图文符号

【例 3－5】信号灯在电动机控制回路中的应用

有状态信号按钮操作启停的电动机 220V 控制电路如图 3－46 所示，这是机械设备常用的

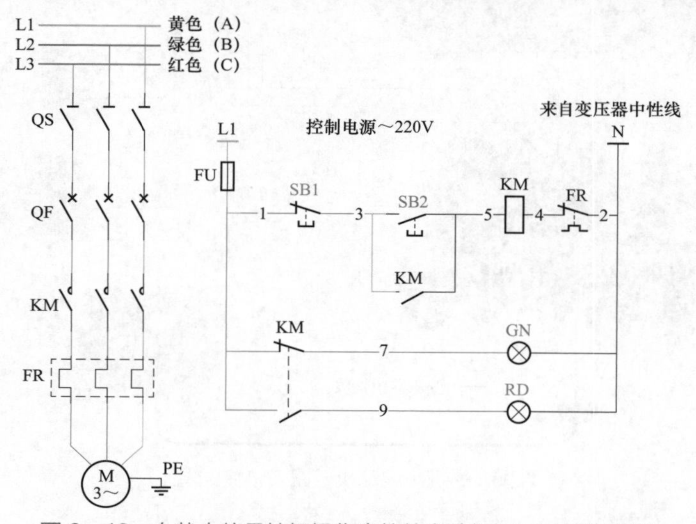

图 3－46 有状态信号按钮操作启停的电动机 220V 控制电路

控制电路。电路中的设备有三相隔离开关 QS、主电路断路器 QF、交流接触器 KM、热继电器 FR，线圈工作电压为交流 220V。N 表示从变压器二次（0.4kV）绕组中性点引出的线。

为了让初学者认识图形符号和文字符号代表的电气设备，将图形符号变成电气设备实物，采用线条（表示电线）进行设备之间的连接，构成直观的电动机回路实物接线图，如图 3-47 所示。

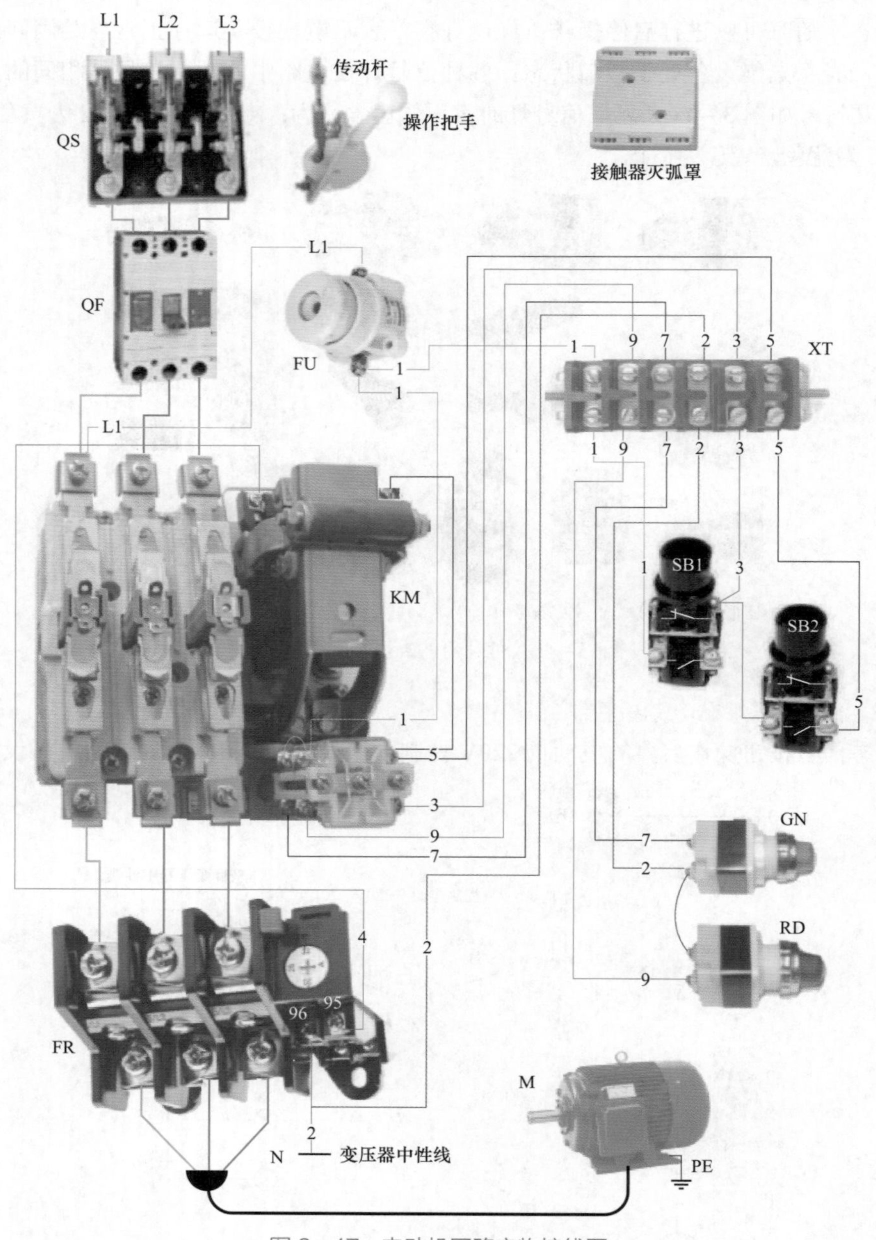

图 3-47　电动机回路实物接线图

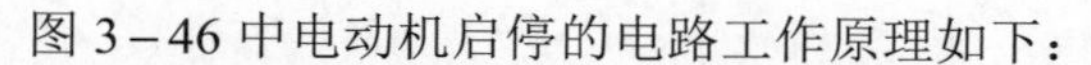

图 3－46 中电动机启停的电路工作原理如下：

（1）回路送电操作顺序。合上三相隔离开关 QS，合上主回路断路器 QF，合上控制回路熔断器 FU。

合上控制回路熔断器 FU 后，电源 L1 相→控制回路熔断器 FU→1 号线→接触器 KM 的动断触点→7 号线→绿色信号灯 GN→2 号线→电源 N 极。绿色信号灯 GN 得电发亮，表示电动机处于停运且热备用的状态，可随时启动电动机。

（2）启动运转。按下启动按钮 SB2，电源 L1 相→控制回路熔断器 FU→1 号线→停止按钮 SB1 动断触点→3 号线→启动按钮 SB2 动合触点（按下时闭合）→5 号线→接触器 KM 线圈→4 号线→热继电器 FR 的动断触点→2 号线→电源 N 极，构成 220V 电路。

接触器 KM 线圈得到交流 220V 的工作电压动作，接触器 KM 动合触点闭合（将启动按钮 SB2 动合触点短接）自保，维持接触器 KM 的工作状态。接触器 KM 的三个主触点同时闭合，电动机绕组获得三相 380V 交流电源，电动机 M 启动运转，驱动机械设备工作。

接触器 KM 动合触点闭合，电源 L1 相→控制回路熔断器 FU→1 号线→闭合的接触器 KM 动合触点→9 号线→红色信号灯 RD→2 号线→电源 N 极。红色信号灯 RD 得电发亮，表示电动机处于运转状态。

（3）停机。按下停止按钮 SB1，动断触点断开，切断接触器 KM 线圈控制电路，接触器 KM 线圈断电，接触器 KM 释放，接触器 KM 的三个主触点同时断开，电动机 M 绕组脱离三相 380V 交流电源停止转动，驱动的机械设备停止运行。

接触器 KM 释放，动断触点 KM 回归接通状态，电源 L1 相→控制回路熔断器 FU→1 号线→接触器 KM 的动断触点→7 号线→绿色信号灯 GN→2 号线→电源 N 极。绿色信号灯 GN 得电发亮，表示电动机处于停运状态。

（4）电动机过负荷停机。主回路中的热继电器 FR 动作，热继电器 FR 的动断触点断开，切断接触器 KM 线圈电路，接触器 KM 线圈断电释放，接触器 KM 的三个主触点同时断开，电动机绕组脱离三相 380V 交流电源停止转动，驱动的机械设备停止工作。

第十节　电路图中的文字符号

电路图中的文字符号是用来标明电气设备装置和元器件的名称、功能状态及特征的拉丁字母，主要包括基本文字符号和辅助文字符号，此外还有数字符号和补充文字符号。文字符号应按电气设备名词术语相关国家标准或行业标准规定的英文名称缩写来确定。同一设备若有几种名称时，应选用其中一个名称。当设备名称、功能、状态或特征为一个英文单词时，一般采用该单词的首字母构成文字符号。必要时，也可以采用前两位字母或者前两个音节的首位字母，还可采用常用的缩略语或者约定俗成的习惯用法构成文字符号。当设备名称、功能、状态或特征为两个或三个英文单词时，一般采用这两个或三个单词的首字母，或者采用常用的缩略语或者约定俗成的习惯用法构成文字符号。基本文字符号不得超过两位字母，辅助文字符号一般不能超过三位字母。

一、基本文字符号

电气设备种类繁多，每个类别规定用一个或两个字母表示电气设备的基本名称，该类文字符号称为基本文字符号。例如，“M”表示电动机，“G”表示发电机，“R”表示电阻器，“K”表示接触器或继电器，“C”表示电容器，“T”表示变压器等。对电气设备进行进一步分类时，用双字母符号组合形式表示，此时应以单字母在前的次序列出。例如，“TM”表示电力变压器，“KT”表示时间继电器，“KM”表示接触器，“KA”表示交流继电器。常用的基本文字符号见表3-2。

表3-2　基本文字符号

设备、装置和元器件中文名称	基本文字符号		设备、装置和元器件中文名称	基本文字符号		设备、装置和元器件中文名称	基本文字符号	
	单字母	双字母		单字母	双字母		单字母	双字母
激光器	A		异步发电机		GA	时间继电器	K	KT
电桥		AB	电动发电机组		GA	电压继电器		KV
晶体管放大器		AD	柴油发电机组	G	GA	接触器		KM
磁放大器		AM	直流发电机		GD	电感器	L	
印刷电路板		AP	同步发电机		GS	电抗器		
支架盘		AR	蓄电池		GB	电动机		
抽屉柜		AT	声响指示器		HA	异步电动机		MA
电子管放大器		AV	光指示器	H	HL	鼠笼型电动机	M	MC
压力变换器		BP	指示灯		HL	直流电动机		MD
位置变换器		BQ	继电器			同步电动机		MS
旋转变换器	B	BR	交流继电器		KA	力矩电动机		MT
温度变换器		BT	电流继电器		KA	电磁驱动		MB
速度变换器		BV	制动继电器		KB	励磁线圈		MB
电容器	C		合闸继电器		KC	弹簧储能装置		ML
电力电容器		CE	差动继电器		KD	电流表		PA
发热器件		EH	接地继电器		KE	计数器		PC
照明灯	E	EL	气体继电器	K	KG	电能表	P	PJ
空气调节器		EV	中间继电器		KM/KA	时钟、操作时间表		PT
避雷器	F		脉冲继电器		KM	电压表		PV
限流保护器件		FA	极化继电器		KP	电力电路开关		
快速熔断器		FF	热继电器		KR/FR	自动开关		QA
熔断器		FU	逆流继电器		KR	断路器	Q	QF
限压保护器件		FV	簧片继电器		KR	刀开关		QK
发电机	G		信号继电器		KS	负荷开关		QL

续表

设备、装置和元器件中文名称	基本文字符号		设备、装置和元器件中文名称	基本文字符号		设备、装置和元器件中文名称	基本文字符号	
	单字母	双字母		单字母	双字母		单字母	双字母
电动机保护开关	Q	QM	限位开关	S	SQ	电压互感器	U	TV
隔离开关		QS	转换开关		ST	变频器		
真空断路器		QY	接地传感器	S	SE	电子管		VE
电阻器	R		液位标高传感器		SL	连接片	X	XB
变阻器			压力传感器		SP	测试插孔		XJ
电位器		RP	位置传感器		SQ	插头		XP
测量分路表		RS	转速传感器		SR	插座		XS
热敏电阻器		RT	温度传感器		ST	端子箱（板）		XT
压敏电阻器		RV	变压器	T		气阀	Y	
控制开关	S	SA	自耦变压器		TA	电动阀		YM
选择开关		SA	控制电源变压器		TC	电磁阀		YV
按钮开关		SB	隔离变压器		TF	电磁铁		YA
灭磁开关		SD	照明变压器		TL	电磁制动器		YB
脚踏开关		SF	电力变压器		TM	电磁离合器		YC
行程开关		SP	整流变压器		TR	电磁吸盘		YH
接近开关		SP	电流互感器		TA	滤波器	Z	

二、辅助文字符号

用以表示电气设备装置元件以及线路功能状态和特征的文字符号，称为辅助文字符号。辅助文字符号可放在表示种类的单字母符号后面，组成双字母符号。例如，“L”表示限制，“RD”表示红色，“SP”表示压力传感器。辅助符号也可单独使用。例如，“ON”表示接通，“M”表示中间，“PE”表示保护接地等。常用的辅助文字符号见表 3－3。

表3－3　　辅助文字符号

序号	文字符号	名称	序号	文字符号	名称
1	A	电流	8	AUX	辅助
2	A	模拟	9	ASY	异步
3	AC	交流	10	B、BRK	制动
4	A、AUT	自动	11	BK	黑
5	ACC	加速	12	BL	蓝
6	ADD	附加	13	BW	向后
7	ADJ	可调	14	C	控制

续表

序号	文字符号	名称	序号	文字符号	名称
15	CW	顺时针	44	P	保护
16	CCW	逆时针	45	PE	保护接地
17	D	延时	46	PEN	保护接地和中性线共用
18	D	差动	47	PU	不接地保护
19	D	数字	48	R	记录
20	D	降	49	R	右
21	DC	直流	50	R	反
22	DEC	减	51	RD	红
23	E	接地	52	R、RST	复位
24	EM	紧急	53	RES	备用
25	F	快速	54	RUN	运转
26	FB	反馈	55	S	信号
27	FW	正、向前	56	ST	启动
28	GN	绿	57	S、SET	置位、定位
29	H	高	58	SAT	饱和
30	IN	输入	59	STE	步进
31	INC	增	60	STP	停止
32	IND	感应	61	SYN	同步
33	L	左	62	T	温度
34	L	限制	63	T	时间
35	L	低	64	TE	无噪声（防干扰）接地
36	LA	闭锁	65	V	真空
37	M	中间线	66	V	速度
38	M、MAN	手动	67	V	电压
39	N	中性线	68	WH	白
40	OFF	断开	69	YE	黄
41	ON	闭合	70	M	主
42	OUT	输出	71	M	中
43	P	压力			

三、数字符号

数字符号是用以表示回路中相同设备排列顺序编号的数字，可以写在设备名称符号的前面或后面，如图 3－48 所示。

3　K　T 或 K　T　3

图 3-48　数字符号

图 3-48 中“3”就是数字符号，KT 表示时间继电器，数字 3 表示的是第 3 个时间继电器。

四、补充文字符号

基本文字符号和辅助文字符号如不敷使用，在不违背现行国家标准编制原则的前提下，可采用现行国际标准中的文字符号，也可根据文字符号组成规律进行补充。

部分外文电路图中电气设备的文字符号见表 3-4，与特定导体相连接的设备端子和特定导体终端的标识见表 3-5。

表 3-4　部分外文电路图中电气设备的文字符号

设备名称	文字符号	设备名称	文字符号	设备名称	文字符号
液压开关	FLS	接触器	MCtt	电动阀	MY
发电机	G	变阻器	RHEO	电磁阀	SV
电压表	V	电容器	C	调节阀	CV
压力开关	PRS	移相电容器	SC	低压电源	LVPS
速度开关	SPS	硅三极管	SRS	信号监视灯	PL
按钮开关	PB	辅助继电器	AXR	逆流继电器	RR
选择开关	COS	电流继电器	OCR	电压表转换开关	VS
控制开关	CS	电源开关	PS	电压继电器	VR
刀开关	KS	气动开关	POS	热继电器	OL
负荷开关	ACB	励磁开关	FS	极化继电器	PR
转换开关	RS	光敏开关	LAS	信号继电器	KS
自动开关	NFB	隔离开关	DS	辅助继电器	AXR
行程开关	LS	倒顺开关	TS	接地继电器	ER
温度开关	TS	熔断器	F	蓄电池	EPS
事故停机	ESD	压敏电阻器	VDR	电力电容器	SC
交流继电器	KA	电压电流互感器	MOF	零序电流互感器	ZCT
电压互感器	PT	电流互感器	CT	星-三角启动器	YDS
限时继电器	TLR	信号灯	PL	励磁线圈	FC
电流表转换开关	AS	消弧线圈	PC	脱扣线圈	TC
差动继电器	DR	保持线圈	HC	磁吹断路器	MBB
接地限速开关	SLS	避雷器	LA	真空断路器	VS
脚踏开关	FTS	油断路器	OCB	限位开关	SL
电动机	M	变压器	TR	柱上油开关	POS
高压开关柜	AH	高压电源	HTS	接线盒	JB

续表

设备名称	文字符号	设备名称	文字符号	设备名称	文字符号
低压配电柜	AA	安装作业	IX	引线盒	PB
动力配电柜	AP	检修与维修	RM	控制板	BC
控制箱	AS	试验测试	TST	照明回路	LDB
照明配电箱	AS	安装图	ID	瞬时接触	MC
直流电源	DCM	控制装置	CF	动合触点	NO
交流电源	ACM	动力设备	PE	动断触点	NC
控制用电源	CVCF	双触点	DC	延时闭合	TC
润滑油泵	LOP	给油泵	FP	操纵台	C
油泵	OP	循环水泵	CWP	保险箱	SL
主油泵	MOP	抽油泵	OSP	程序自动控制	ASC
辅助油泵	AOP	控制箱	CC	电流试验端子	CTT
盘车油泵	TGOP				

表 3-5　与特定导体相连接的设备端子和特定导体终端的标识

<table>
<tr><th rowspan="2" colspan="2">特定导体</th><th colspan="2">字母、数字符号</th><th rowspan="2" colspan="2">导体颜色标识</th></tr>
<tr><th>设备端子标识</th><th>导体和导体终端标识</th></tr>
<tr><td rowspan="4">交流导体</td><td>第 1 相</td><td>U</td><td>L1</td><td colspan="2">交流系统 L1 相黄色（YE）</td></tr>
<tr><td>第 2 相</td><td>V</td><td>L2</td><td colspan="2">交流系统 L2 相绿色（GN）</td></tr>
<tr><td>第 3 相</td><td>W</td><td>L3</td><td colspan="2">交流系统 L3 相红色（RD）</td></tr>
<tr><td>中性导体</td><td>N</td><td>N</td><td colspan="2">中性导体 N 浅蓝色（BU）</td></tr>
<tr><td rowspan="3">直流导体</td><td>正极</td><td>+ 或 C</td><td>L+</td><td colspan="2">保护导体 PE 绿－黄双色（GNYE）</td></tr>
<tr><td>负极</td><td>－或 D</td><td>L－</td><td rowspan="5">交流系统 PEN 导体</td><td rowspan="2">（1）全长绿－黄双色
终端另用浅蓝色标识</td></tr>
<tr><td>中间导体</td><td>M</td><td>M</td></tr>
<tr><td colspan="2">接地导体</td><td>E</td><td>E</td><td rowspan="2">（2）全长浅蓝色
终端另用绿/黄色标识</td></tr>
<tr><td colspan="2">保护导体</td><td>PE</td><td>PE</td></tr>
<tr><td colspan="2">保护接地中性导体</td><td>PEN</td><td>PEN</td><td>备注：两种标识仅选一种</td></tr>
<tr><td colspan="2">保护接地中间导体</td><td>PEM</td><td>PEM</td><td colspan="2">直流系统的正极棕色（BN）</td></tr>
<tr><td colspan="2">保护接地线导体</td><td>PEL</td><td>PEL</td><td colspan="2">直流系统的负极蓝色（BU）</td></tr>
<tr><td colspan="2">功能接地线</td><td>FE</td><td>FE</td><td rowspan="2" colspan="2">直流系统的接地中线浅蓝色（BU）</td></tr>
<tr><td colspan="2">功能等电位连接线</td><td>FB</td><td></td></tr>
</table>

第四章

时间继电器及其触点性质的检测

凡是通过接通电源或从其他触点得到电源信号，其触点要延迟一定时间才动作的继电器，称为时间继电器。部分时间继电器的外形如图 4－1 所示。时间继电器的外壳上有与时间继电器触点相符的接线图，上面标有触点端子标号。

图 4－1　部分时间继电器的外形

|第一节| 时间继电器的用途及其符号

时间继电器在电气控制电路中是一个非常重要的元器件，用于从接受电信号至触点动作延时的场所。它作为按时间发出指令的元件，被广泛地用于机械设备自动控制系统中。

在控制电路中，时间继电器与其他电器一起可以组成程序控制线路，从而实现自动化运行。时间继电器得到启动信号后开始计时，计时结束后其工作触点进行闭合或断开动作，从而推动后续的电路工作。时间继电器的种类很多，有机械式、空气阻尼式、电动式、电磁式、电子式及智能型等。时间继电器的延时性能，在设计范围内可通过旋钮或数字键进行调节。延时时间可以从几秒到几小时。

按其延时性能，时间继电器一般分为通电延时和断电延时两种类型。可根据电路控制的要求，选择通电延时或者断电延时类型的时间继电器。对于初学者来说，应该记住时间继电器的触点图文符号，还要根据时间继电器外壳上的接线图，把触点正确地串入或并联于控制电路中。电路图中使用的时间继电器图文符号见表 4-1。

表 4-1　　电路图中使用的时间继电器图文符号

图形符号	说明	图形符号	说明
1　2	当操作器件被吸合时，延时闭合的动合触点（从圆弧向圆心方向移动的延时动作）	1　2	当操作器件被释放时，延时断开的动合触点
1　2	当操作器件被释放时，延时闭合的动断触点	1　2	当操作器件被吸合时，延时断开的动断触点
通电延时，线圈图形符号 文字符号 KT 瞬时动作的动合触点 瞬时动作的动断触点		断电延时，线圈图形符号 文字符号 KT 瞬时动作的动合触点 瞬时动作的动断触点	

一般时间继电器的触点分为单断点和双断点两类，单断点的图形符号如图 4-2（a）所示，双断点的图形符号如图 4-2（b）所示。

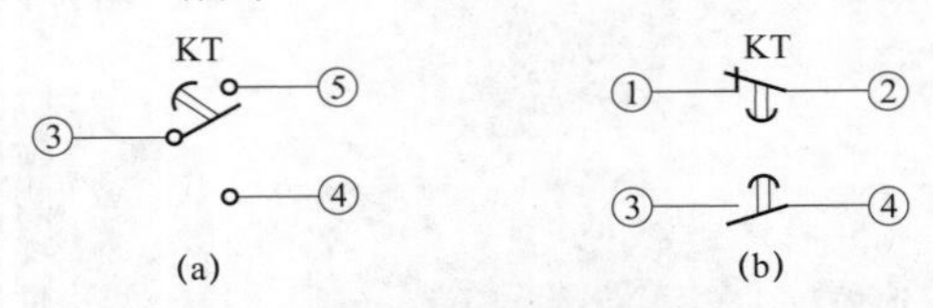

图 4-2　时间继电器触点的分类及图形符号
（a）单断点；（b）双断点

应检测时间继电器的触点是延时闭合还是延时断开，是通电延时还是断电延时，从而确定触点的性质，如此才能将其正确地应用于控制电路中。以下各节将以不同型号的时间继电器为例，介绍使用查线灯检测时间继电器触点的性质。

|第二节| ST3P（ST3PA－A）时间继电器

ST3P 时间继电器如图 4－3 所示，其适用于交流 50Hz、工作电压 380V 以下或直流工作电压 24V 的控制电路中，用作延时元件，按预定的延时时间接通或分断电路。

ST3P 时间继电器产自日本，我国基于 ST3P 时间继电器改进的 ST3PA－A 系列时间继电器，具有体积小、质量小、延时精度高、延时范围广、抗干扰性能强、可靠性好、寿命长等优点，适用于各种要求高精度、高可靠性的自动控制场合，作为延时控制之用。

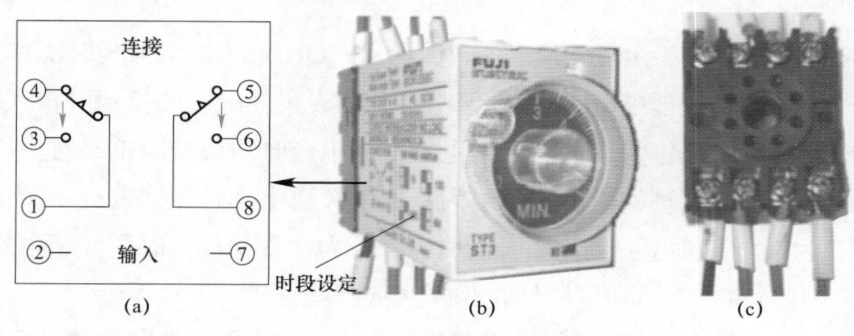

图 4－3 ST3P 时间继电器

（a）接线图；（b）本体；（c）底座

一、ST3P 时间继电器的使用说明

（1）按照继电器本体罩壳标签上的接线图将继电器电源、触点接入控制电路中。

（2）调整电位器或拨段开关，预定好延时时间，接通电源，继电器显示灯 ON 亮，开始按（3）对应工作时序运行。

（3）ST3PA、ST3PC、ST3PG 系列产品均有四挡延时时间范围可选择，设定方式见（5）。

（4）通过旋转旋钮（电位器设定的，电位器均为非线性的）选用延时规格时应该按大于控制电路需要延时的 1.3 倍确定，如需要延时 7s，则选择延时为 10s 的时间继电器。避免用大的延时规格设定小延时时间而导致时间偏差大。

注：1. ST3PF、ST3PFT1、ST3PFT2 通电时间应大于或等于 2s，复位控制端在断电延时过程中接通，继电器释放，恢复到初始状态，复位端切勿输入电压或接地。

2. ST3PK 信号控制器闭合时间应大于 50ms，从控制器断开时刻起，继电器开始延时至预置时间，继电器释放，且控制端切勿输入电压或接地，以免损坏产品。

（5）延时范围选择及时段设定。以 ST3PA－B 为例，延时范围为 0～10s。ST3PA－A 系列时间继电器具有不同的延时挡，可以与时间继电器前部的转换开关很方便地进行转换。当需要变换延时挡时，首先取下设定旋钮，接着卸下刻度板，然后参照铭牌上的延时范围示意图拨动转换开关，再按原样装上刻度板与设定旋钮。转换开关位置应与刻度板上的开关位置标记相对应。ST3P 时间继电器触点性质的检测见视频资源。

ST3PA－A时间继电器各部件名称如图4－4所示。

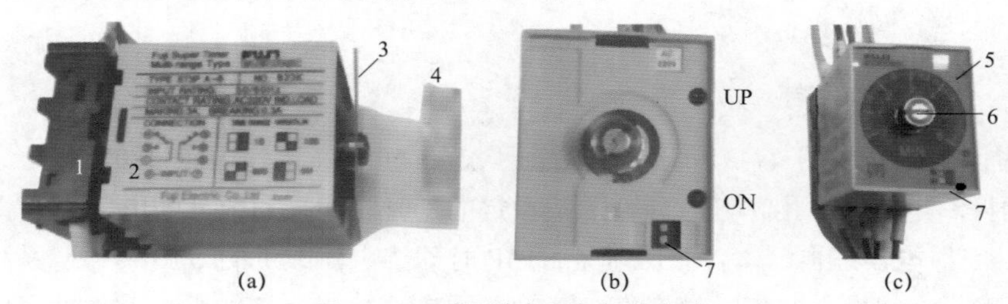

(a) (b) (c)

图4－4 时间继电器各部件名称

（a）侧面；（b）刻度板下状态；（c）正面

1—底座；2—继电器本体；3—刻度板；4—旋转旋钮；5—刻度板正面；6—旋转螺钉；7—拨段开关

时间继电器ST3PA－A指示灯ON和UP的含义：ON表示继电器延时工作状态指示灯，灯亮则表示正在延时计时过程中；UP表示继电器到达设定计时时间指示灯，灯亮则表示延时功能结束。继电器触点的工作状态取决于继电器是通电延时型还是断电延时型。

时间继电器分为以下几种触点形式：A为基本型（通电延时多挡型）；C为瞬间型（通电延时多挡型）；F为断电延时型；K为断开延时型；R为往复循环延时型（通电延时型）。具体的时间范围为0.05s～24h。时间可以根据控制需要进行选择。

时间继电器的工作方式：断电后继电器开始延时，延时到所设定的时间后，继电器开始动作。时间继电器触点接线和时段设计图，如图4－5所示。

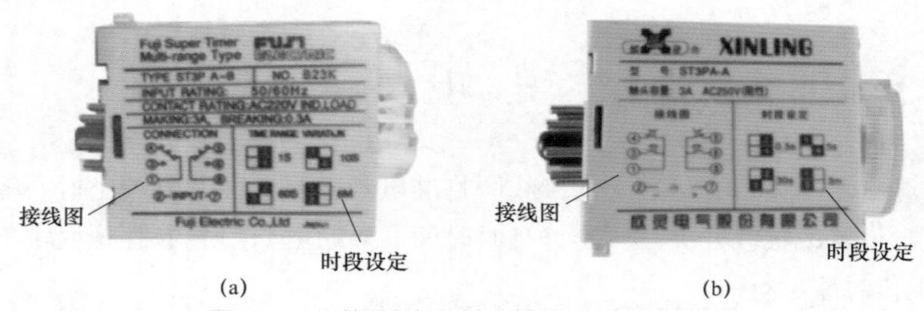

(a) (b)

图4－5 时间继电器触点接线和时段设计图

（a）日本ST3PA－B时间继电器；（b）国产ST3PA－A时间继电器

二、查线灯与时间继电器触点的连接

把查线灯按时间继电器给出的触点接线图［见图4－3（a）］连接后的状态，如图4－6所示。线圈两端通过插头连接到电源，送电后的状态如图4－7所示。

按时间继电器外壳的电路图给出的触点标识（端子标号），把查线灯连接到相对应的触点上构成回路。

三、触点性质的检测

电源开关SA连接后，合上电源开关SA时，时间继电器得电动作，时间继电器壳体上的

ON 灯亮，如图 4-8 所示。查线灯的绿灯 GN、蓝灯 BL 仍处于点亮状态。

时间继电器到达整定时间（5s）后，时间继电器壳体上的 UP 灯亮，如图 4-9 所示。查线灯的绿灯 GN 灭、蓝灯 BL 灭，说明延时的动断触点（两个）同时断开。查线灯的红灯 RD 亮、黄灯 YE 亮，说明延时闭合的动合触点（两个）同时闭合。

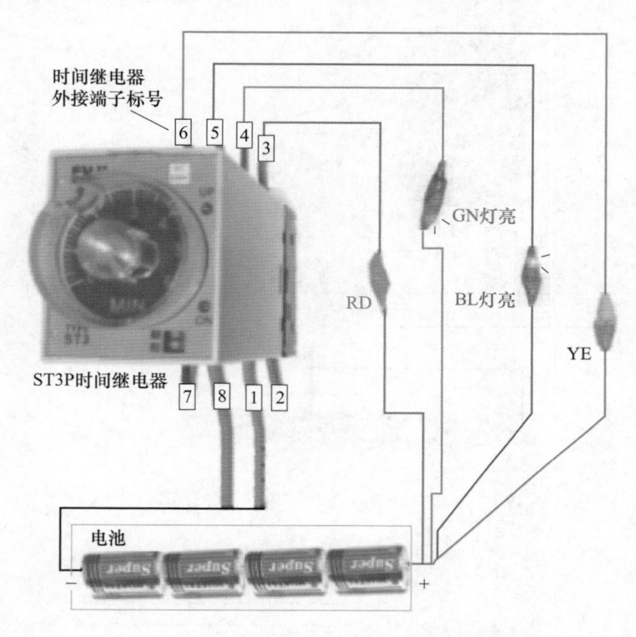

图 4-6　查线灯与时间继电器触点连接后的状态

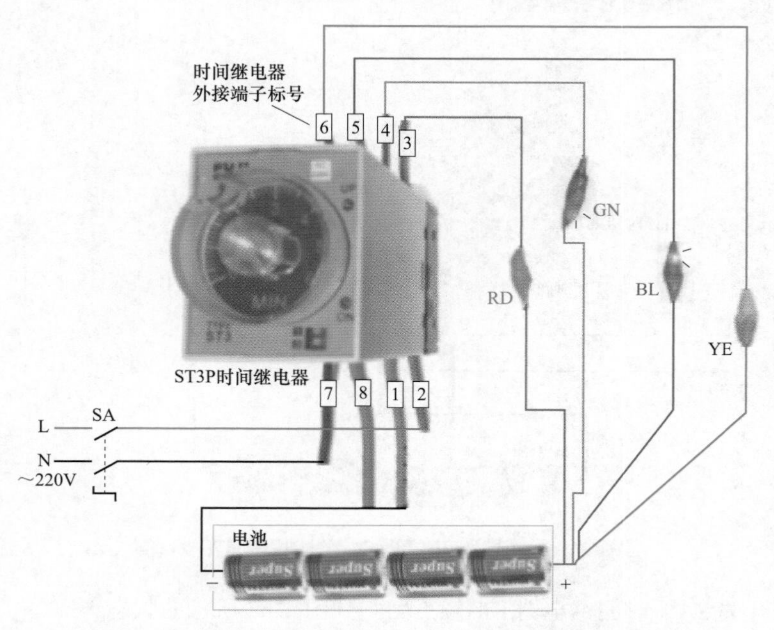

图 4-7　查线灯与时间继电器触点连接后连接到电源的状态

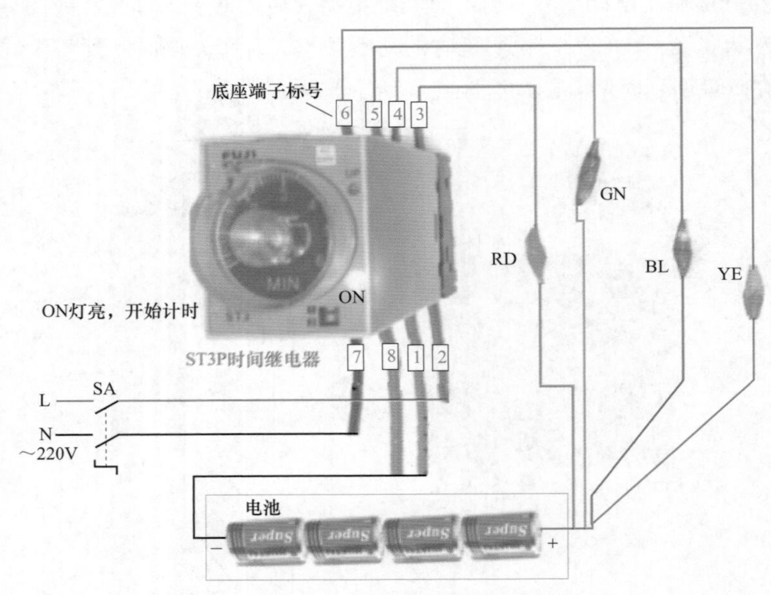

图 4–8　合上电源开关 SA 后时间继电器 ON 灯亮

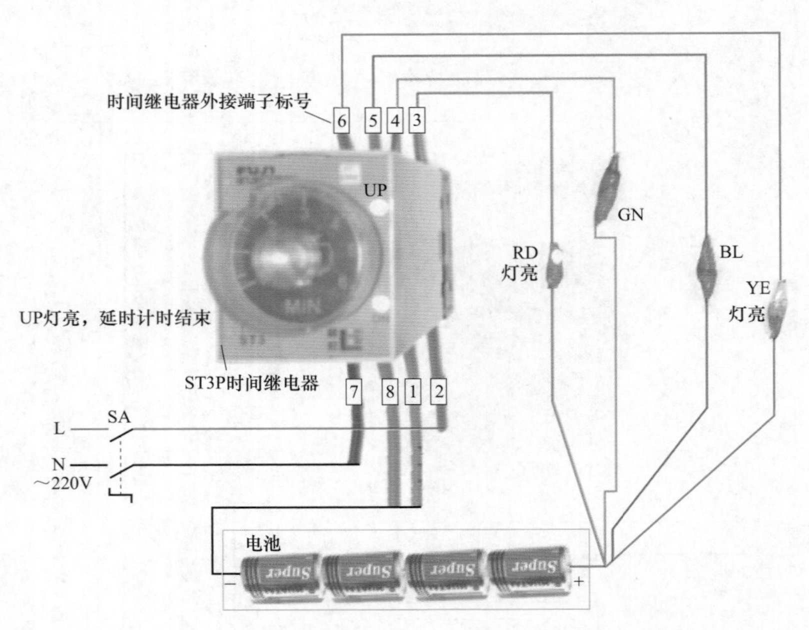

图 4–9　达到整定时间后时间继电器的 UP 灯亮

断开控制开关 SA，时间继电器 KT 触点回归到图 4–7 所示的状态。

通过上述的检测了解了触点的性质，就可以按电路图选择所需的触点进行接线。

|第三节| JS7－4A 系列空气阻尼式时间继电器

一、JS7－4A 系列空气阻尼式时间继电器简介

JS7－4A 系列空气阻尼式时间继电器是在电动机降压启动中用得最多的一种时间继电器，其外形如图 4－10 所示。这种时间继电器触点性质的检测方法与 JS7－1A 时间继电器触点性质的检测方法（见视频资源）相同。

这种时间继电器由电磁系统和气室两大部分组成。在气室中有一块橡皮薄膜，当推杆向里推时，气室中的空气从薄膜与轴杆的间隙跑出气室；松开推杆后，薄膜向外张，把间隙封死，这时薄膜外的大气压力使推杆不能返回，在气室上方有一个锥形气道，空气可以从气道进入气室。通过调节螺钉可以调整进气量。随着空气进入气室，气室内气压增高，薄膜开始外张复位，当气室中装满空气后，薄膜完全复位，这时就会带动推杆推动继电器上的微动开关动作，接通或断开被控制的电路。气室中进气时间的长短就是定时的长短，调整进气量就是调整定时的时间。

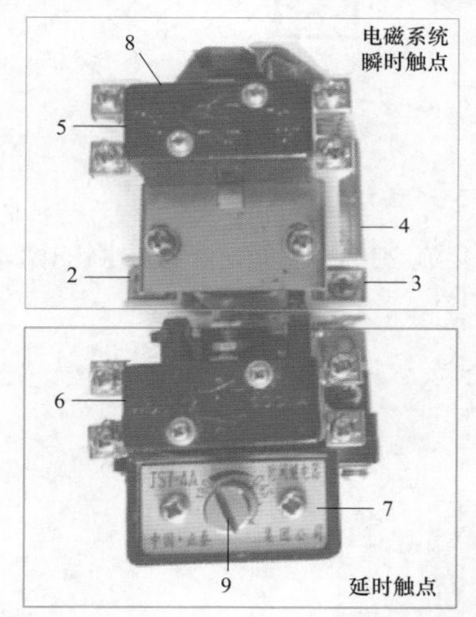

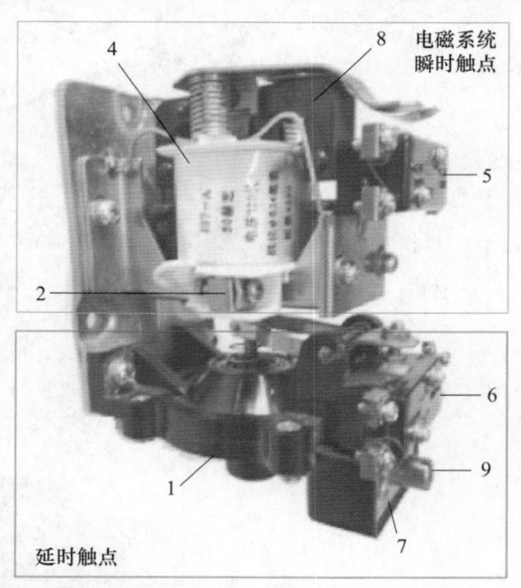

图 4－10 JS7－4A 系列空气阻尼式时间继电器的外形

1—气囊；2、3—线圈接线端子；4—线圈；5—瞬时触点；6—延时触点；7—铭牌；8—电磁铁；9—调节旋钮

推杆是由电磁系统的动铁芯带动的，电磁系统可以改装。一种情况是线圈得电时推杆被推动，线圈断电时推杆开始复位定时，这叫作断电延时；另一种情况是线圈不通电时推杆被推动，线圈通电时，推杆被释放复位，这叫作通电延时。通过改变电磁机构位置来改变时间继电器延时属性见视频资源。

时间继电器的微动开关上也有一个动合触点和一个动断触点。由于有通电延时和断电延时之分，加上时间继电器的触点符号比较多，因此用小圆弧表示受阻力延时的方向，凹面表示受阻力，凸面表示不受阻力。

二、使用查线灯来调节时间继电器的延时触点

使用查线灯来调节时间继电器的延时触点，简单且直观。四颜色的查线灯如图 4-11 所示。

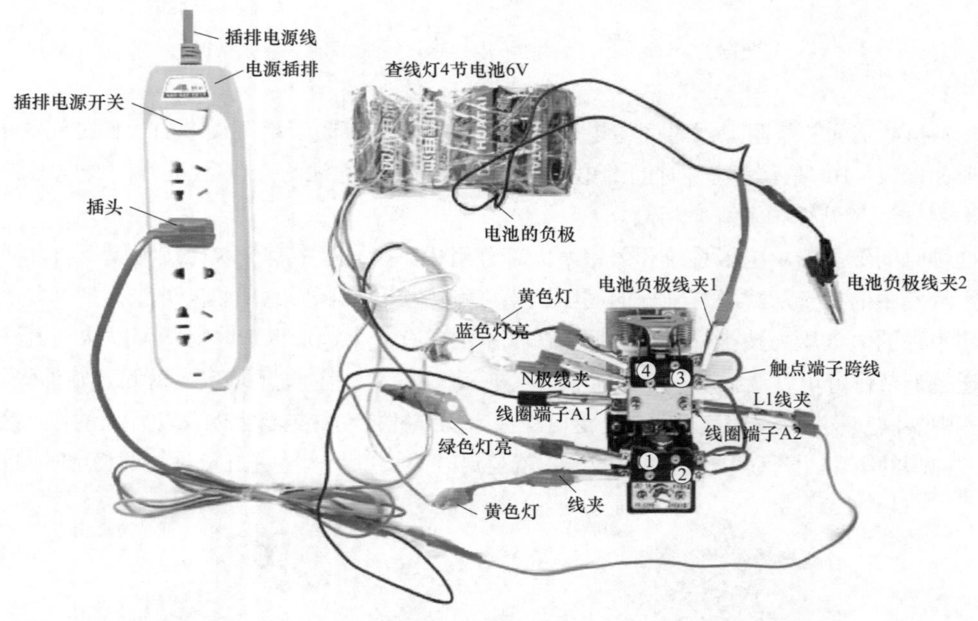

图 4-11　四颜色的查线灯

按图 4-12 进行连线，查线灯连接 4 对触点，交流 220V 电源线连接线圈的两端，查线灯连接完的状态如图 4-13 所示。

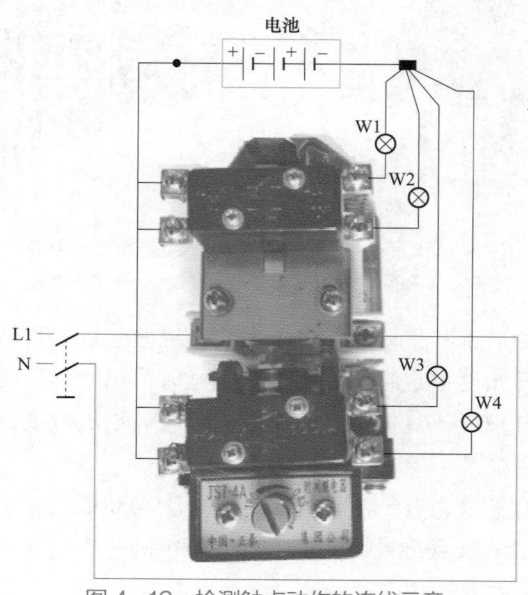

图 4-12　检测触点动作的连线示意

图 4-13 按接线图连接后，两个动断触点连接的灯亮状态

检测方法：可调节进气孔通道的大小来获得不同的延时时间，即用螺钉旋具旋转铭牌中心的螺钉，往右旋得到的延时时间较短，反之则延时时间较长。

这种时间继电器的刻度盘上没有时间刻度，只有调节时间的范围（如 0～180s），因此只能在调整后用钟表进行校对，一般要根据电动机启动情况反复调整直至最佳点。

（1）测试前的准备工作。将查线灯两极的触笔分别与时间继电器上的触点连接，未接通时电源灯亮，该触点是动断触点；灯不亮，则该触点是动合触点。该触点是否有时间特性，可通过以下步骤来检测。

（2）判断触点状态。通过控制开关 SA 的关合与断开，观察查线灯亮与不亮，从中判断触点的状态。

1）动断触点和动合触点。未接通电源时，查线灯亮；通电后，查线灯立即熄灭；断开电源时，查线灯亮，该触点是动断触点。未接通电源时，查线灯不亮；通电后，查线灯亮；断开电源时，查线灯立即熄灭，该触点是动合触点。

2）延时断开的动断触点。未接通电源时查线灯亮；调节螺钉后，合上电源开关 SA，时间继电器动作，经过一定时间后查线灯才熄灭；断开电源时，查线灯立即点亮，该触点是延时断开的动断触点。

3）延时闭合的动合触点。未接通电源时，查线灯不亮；调节螺钉后，合上电源开关 SA，时间继电器动作，经过一定时间后查线灯才亮；断开电源时，查线灯立即熄灭，该触点是延时闭合的动合触点。

4）延时闭合的动断触点。未接通电源时，查线灯亮；调节螺钉后，合上电源开关 SA，查线灯不亮；断开电源时，查线灯处于不亮状态，经过一定时间后查线灯才点亮，该触点是延时闭合的动断触点。

5）延时断开的动合触点。未接通电源时，查线灯不亮；调节螺钉后，合上电源开关 SA，查线灯立即点亮；断开电源开关 SA 时，查线灯仍在点亮状态，经过一定时间后查线灯才熄灭，该触点是延时断开的动合触点。

（3）调节延时触点。调节螺钉，接通或断开电源开关 SA，直到符合动作时间为止，然后再将原线路接上。

1）未通电时。两个动断触点中，瞬时动作的动断触点接通，BL 灯亮；瞬时动作延时断开的动断触点接通，GN 灯亮。

2）通电时。两个动断触点断开，BL 灯，GN 灯灭。瞬时动作的动合触点闭合，YE 灯亮。瞬时闭合延时断开的触点闭合，RD 灯亮，如图 4－14 所示。

图 4－14　按接线图通电后的状态

3）断电时。瞬时动作的动合触点断开，RD 灯仍然点亮。瞬时动作的动断触点复归，BL 灯亮。短时间维持如图 4－15 所示的状态。

图 4－15　断电后的状态

经过一定的时间，闭合中的动合触点断开，RD 灯灭。延时动作的动断触点复归，GN 灯亮，如图 4－16 所示。

图 4-16 延时复位的状态

通过上述检测可知，这是断电延时的时间继电器。

|第四节| JJSB1 系列晶体管时间继电器

一、JJSB1 系列晶体管时间继电器简介

JJSB1 系列晶体管时间继电器，如图 4-17 所示。分解后的 JJSB1 系列时间继电器各部名称，如图 4-18 所示。圆圈内的数字为时间继电器内部触点与外部电路接线端子的标号。其中，①、②为交流电源，⑤为电池灯正极（蓝线），⑥为电池灯正极（绿线），⑦为电池的负极（黑线）。

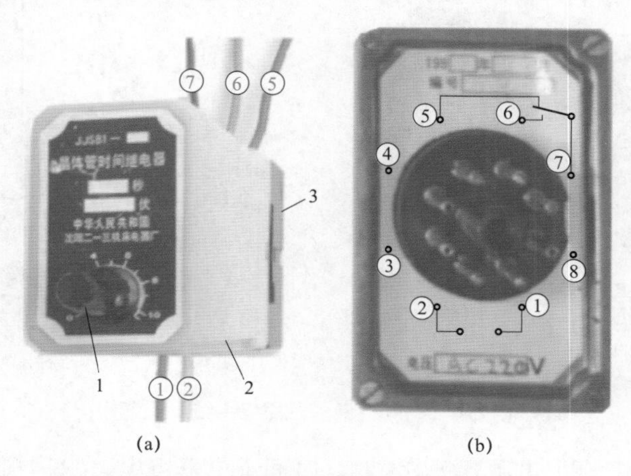

图 4-17 JJSB1 系列时间继电器

（a）外形图；（b）触点接线端子图

1—时间调节旋纽；2—壳体；3—底座

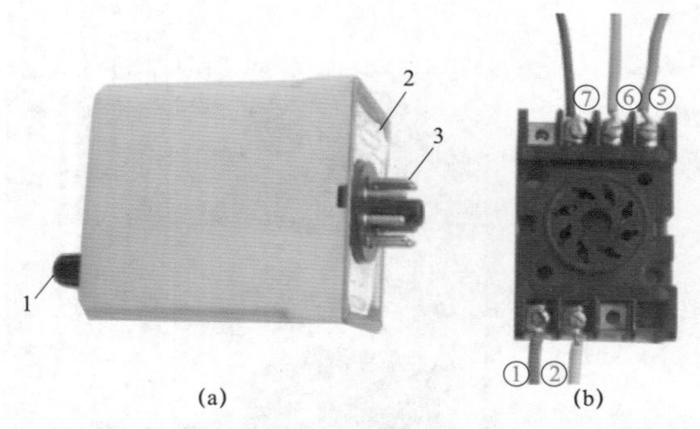

图4-18　分解后的JJSB1系列时间继电器各部件名称

(a) 时间继电器本体；(b) 底座

1—时间调节旋钮；2—触点接线端子图；3—插头

二、使用查线灯检测JJSB1系列时间继电器的触点

按图4-17（b）给出的触点端子标号，确认触点符号的性质。从中可以看出，①、②是外接电源端子，⑤、⑦之间的是延时动断触点，⑥、⑦之间的是延时闭合的动合触点；此外还可以看出，该时间继电器的触点是单断点的，⑦是公用点。JJSB1系列时间继电器触点性质的检测见视频资源。

把查线灯按图4-19进行连接，⑤、⑦之间的是延时动断触点，连接后GN灯亮；⑥、⑦之间的是延时闭合的动合触点，连接后RD灯不亮。其中，黑色的线表示电池的负极，绿色的线表示电池灯正极，红色的线表示电池灯正极。

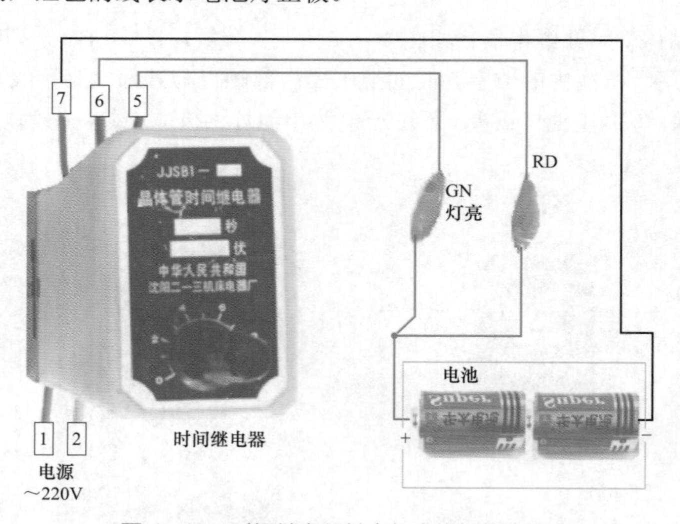

图4-19　时间继电器触点与查线灯的连接

电源开关连接后，合上电源开关SA时，时间继电器得电，GN灯仍然是点亮状态，如图4-20所示。经过整定的时间（如5s），GN灯灭，说明延时的动断触点断开；RD灯亮，说明延时闭合的动合触点闭合，如图4-21所示。

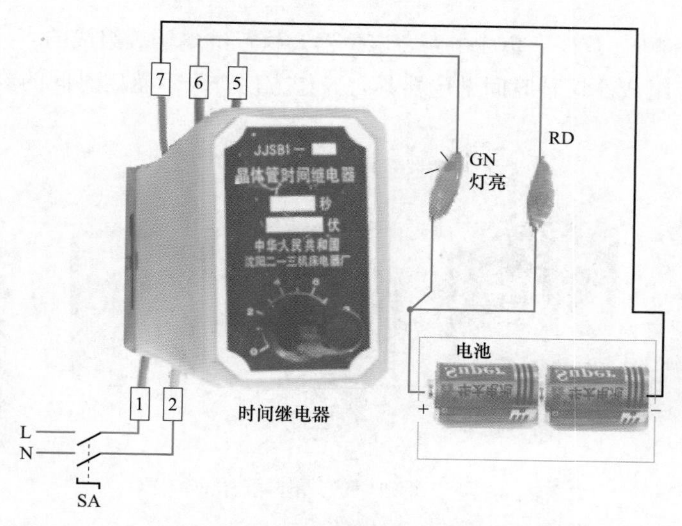

图 4-20 为了验证时间继电器的动作时间，电源开关的连接示意

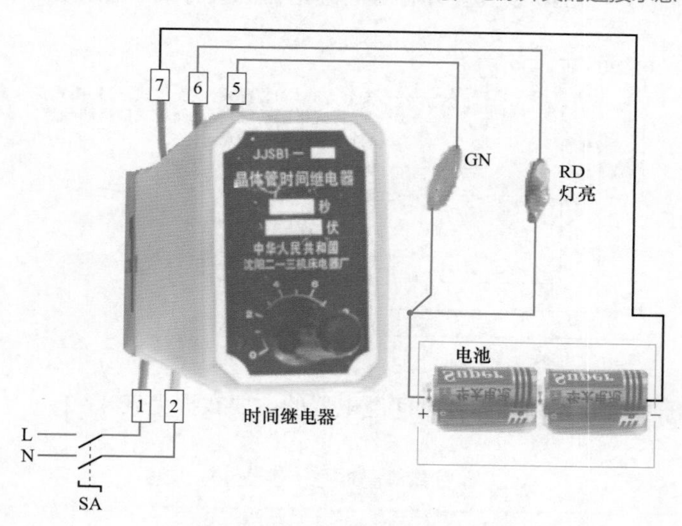

图 4-21 接通电源数秒后的状态

断开电源开关 SA，时间继电器断电，动合触点断开，RD 灯灭，动断触点接通，GN 灯亮，重现图 4-20 所示的状态。由此可知，这是通电延时的时间继电器。

第五节 JS20 系列晶体管时间继电器

一、JS20 系列晶体管时间继电器简介

JS20 系列晶体管时间继电器如图 4-22 所示。该系列时间继电器主要由电压变换器、整

流稳压器、振动/分频/计算器、集成电路、电位器及执行继电器等组成的“元器件组合”部件和外壳、上插件等组成。这种时间继电器具有操作方便、表示整定时间的刻度盘清晰易读等优点。

图 4-22　JS20 系列晶体管时间继电器

（1）型号及其含义。JS20 系列晶体管时间继电器的型号及其含义如下：

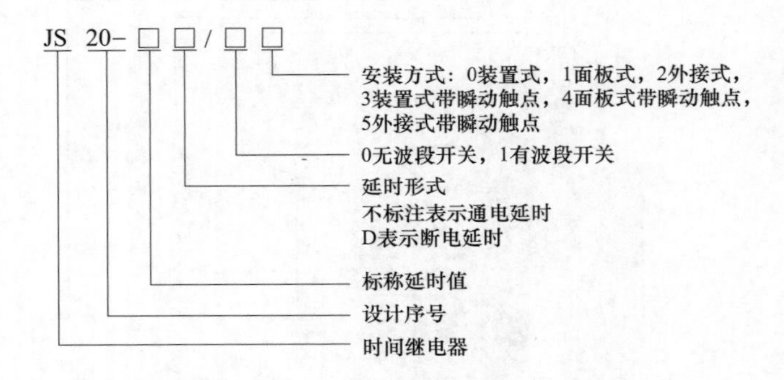

（2）主要数据。JS20 系列晶体管时间继电器的主要数据见表 4-2。

表 4-2　　JS20 系列晶体管时间继电器的主要数据

型号	JS20	JS20/D
工作方式	通电延时	断点延时
触点数量	延时 2 转换	
触点容量	AC 220V，5A	
工作电压	AC 50Hz，36、110、127、220、380V	
环境温度	-15～+40℃	
安装方式	装置式、面板式、外接式	

（3）电源电压与延时时间。JS20 系列晶体管时间继电器的电源电压与延时时间见表 4-3。

表 4-3　JS20 系列晶体管时间继电器的电源电压与延时时间

额定控制电源电压（V）	JS20	12～380（AC）
		12～220（DC）
		24～48（AC/DC）
	JS20/D	100～240（AC/DC）
		12～380（AC）
		12～220（DC）
延时时间（s）	JS20 通电延时时间	0.05～0.5、0.1～1.0、0.2～2.0、0.3～3.0、0.5～5.0、1～10、2～20、3～30、6～60、9～90、10～100、12～120、18～180、24～240、30～300、36～360、60～600、72～720、90～900、120～1200、180～1800、240～2400、360～3600、720～7200
	JS20/D 断电延时时间	0.05～0.5、0.1～1.0、0.2～2.0、0.3～3.0、0.5～5.0、1～10、2～20、3～30、6～60、9～90、10～100、12～120、18～180、24～240、30～300、36～360、60～600、72～720、90～900、120～1200、180～1800

（4）内部触点端子接线图。JS20 系列晶体管时间继电器的内部触点端子接线图如图 4-23 所示。

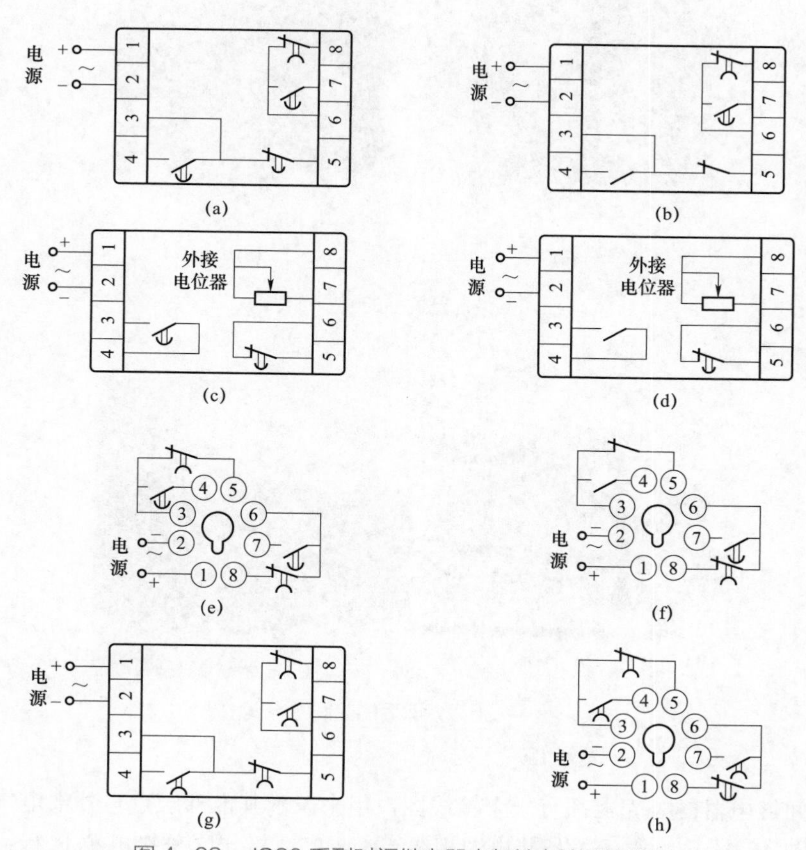

图 4-23　JS20 系列时间继电器内部触点端子接线图

(a) JS20 装置式；(b) JS20 装置式带瞬动触点；(c) JS20 外接式；(d) JS20 外接式带瞬动触点；(e) JS20 面板式；(f) JS20 面板式带瞬动触点；(g) JS20/D 装置式；(h) JS20/D 面板式

二、JS20 系列晶体管时间继电器内部器件

为了使初学者看清 JS20 系列晶体管时间继电器的内部器件，这里进行了破坏性拆分，分别拍了照片。分解前的时间继电器如图 4－24 所示；分解后的时间继电器，如图 4－25 所示；壳体上的接线端子图，如图 4－26 所示。

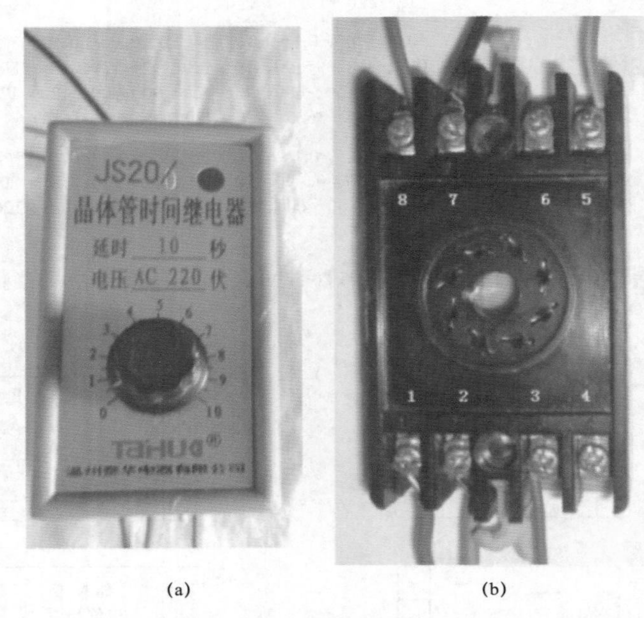

(a)　　(b)

图 4－24　分解前的时间继电器

（a）本体；（b）底座

图 4－25　分解后的时间继电器

1—调节旋钮；2—电位器；3—控制电路板；4—底座

每个时间继电器的外壳上都有一个接线图，用来表示其内部触点与外部电气器件连接的端子号。在图 4－26 中，端子①外接电源相线 L1 或 L3，端子②外接电源 N 极；端子③、④之间的触点为延时闭合的动合触点，端子③、⑤之间的触点为延时断开的动断触点，端子③是这两个触点的公用端子；端子⑥、⑧之间的触点为延时断开的动断触点，端子⑥、⑦之间

的触点为延时闭合的动合触点，端子⑥是这两个触点的公用端子。

该时间继电器型号是JS20/D(交流电源220V)，斜杠后的D表示该时间继电器是断电延时的时间继电器。未接通电源时，端子③、⑤之间的延时断开触点是接通的，端子⑥、⑦之间的延时动合触点是断开的；得电时，端子③、⑤之间的触点瞬时断开，端子⑥、⑦之间的触点瞬时闭合；断电时，端子⑥、⑦之间的动合触点延时断开，端子③、⑤之间的动断触点延时复归接通状态。

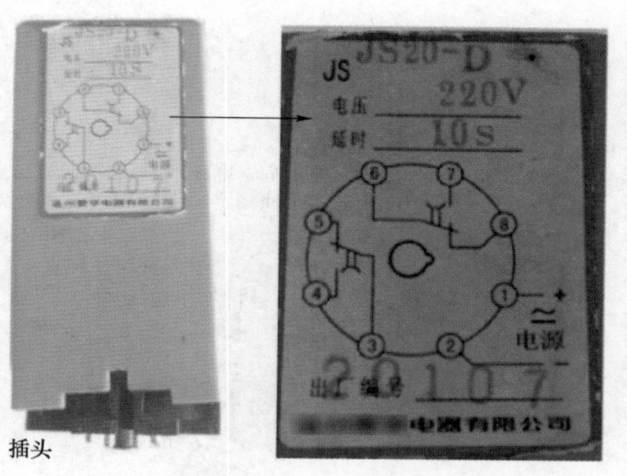

图4-26 时间继电器外壳上的接线端子图

三、时间继电器电源与触点在控制电路的连接

按图4-23（b）进行连接，将查线灯电池的正极（+）分别与查线灯GN、BL、RD、YE灯的一端连接。查线灯的另一端，按图4-27分别连接到时间继电器触点端子④、⑤、⑦、⑧上。查线灯电池的负极（–，黑线）分别与时间继电器触点端子③、⑥连接。若查线灯GN、BL灯亮，表明为动断触点；若查线灯RD、YE灯不亮，表明为动合触点。电源经控制开关SA连接到时间继电器接线端子①、②上，未送电的状态如图4-28所示。

合上控制开关SA，触点接通，时间继电器得电动作，经整定的时间延时后动断触点断开，查线灯GN、BL灯灭，动合触点闭合，查线灯RD、YE灯亮，送电的状态如图4-29所示。断开控制开关SA，时间继电器断电释放，触点回归，查线灯复归图4-28所示的状态。

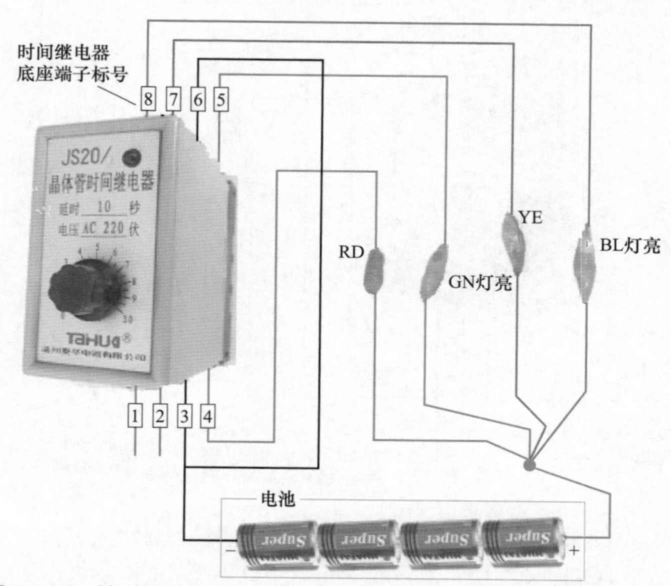

图4-27 按时间继电器上的接线端子图，查线灯与触点连接后的状态

注：1～8为时间继电器接线端子，其中1、2接电源，3、4为瞬时闭合的动合触点，3、5为瞬时断开的动断触点，6、7为延时闭合的动合触点，6、9为延时断开的动断触点。

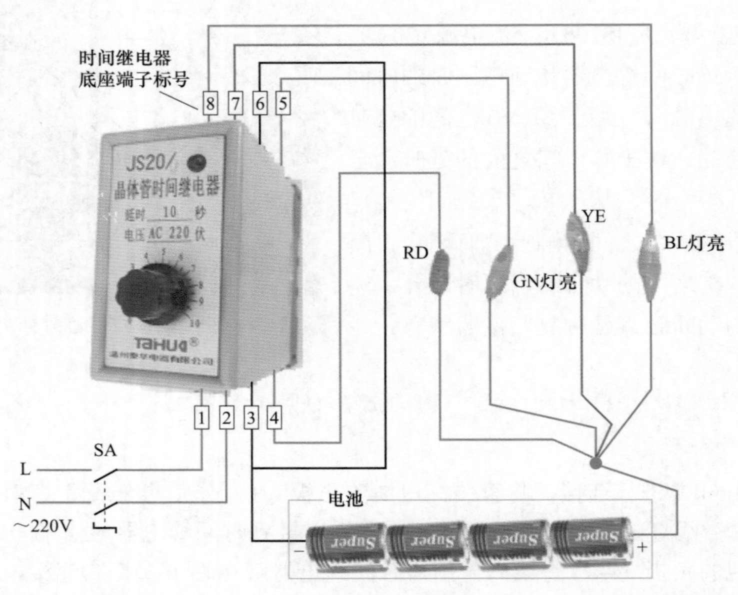

图 4-28　电源经控制开关 SA 连接到时间继电器接线端子①、②上，未送电的状态

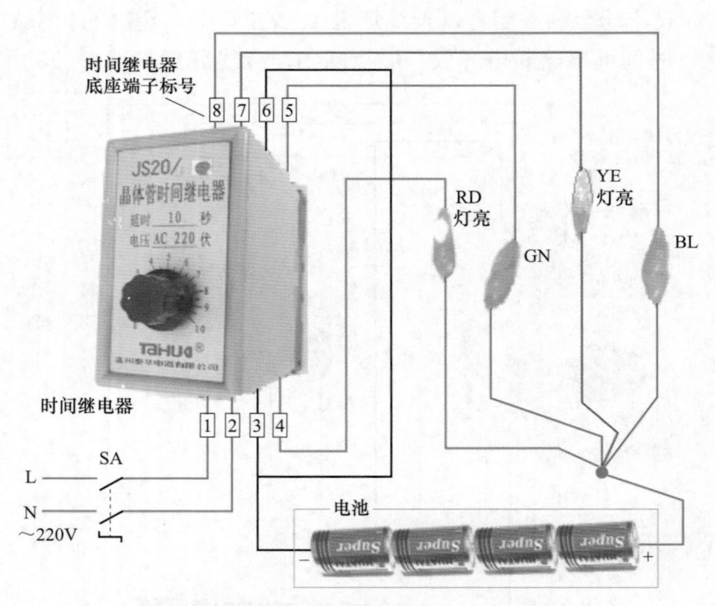

图 4-29　时间继电器经整定的时间延时后动断触点断开，
GN、BL 灯灭，动合触点闭合，RD、YE 灯亮的状态

|第六节| JS14A 系列时间继电器

一、JS14A 系列时间继电器简介

JS14A 系列时间继电器适用于交流 50Hz、额定控制电源电压 380V 及以下或直流 24V 及以下的控制电路中，作为延时元件，按预定的时间接通或分断电路。JS14A 系列时间继电器的外形与接线图如图 4－30 所示。其中，该时间继电器触点属于单断点，①、②接电源，③、④与⑥、⑦为动合触点，③、⑤与⑥、⑧为动断触点，端子③、⑥属于公用点。该系列时间继电器属于通电延时的时间继电器。

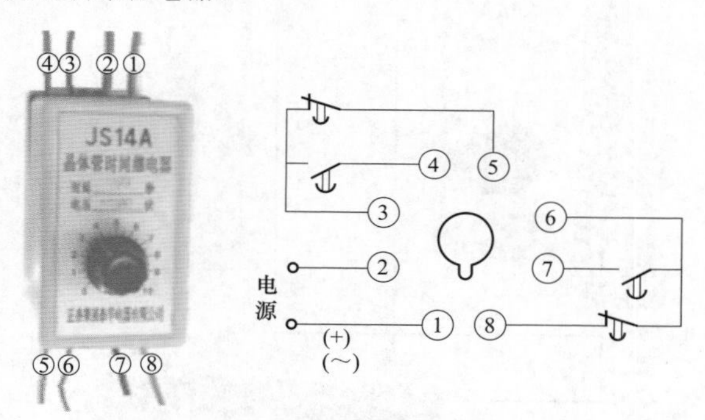

图 4－30 JS14A 系列时间继电器的外形与接线图

二、使用查线灯检测 JS14A 系列时间继电器的触点

使用查线灯检测时有一组触点不接通。将时间继电器拆开，检测中间继电器，有一组是好的，另一组动断触点不接通。此时翻过来查看，发现印刷电路板线路断线，如图 4－31 所示。故障处理后，如图 4－32 所示。连接查线灯后，接入 220V 的电源，动断触点延时断开，动合触点延时闭合。调节电位器实际上就是调节时间，时间继电器按调节的时间动作，

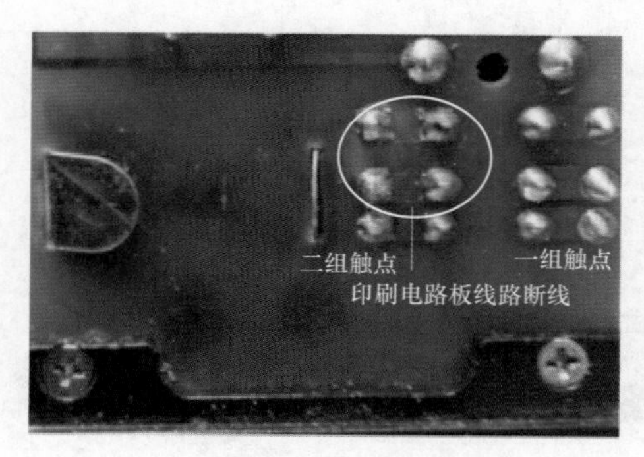

图 4－31 印刷电路板线路断线处示意

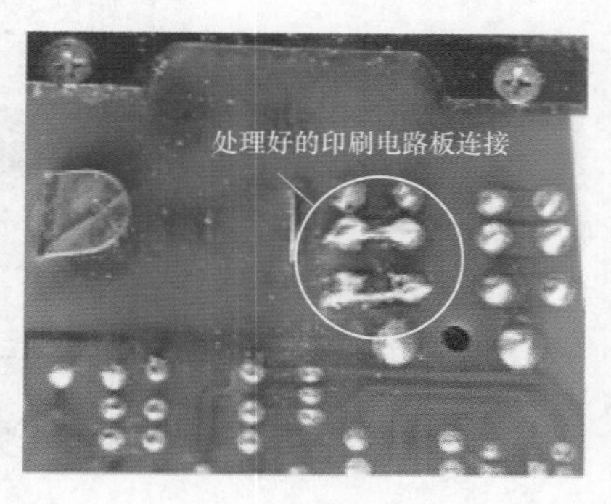

图 4－32 印刷电路板断线处理后示意

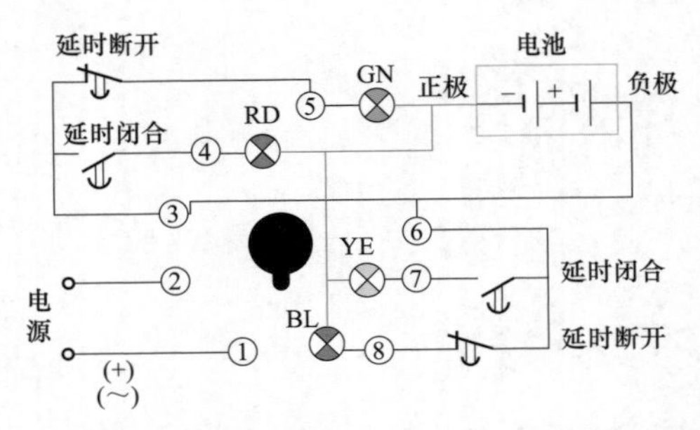

图 4－33　时间继电器与查线灯电源的连接示意

断电后动断触点复位。JS14A 系列时间继电器接线图与 JS20/D 时间继电器的接线图相同，但经过检测该继电器是通电延时的时间继电器。通电型 JS14A 系列时间继电器触点的检测见视频资源。

按图 4－30 或图 4－33 所示的接线图，将查线灯与时间继电器的触点连接，连接后的状态如图 4－34 所示，查线灯 GN 灯亮，BL 灯亮。

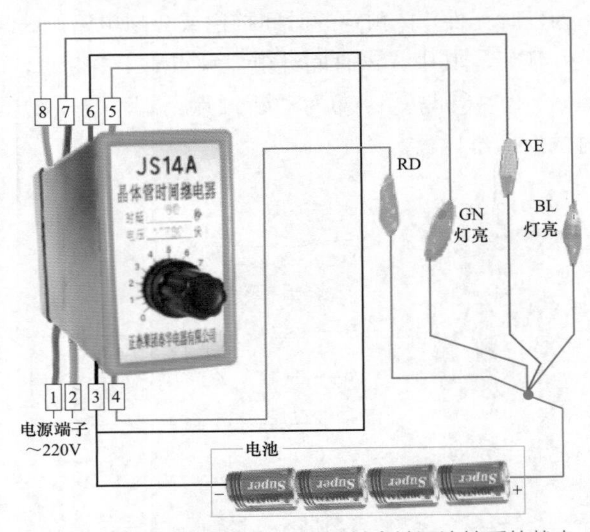

图 4－34　查线灯与时间继电器触点端子连接后的状态

旋转旋钮至 3s 处，把端子①、②通过导线插头连接到 220V 电源上。时间继电器得电动作，开始计时，这时查线灯的 GN 灯亮，BL 灯亮，如图 4－35 所示。

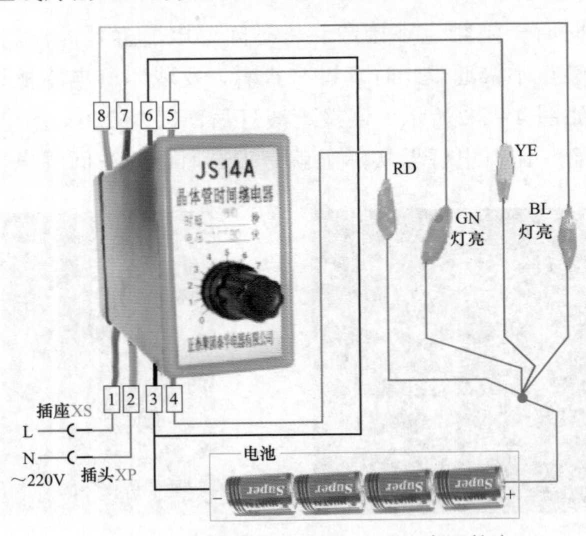

图 4－35　时间继电器接通 220V 电源状态

到达 3s 时，动断触点断开，GN 灯和 BL 灯熄灭；动合触点闭合，RD 灯和 YE 灯同时点亮，如图 4-36 所示。断开电源后，时间继电器动合触点断开，RD 灯和 YE 灯同时熄灭。时间继电器动断触点回归，GN 灯和 BL 灯点亮，如图 4-35 所示。

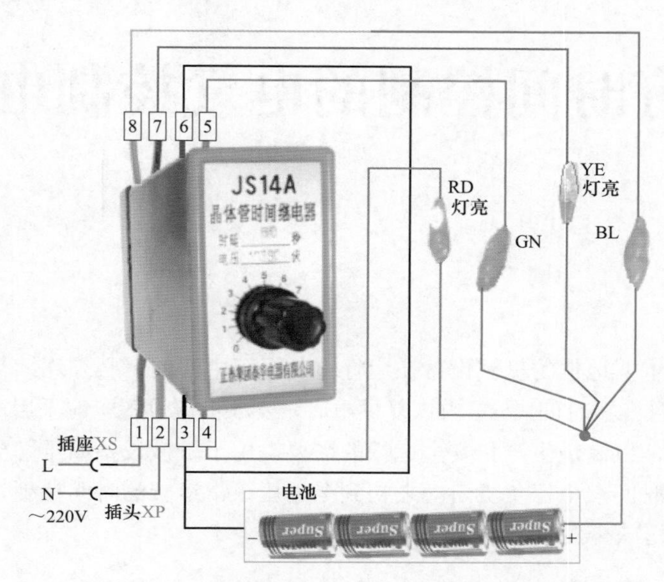

图 4-36 时间继电器到达整定时间后的状态

第五章

具有时间控制的电气控制电路

在生产中占有重要地位的机械设备在运行中是不可中断的，必须连续运转。当系统电压波动或瞬间停电，且在短时间（5s）内恢复供电时，要求机械设备能够采用一种电气控制电路实现自行启动运行，以满足生产和安全运行的需要。由于机械设备如压缩机采用减压启动的方式，其电路中由时间继电器负责启动之初到全电压正常运转的时间控制。在自动转换过程中时间继电器是不可缺少的。

|第一节|　电动机延时自启动控制电路

电动机延时自启动控制电路，电路接线图如图 5－1（a）所示，实物接线图如图 5－1（b）所示。在基本控制电路的基础上，该控制电路增加了一个时间继电器，当出现短时间停电，且在几秒内恢复供电时，用由它整定的延时断开的动合触点来启动电动机。延时断开的动合触点与启动按钮的两侧端子形成并联接线关系。这里选择断电延时的时间继电器。采用这种控制电路接线进行停机操作时，按下停止按钮 SB1 的时间，必须超过时间继电器延时的整定（设定）时间。电动机延时自启动见视频资源。

控制电路分两个部分：主电路和控制电路。土黄色框内的是电动机的基本控制电路，蓝色框内的是增加的延时电路。

该控制电路的工作原理和操作程序如下：

（1） 送电操作顺序。合上隔离开关 QS；合上断路器 QF；合上控制回路熔断器 FU。

（2） 启动电动机。按下启动按钮 SB2，动合触点闭合，电源 L1 相→控制回路熔断器 FU→1 号线→停止按钮 SB1 动断触点→3 号线→启动按钮 SB2 动合触点（按下时闭合）→5 号线→接触器 KM 线圈→4 号线→热继电器 FR 的动断触点→2 号线→电源 N 极，接通 220V 电源。

接触器 KM 线圈获电动作，接触器 KM 动合触点闭合自保，维持接触器 KM 工作状态，接触器 KM 三个主触点同时闭合，电动机绕组获得三相 380V 交流电源，电动机启动运转。

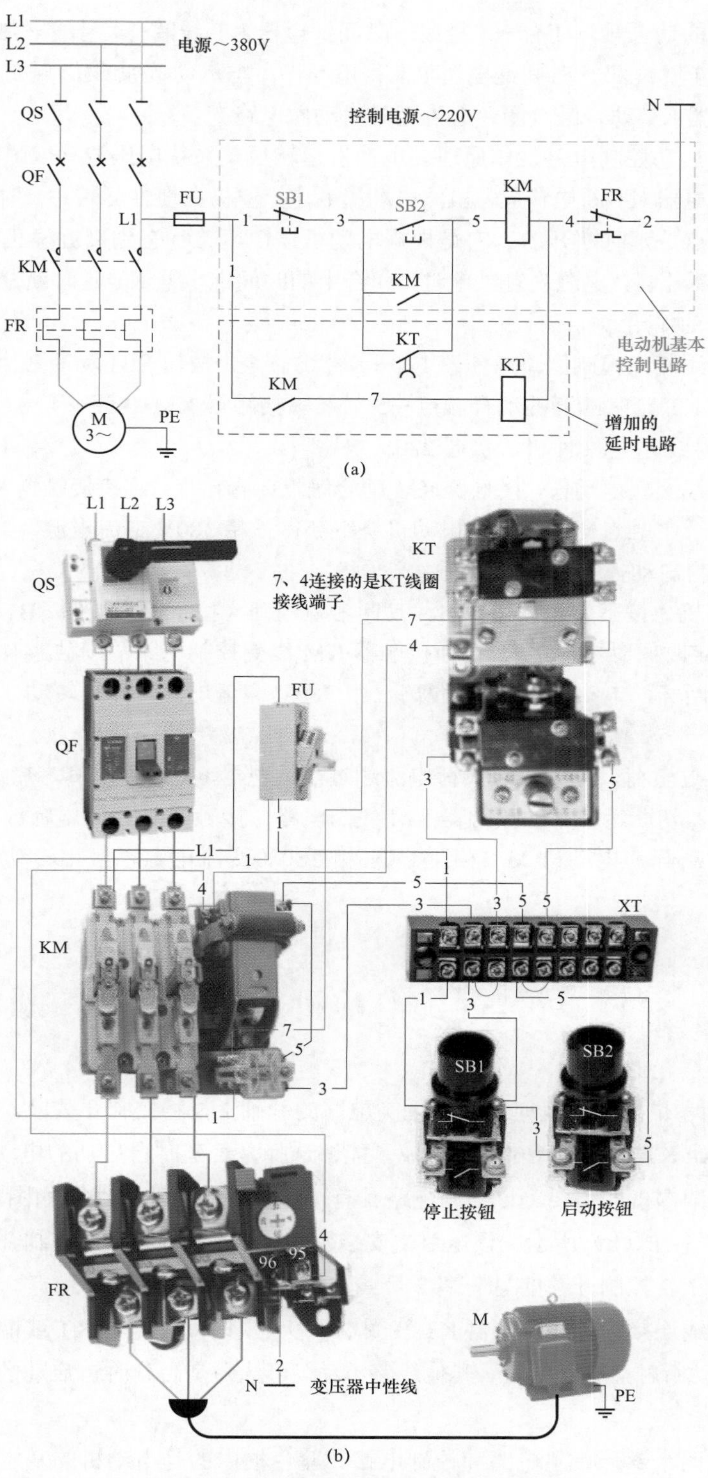

图 5-1 电动机延时自启动控制电路

（a）电路接线图；（b）实物接线图

接触器 KM 的动合触点闭合→7 号线→时间继电器 KT 线圈→4 号线→热继电器 FR 动断触点→2 号线→电源 N 极。时间继电器 KT 得电动作，与启动按钮 SB2 触点两端并联的延时断开的时间继电器 KT 动合触点闭合，为延时启动做电路准备。

（3）延时自启动控制电路工作原理。电动机运转后，系统电压波动或瞬间停电时，接触器 KM 和时间继电器 KT 断电释放，虽然电动机断电，但仍在惯性运转中。时间继电器 KT 断电后，其动合触点是延时断开的。它是根据电动机惯性运转状态到接近静止状态的时间整定的。这一触点未断开前，电源恢复供电时，闭合中的时间继电器 KT 延时断开的动合触点，起着启动按钮 SB2 的作用。

这时，电源 L1 相→控制回路熔断器 FU→1 号线→停止按钮 SB1 动断触点→3 号线→闭合中的时间继电器 KT 延时断开的动合触点→5 号线→接触器 KM 线圈→4 号线→热继电器 FR 的动断触点→2 号线→电源 N 极，接通 220V 电路。

接触器 KM 线圈获电动作，接触器 KM 动合触点闭合自保，维持接触器 KM 的工作状态，接触器 KM 的三个主触点同时闭合，电动机绕组获得三相 380V 交流电源，电动机启动运转，实现电动机延时自启动控制，从而保证生产平稳、生产设备安全。

（4）正常停机。按下停止按钮 SB1，动断触点断开（按下停止按钮 SB1 的时间超过时间继电器 KT 的整定时间时再松手），切断接触器 KM 线圈控制电路，接触器 KM 断电释放，其三个主触点同时断开，电动机 M 绕组脱离三相 380V 交流电源，停止转动，所驱动的机械设备停止运行。

（5）电动机过负荷。电动机过负荷电流超过热继电器 FR 的整定值，热继电器 FR 动作，其动断触点断开，切断运行中的接触器 KM 线圈电路，接触器 KM 断电释放，接触器 KM 的三个主触点同时断开，电动机 M 绕组脱离三相 380V 交流电源，停止转动，机械设备停止工作。

|第二节|　可选择的电动机延时自启动控制电路

在图 5－1 所示的电动机延时自启动控制电路的基础上，将控制开关串入接触器 KM 动合触点、时间继电器 KT 线圈电路中，则构成了能够选择是否延时自启动的电动机控制电路，以满足控制电路立即停机的需要。该控制电路具有可选择性，电路接线图如图 5－2（a）所示，实物接线图如图 5－2（b）所示。该电路中安装了一个控制开关 SA，控制开关 SA 的一端连接到电源 1 号线上，控制开关的另一端 7 号线连接到接触器 KM 动合触点，接触器 KM 动合触点另一端 9 号线连接到时间继电器 KT 线圈端子 9 上，时间继电器 KT 线圈的另一端连接到热继电器 FR 的动断触点 4 号线上，其他线路不动。可选择是否延时自启动的电动机回路操作见视频资源。

控制电路分两个部分：主电路和控制电路。蓝色框内的是电动机的基本控制电路，土黄色框内的是增加的控制开关。

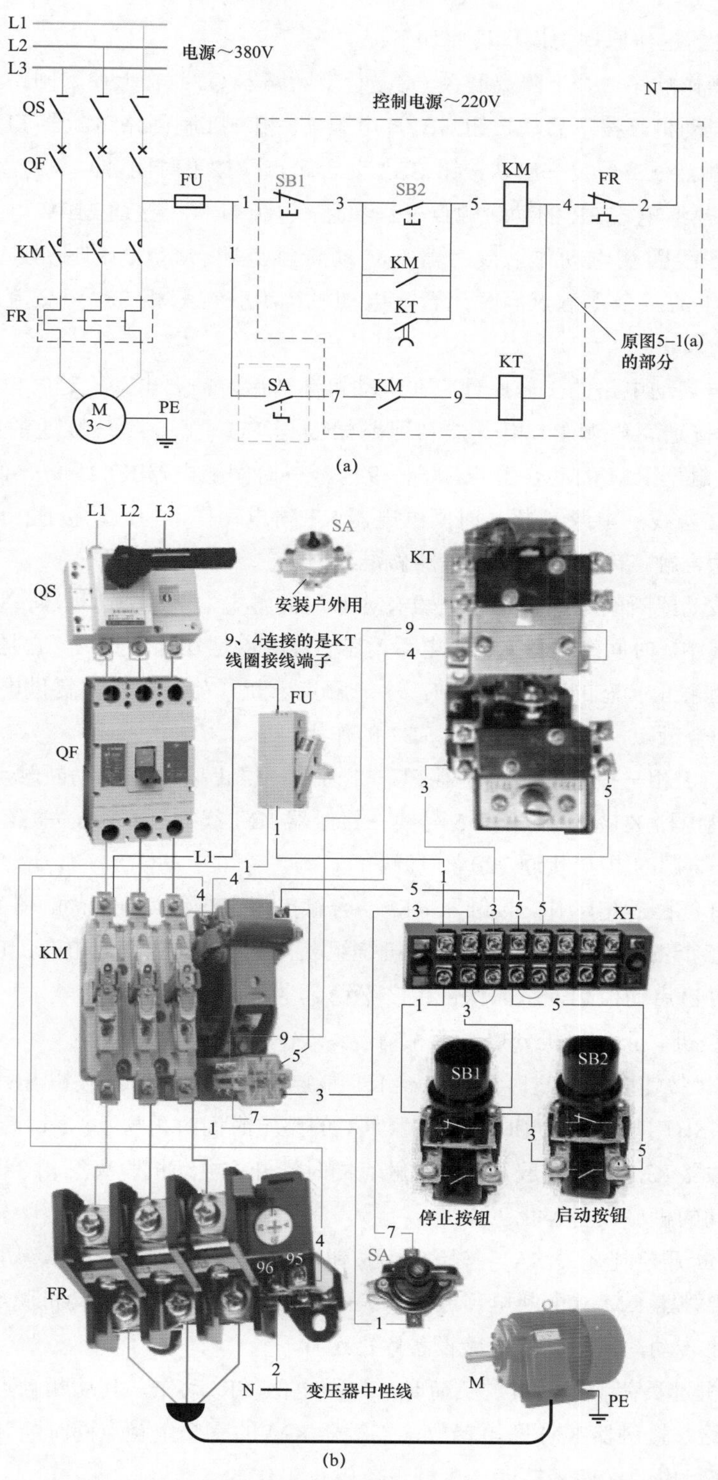

图 5-2　控制开关与 KM 动合触点、KT 线圈串联的电动机延时自启动控制电路

（a）电路接线图；（b）实物接线图

该控制电路的工作原理与操作程序如下：

（1）送电操作顺序。合上隔离开关 QS；合上断路器 QF；合上控制回路熔断器 FU。

（2）启动电动机。按下启动按钮 SB2，电源 L1 相→控制回路熔断器 FU→1 号线→停止按钮 SB1 动断触点→3 号线→启动按钮 SB2 动合触点（按下时闭合）→5 号线→接触器 KM 线圈→4 号线→热继电器 FR 的动断触点→2 号线→电源 N 极，接通 220V 电源。

接触器 KM 线圈获电动作，接触器 KM 动合触点闭合自保，维持接触器 KM 工作状态，接触器 KM 的三个主触点同时闭合，电动机绕组获得三相 380V 交流电源，电动机启动运转。

（3）延时自启动电路的工作原理。在电动机运转后，需要电动机延时自启动，合上控制开关 SA，触点接通，电源 L1 相→控制回路熔断器 FU→1 号线→接通的控制开关 SA 触点→7 号线→接触器 KM 的动合触点闭合→9 号线→时间继电器 KT 线圈→4 号线→热继电器 FR 动断触点→2 号线→电源 N 极。时间继电器 KT 得电动作，与启动按钮 SB2 触点两端并联的延时断开的动合触点闭合，为延时电路做准备。

系统电压波动或瞬间停电时，接触器 KM 和时间继电器 KT 失电释放，虽然电动机断电，但仍在惯性运转中。时间继电器 KT 断电后，其动合触点是延时断开的。它是根据电动机惯性运转状态到接近静止状态的时间整定的。这一触点未断开前，电源恢复供电时，闭合中的时间继电器 KT 动合触点，起着启动按钮 SB2 的作用。

这时，电源 L1 相→控制回路熔断器 FU→1 号线→停止按钮 SB1 动断触点→3 号线→仍在闭合中的时间继电器 KT 动合触点→5 号线→接触器 KM 线圈→4 号线→热继电器 FR 的动断触点→2 号线→电源 N 极，接通 220V 电源。

接触器 KM 线圈获电动作，接触器 KM 动合触点闭合自保，维持接触器 KM 的工作状态，接触器 KM 的三个主触点同时闭合，电动机绕组获得三相 380V 交流电源，电动机启动运转，实现电动机延时自启动控制，从而保证生产平稳、生产设备安全。

（4）正常停机。正常停机分以下两种情况：

1）按下停止按钮时间超过时间继电器 KT 整定时间。按下停止按钮 SB1，动断触点断开（按下停止按钮 SB1 的时间超过时间继电器 KT 的整定时间时再松手），切断接触器 KM 线圈控制电路，接触器 KM 断电释放，三个主触点同时断开，电动机脱离三相 380V 交流电源，停止转动，所驱动的机械设备停止工作。

2）停机前断开控制开关 SA。按下停止按钮 SB1，其动断触点断开，切断接触器 KM 线圈控制电路，接触器 KM 立即断电释放，其三个主触点同时断开，电动机脱离三相 380V 交流电源，立即停止转动，所驱动的机械设备停止运行。

（5）电动机过负荷。电动机过负荷时，热继电器 FR 动作，其动断触点断开，切断接触器 KM 线圈电路，接触器 KM 断电释放，接触器 KM 的三个主触点同时断开，电动机绕组脱离三相 380V 交流电源，停止转动，机械设备停止工作。

|第三节| 按时间自动转换的星－三角启动电动机的控制电路

按时间自动转换的星－三角启动电动机的控制电路，如图 5－3 所示。这是一个压缩机的控制电路，电动机采用星－三角启动。隔离开关、低压断路器、接触器等安装在变电站低压配电盘内，控制开关、控制按钮、安装在电动机前。采用 JS7-4A 空气阻尼式时间继电器，该继电器为通电延时的时间继电器，其触点为单断点结构。

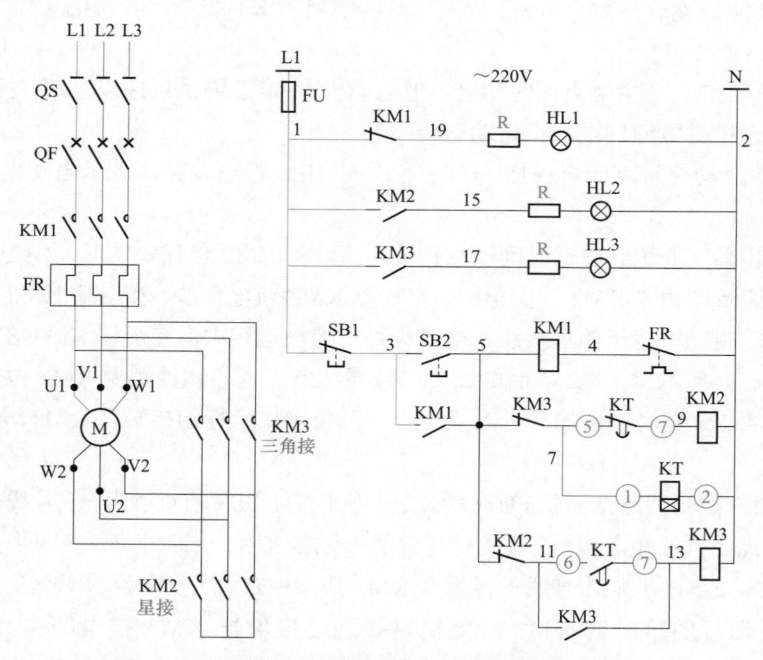

图 5－3 按时间自动转换的星－三角启动电动机的控制电路

在该线路中，采用时间继电器的两个触点，其中一个是延时断开的动断触点，另一个是延时闭合的动合触点，用于星－三角转换过程的时间控制。

该控制电路的工作过程为：按下启动按钮 SB2，接触器 KM1 动作，先接通电源→接触器 KM2 动作→接触器 KM2 动断触点断开→切断接触器 KM3 控制电路→主触点把电动机绕组接成星形并运转→整定时间到，动断触点断开→切断接触器 KM2 控制电路→接触器 KM2 主触点断开→解除星点→整定时间到，时间继电器 KT 延时闭合的动合触点→接触器 KM2 动断触点复归→接触器 KM3 得电动作→接触器 KM3 的三个主触点闭合，把电动机 M 绕组接成三角形→电动机 M 进入正常运行状态。按下停止按钮 SB1，动断触点断开，电动机停止运转。

（1）送电操作顺序。合上主回路隔离开关 QS；合上主回路空气断路器 QF；合上控制回路熔断器 FU。

电源 L1 相→控制回路熔断器 FU→接触器 KM1 动断触点→19 号线→信号灯 HL1→2 号线→电源 N 极。信号灯 HL1 电路接通，信号灯 HL1 灯亮，表示这台电动机具备启动条件，电动机进入热备用状态。

（2）启动电动机。按下启动按钮 SB2，动合触点闭合，电源 L1 相→控制回路熔断器 FU→1 号线→停止按钮 SB1 动断触点→3 号线→启动按钮 SB2 动合触点（按下时闭合）→5 号线→分两路：

1）接触器 KM1 线圈→4 号线→热继电器 FR 动断触点→2 号线→电源 N 极。

2）接触器 KM3 动断触点→7 号线→分两路：① 时间继电器 KT 延时断开的动断触点→9 号线→接触器 KM2 线圈→2 号线→电源 N 极；② 时间继电器 KT 线圈→2 号线→电源 N 极。

接触器 KM1 线圈、接触器 KM2 线圈、时间继电器 KT 线圈同时得电动作，KM1 动合触点闭合自保。

接触器 KM2 的三个主触点同时闭合，把电动机 M 定子绕组短接成星形，接触器 KM1 的三个主触点闭合提供电源，电动机启动运转。

接触器 KM2 动合触点闭合→15 号线→信号灯 HL2 得电发亮，表示电动机处于星启动运转状态。

待时间继电器 KT 达到整定时间（3s）后，接触器 KM2 电路中的时间继电器 KT 动断触点延时断开，切断接触器 KM2 线圈电路，接触器 KM2 断电释放，接触器 KM2 的三个主触点同时断开，解除电动机绕组的星接线，电动机处于惯性运转中。接触器 KM1 在吸合中，电动机仍在通电状态。接触器 KM2 动断触点复归接通状态，为启动接触器 KM3 做电路准备。

时间继电器 KT 延时闭合的动合触点闭合，三角接线运行的接触器 KM3 线圈电路是这样接通的：

电源 L1 相→控制回路熔断器 FU→1 号线→停止按钮 SB1 动断触点→3 号线→接触器 KM1 闭合的动合触点（自保触点）→5 号线→复位的接触器 KM2 动断触点→11 号线→时间继电器 KT 延时闭合的动合触点→13 号线→接触器 KM3 线圈→2 号线→电源 N 极。

三角接线运行的接触器 KM3 线圈电路接通，接触器 KM3 得电动作。接触器 KM3 动合触点闭合，将时间继电器 KT 延时闭合的动合触点短接，为三角接线运行的接触器 KM3 线圈电路自保。

接触器 KM3 的三个主触点同时闭合，把电动机绕组连接成三角形。接触器 KM1 的三个主触点仍在闭合中，由于接触器 KM3 的三个主触点同时闭合，电动机 M 获得 380V 交流电压，电动机启动运转，进入三角形接线的（正常）运行状态。

闭合的接触器 KM3 动合触点→17 号线→信号灯 HL3 得电发亮，表示电动机处于三角形运转状态。

接触器 KM3 动作时，其动断触点断开，将接触器 KM2、时间继电器 KT 线圈电路切断。

（3）正常停机。需要停止时，只要按下停止按钮 SB1 使控制电路断电，接触器 KM1、KM3 线圈同时断电释放，接触器 KM1、KM3 的三个主触点断开，电动机脱离电源，停止转动，被驱动的机械设备如烟道通风机、泵、压缩机等停止工作。

（4）电动机过负荷停机。主回路中的热继电器 FR 动作，热继电器 FR 的动断触点断开，

切断接触器 KM1 线圈电路，接触器 KM1 线圈断电，接触器 KM1 释放，接触器 KM1 的三个主触点同时断开，电动机绕组脱离三相 380V 交流电源，停止转动，所拖动的机械设备停止运行。

|第四节| 自动切除频敏变阻器降压启动电动机的控制电路

自动切除频敏变阻器降压启动电动机的控制电路，如图 5-4 所示。这是一个采用频敏变阻器实现减压启动的冷冻压缩机的控制电路。频敏变阻器的特点是电阻值能随转子电流频率的降低而自动减小。频敏变阻器的铁芯由几片或十几片较厚（30～50mm）的钢板或铁板制成，三个铁芯柱上绕有三相线圈。当线圈中通过交流电时，铁芯中便产生交变磁通，从而产生铁耗。电动机 M 刚启动时，转子电流频率较高，频敏变阻器的涡流损耗较大，从而起到限制启动电流并增大启动转矩的作用。转子转动以后，随着转速的上升，转子电流频率降低，铁芯中的涡流损耗及等值电阻也随之减小。因此，频敏变阻器完全符合绕线型电动机 M 启动的要求。

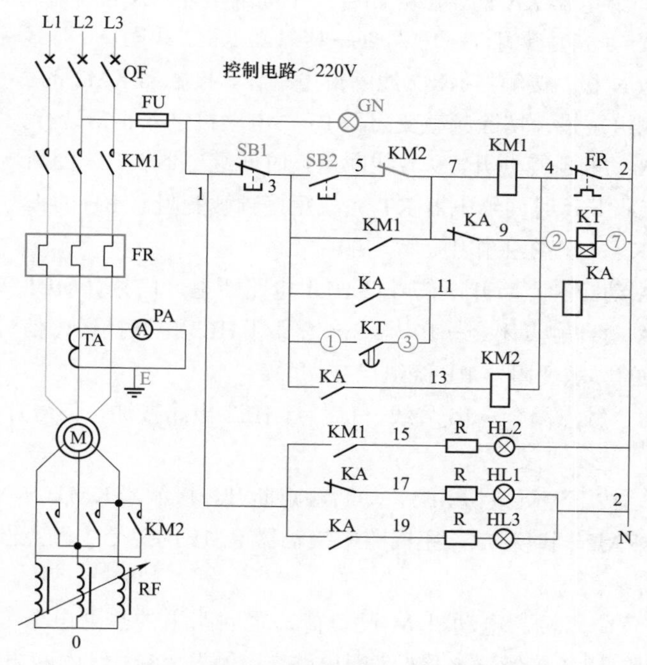

图 5-4 自动切除频敏变阻器降压启动电动机的控制电路

绕线型异步电动机 M 在转子电路中串入电阻启动，不仅可以限制启动电流，而且可以增大启动转矩，使启动性能得到大大改善。所以，启动次数频繁、要求启动时间很短和启动转矩较大的机械设备，常采用绕线型异步电动机 M。

该控制电路由频敏变阻器、自动开关、交流接触器、热继电器和时间继电器等主要元件组成。在该控制电路中，时间继电器采用了 ST3P（或 ST3PA－A）时间继电器，如果是初次使用 ST3P（ST3PA－A）时间继电器，需注意观察继电器上的显示灯变化。

（1）启动电动机。按下启动按钮 SB2，动合触点闭合，电源 L2 相→控制回路熔断器 FU→1 号线→停止按钮 SB1 动断触点→3 号线→启动按钮 SB2 动合触点（按下时闭合）→5 号线→接触器 KM2 动断触点→7 号线→分两路：

1）接触器 KM1 线圈→4 号线→热继电器 FR 动断触点→2 号线→电源 N 极。接触器 KM1 线圈得电动作，接触器 KM1 动合触点闭合自保。主回路中，接触器 KM1 的三个主触点同时闭合，接通电动机定子绕组的电源（频敏变阻器 RF 绕组直接与电动机 M 转子绕组连接）。频敏变阻器 RF 绕组接入绕线型电动机 M 转子回路中，频敏变阻器 RF 投入工作，电动机开始启动运转。

2）中间继电器 KA 动断触点→9 号线→时间继电器 KT 线圈→2 号线→电源 N 极。时间继电器 KT 得电动作，时间继电器 KT 上的显示灯 ON 亮，开始计时。

（2）切除频敏变阻器 RF。看到显示灯 UP 亮，表示时间继电器 KT 达到整定时间，延时时间结束。

到达整定时间（3s），时间继电器 KT 延时闭合的动合触点闭合→11 号线→中间继电器 KA 线圈得电动作，中间继电器 KA 动合触点闭合，中间继电器 KA 自保。

中间继电器 KA 动合触点闭合→13 号线→接触器 KM2 线圈→4 号线→热继电器 FR 动断触点→2 号线→电源 N 极。接触器 KM2 线圈得电动作，接触器 KM2 的三个主触点同时闭合，将频敏变阻器 RF 绕组短接，切除频敏变阻器 RF，电动机进入正常运行。

中间继电器 KA 动断触点断开，9 号线断电，时间继电器 KT 线圈断电释放，时间继电器 KT 闭合的动合触点断开，时间继电器 KT 完成短接频敏变阻器 RF 的指令。电动机在正常运行中，中间继电器 KA 一直在工作中。

中间继电器 KA 动断触点断开，信号灯 HL1 电路断电，信号灯 HL1 灭。

中间继电器 KA 动合触点闭合→19 号线→信号灯 HL3 电路接通，信号灯 HL3 得电发亮，表示这台电动机 M 的频敏变阻器 RF 绕组已被切除。

接触器 KM1 动合触点闭合→15 号线→信号灯 HL2 电路接通，信号灯 HL2 得电发亮，表示电动机运转。

（3）正常停机。按下停机按钮 SB1，动断触点断开，接触器 KM1、KM2 控制电路同时断电，接触器 KM1、KM2 同时释放，主回路中接触器 KM1 的三个主触点同时断开，电动机脱离电源，停止运转。

（4）电动机过负荷停机。电动机 M 过负荷，主回路中的热继电器 FR 动作，热继电器 FR 的动断触点断开，切断接触器 KM1 线圈电路，接触器 KM1 线圈断电释放，接触器 KM1 的三个主触点同时断开，电动机绕组脱离三相 380V 交流电源，停止转动，所拖动的机械设备停止运行。

|第五节| 只能自动转换的自耦减压启动电动机的控制电路

只能自动转换的自耦减压启动电动机的控制电路，如图 5-5 所示。该控制电路采用了 JS7-4A 空气阻尼式时间继电器（通电延时）。主电路中用三台 CJ12 系列三极式交流接触器。其中，两台接触器用于降压启动回路，接触器 KM 的主触点闭合，把自耦变压器三相绕组中的一部分串入电动机绕组中。接触器 KM0 动作后，接触器 KM0 的三个主触点闭合，接通降压启动主电路，电动机减压运行。交流接触器 KM1 用于主电路中，交流接触器 KM1 得电动作，交流接触器 KM1 的三个主触点闭合，接通主回路电源，电动机进入正常运转。

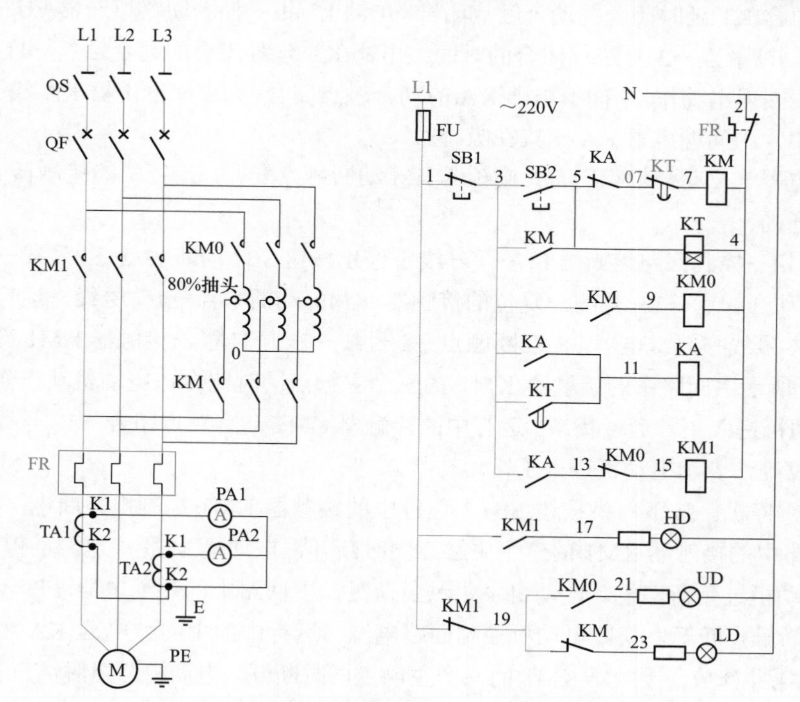

图 5-5 只能自动转换的自耦减压启动电动机的控制电路

（1）送电操作顺序。合上主回路隔离开关 QS；合上主回路空气断路器 QF；合上控制回路熔断器 FU。

电源 L1 相→控制回路熔断器 FU→1 号线→接触器 KM1 动断触点→19 号线→接触器 KM 动断触点→23 号线→信号灯 LD→2 号线→电源 N 极。信号灯 LD 电路接通，信号灯 LD 得电发亮，表示这台电动机具备启动条件，电动机进入热备用状态。

（2）启动电动机。按下启动按钮 SB2，电源 L1 相→控制回路熔断器 FU→1 号线→停止按钮 SB1 动断触点→3 号线→启动按钮 SB2 动合触点（按下时闭合）→5 号线→分两路：

1）中间继电器 KA 动断触点→07 号线→时间继电器 KT 延时断开的动断触点→7 号线→接触器 KM 线圈→4 号线→热继电器 FR 动断触点→2 号线→电源 N 极。接触器 KM 得电动作，接触器 KM 动合触点闭合自保。图 5－5 所示降压启动主回路中的接触器 KM 的三个主触点同时闭合，把自耦变压器绕组的一部分串入电动机绕组中（阻抗增加）。

2）时间继电器 KT 线圈→4 号线→热继电器 FR 动断触点→2 号线→电源 N 极。时间继电器 KT 得电动作，开始计时。

接触器 KM 动合触点闭合→9 号线→接触器 KM0 线圈得电动作。接触器 KM0 的三个主触点同时闭合，电动机绕组获得比电源电压值低 20%的电压，启动运转。

到达整定时间（5s），串入接触器 KM 线圈电路中的延时断开的动断触点断开，接触器 KM 断电释放，闭合的接触器 KM 动合触点断开，接触器 KM0 线圈断电释放，KM0 的三个主触点同时断开，电动机绕组 M 脱离电源，惯性运转。

时间继电器 KT 延时闭合的动合触点闭合，电源 L1 相→控制回路熔断器 FU→1 号线→停止按钮 SB1 动断触点→3 号线→闭合的时间继电器 KT 延时闭合的动合触点→11 号线→中间继电器 KA 线圈得电动作，中间继电器 KA 的动合触点闭合，为中间继电器 KA 线圈电路自保。电动机运行中，中间继电器 KA 一直在吸合中。

中间继电器 KA 动合触点闭合，接触器 KM 动断触点复归，运行中的接触器 KM1 线圈电路是这样接通的：

电源 L1 相→控制回路熔断器 FU→1 号线→停止按钮 SB1 动断触点→3 号线→闭合的中间继电器 KA 动合触点→13 号线→复位的接触器 KM0 动断触点→15 号线→运行中的接触器 KM1 线圈→4 号线→热继电器 FR 动断触点→2 号线→电源 N 极，接触器 KM1 得电动作。

图 5－5 所示主回路中的接触器 KM1 的三个主触点同时闭合，电动机获得额定电压，启动运转，电动机进入正常运行状态。运行中的接触器 KM1 动合触点闭合→17 号线→红色信号灯 HD 得电发亮，表示电动机进入正常运转状态。

（3）正常停机。按下停机按钮 SB1，运行中的接触器 KM1 控制电路断电，接触器 KM1 释放，主回路中的接触器 KM1 的三个主触点同时断开，电动机 M 脱离电源，停止运转。

（4）电动机过负荷停机。电动机发生过负荷时，主回路中的热继电器 FR 动作，热继电器 FR 的动断触点断开，切断电动机控制回路电源，运行中的中间继电器 KA 线圈和接触器 KM1 线圈断电并释放，接触器 KM1 的三个主触点同时断开，电动机绕组脱离三相 380V 交流电源，停止转动，拖动的机械设备停止运行。

第六章

交流接触器的用途与电路接线

交流接触器属于一种有记忆功能的低压开关设备。它的主触点用来接通或断开各种用电设备的主电路。例如，用于电动机线路中的交流接触器，其主触点闭合，电动机得电运转；主触点断开，电动机断电，停止运转。部分交流接触的外形如图 6－1 所示。有些交流接触器可以增加如图 6－2 所示的辅助触点组，辅助触点组基本是通用的。

图 6－1　部分交流接触器的外形

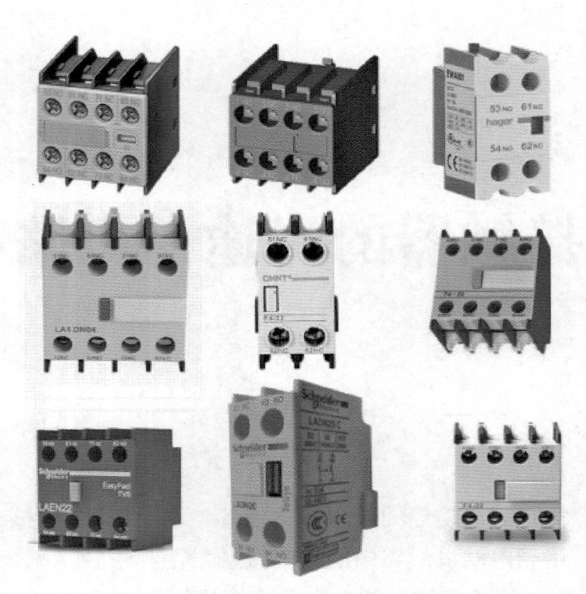

图6-2 交流接触器的辅助触点组外形

通过交流接触器的线圈和辅助触点，机械设备生产过程中所需要的时间、温度、压力、速度等各种继电器，以及按钮开关、接近开关相互接线构成的控制电路，可实现对电动机启动、停止的操作。

|第一节| 交流接触器的结构分类与工作原理

一、交流接触器的结构分类

交流接触器在各种电路中是比较重要的设备。交流接触器的种类繁多，多达几十种。

按结构，可分为直动式、底板型、转动式平面布置条架结构交流接触器等。

按主触点极数，可分为两极、三极、四极、五极交流接触器等。

按控制电源，可分为交流380、220、127、110、48、36、12V交流接触器等。

不同型号、规格的交流接触器，其额定工作电流又各有不同。要根据机械设备电路控制的需要，选择与电动机额定工作电流相匹配，且其型号符合规定的使用场所与环境要求的交流接触器。

1. 直动式交流接触器

（1）CJ20系列交流接触器。CJ20系列交流接触器为直动式结构，双断点、立体布置，结构简单紧凑。CJ20-40交流接触器的外形与结构如图6-3所示。

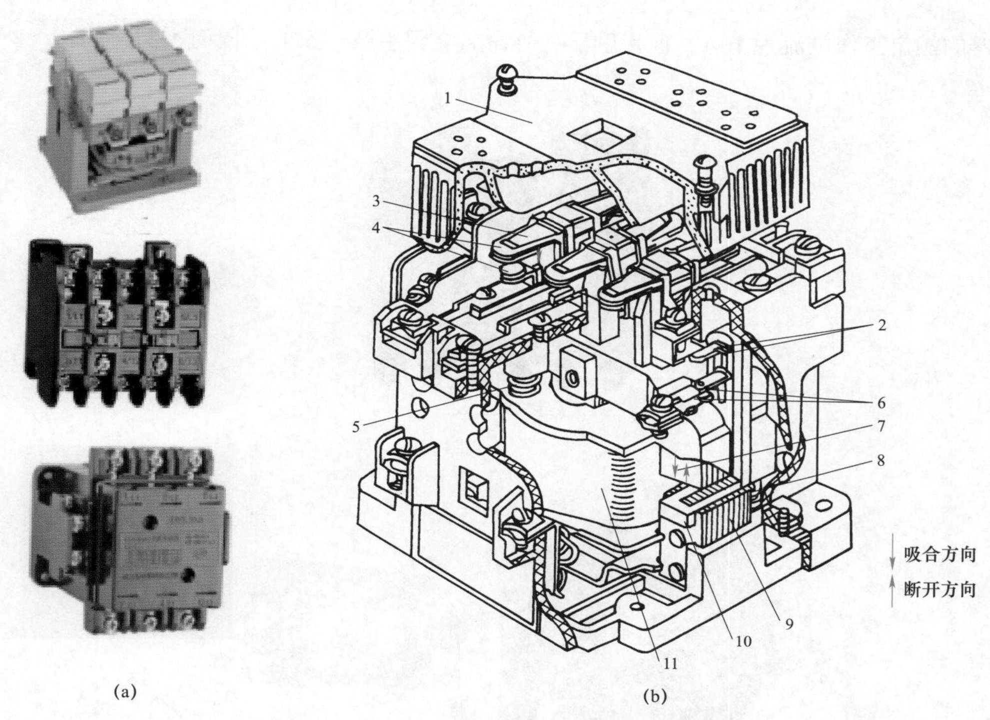

图 6-3 CJ20-40 交流接触器的外形与结构

（a）外形图；（b）结构图

1—消弧罩；2—辅助动断触点；3—主触头压力弹簧片；4—主触头；5—反作用弹簧；6—辅助动合触点；7—动铁芯；8—缓冲弹簧；9—静铁芯触点；10—短路环；11—线圈

当线圈的两端线头接通额定工作电压 380V 或 220V 时，线圈获电，动铁芯受到电磁力作用，沿箭头的方向向静铁芯（线圈内）移动（闭合），动铁芯上附带的主动触点与静触点接触（紧密接触）而使主电路接通。

接触器主触点闭合的同时辅助动合触点随之闭合，动断触点转为断开状态，接触器完成闭合动作。

线圈断电后，动磁铁失去电磁吸力，在反作用弹簧的作用下，动磁铁与静磁铁分开，动触点也随之断开。主动触头、静触头的分离切断了主电路。

（2）MYC10（CJ10-10A）系列交流接触器。MYC10（CJ10-10A）系列交流接触器是在 CJ10 接触器的基础上改进设计的新产品。该系列交流接触器的外形和 CJ10 系列的完全相同，部分产品的磁系统、触点和灭弧系统有较大的改进。主要表现在：将陶土灭弧罩改为 DMC 塑料灭弧罩，并增加了灭弧栅片，同时改进了触点结构设计，从而达到了提高灭弧性能、延长触点使用寿命、缩小飞弧距离、减轻产品质量、消除陶土灭弧罩容易破损的弊病的目的。

MYC10（CJ10-10A）系列交流接触器主要适用于交流 50Hz（或 60Hz）、额定电压至 380V、额定电流为 10～150A 的电力系统中，用于远距离频繁接通和分断电路，并与适当的热继电器或电子式保护装置组合成电动机启动器，以保护可能发生的过负荷电路。

MYC10（CJ10-10A）系列交流接触器的外形与各部件名称如图 6-4 所示。该系列交流接触器的额定工作电流为10A，但接触器型号命名会因生产厂家的不同而不同。

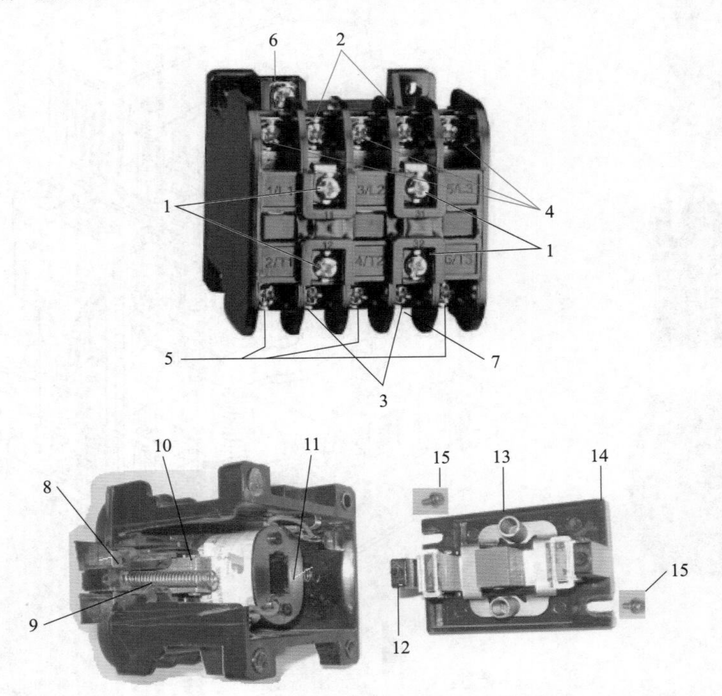

图6-4　MYC10（CJ10-10A）系列交流接触器的外形与各部件名称

1—动断触点；2—动合触点上端子；3—动合触点下端子；4—主触点电源侧；5—主触点负荷侧；6—线圈接线上端子A1；7—线圈接线下端子A2（图中看不到）；8—触点；9、13—弹簧；10—动铁芯；11—线圈；12—静铁芯；14—底板；15—螺钉

MYC10（CJ10-10A）系列交流接触器的基本电路接线如图6-5所示。

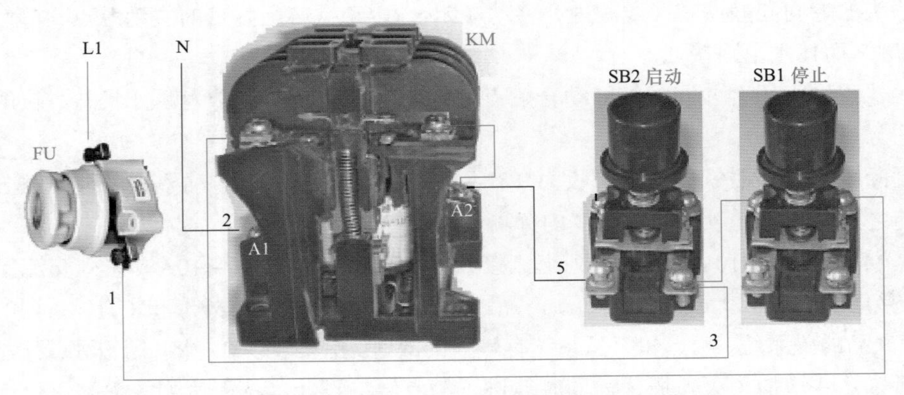

图6-5　MYC10（CJ10-10A）系列交流接触器的基本电路接线

2. 底板型交流接触器

额定电流为60～150A的MYC10系列交流接触器，即MYC10(CJ10-60A～CJ10-150A)，由电磁机构、触点系统、灭弧装置等几个部分组成，分别固定在一块金属或塑料底（座）

上，因此属于底板型交流接触器。MYC10（CJ10－100A）的外形与各部件名称如图 6－6 所示。

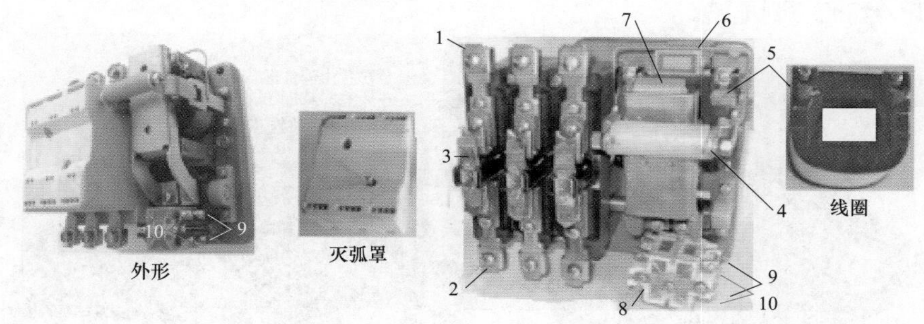

图6－6　MYC10（CJ10－100A）交流接触器的外形与各部件名称

1—主触点电源侧端子；2—主触点负荷侧端子；3—主动触点；4—定位可调轴；5—线圈；6—静铁芯；7—动铁芯；8—辅助触点组；9—辅助的动断触点；10—辅助的动合触点

MYC10（CJ10－100A）系列交流接触器的动作过程，如图 6－7 和图 6－8 所示。

该系列交流接触器的断开状态（原始状态）如图 6－7（a）所示。当线圈两端的线头接通，额定工作电压为交流 380V 或交流 220V 时，线圈得电，动铁芯受到电磁力作用，沿箭头所示方向向静铁芯方向运动。动铁芯带动轴转动，轴带动拐臂向里侧运动，拐臂上附带的水平传动框架 C 及主触点沿箭头所示方向（A→B）运动到与主、静触点接触（紧密接触），从而使主回路接通。接触器吸合后，动铁芯与静铁芯闭合后的状态如图 6－8 所示。

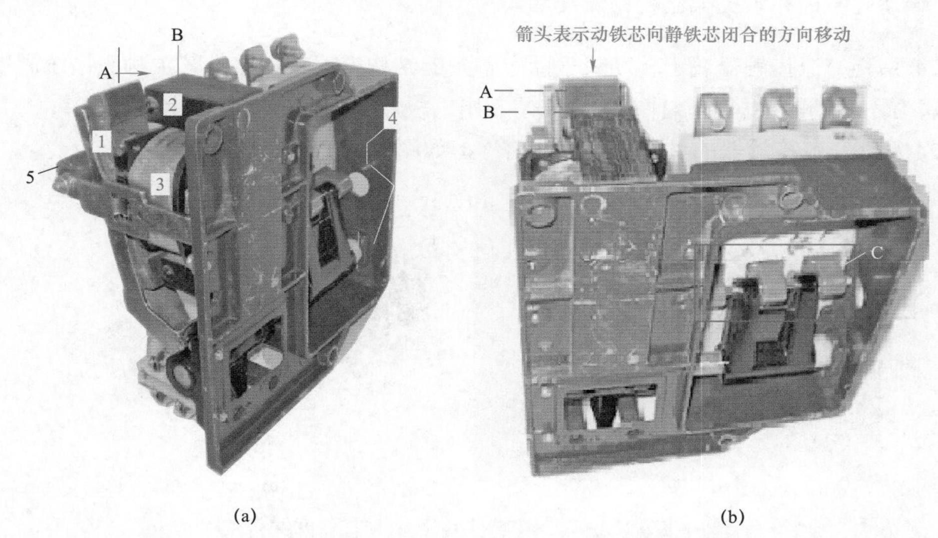

图6－7　MYC10（CJ10－100A）交流接触器的断开状态

（a）接触器断开状态（侧视）；（b）接触器断开状态（后视）

1—动铁芯；2—静铁芯；3—线圈；4—传动机构；5—定位可调轴

接触器主触点闭合的同时，辅助动合触点也随之闭合，动断触点转为断开状态。辅助动合触点闭合起到自保作用，接触器完成（吸合）闭合动作。当线圈断电后，动铁芯失去电磁吸力，在水平传动框架内反作用弹簧的作用下，向箭头所示方向（B→A）运动。动铁芯与静铁芯分开，主动触点与静触点分离，从而切断主回路，接触器释放，其闭合的辅助动合触点也随之断开，切断控制电路。

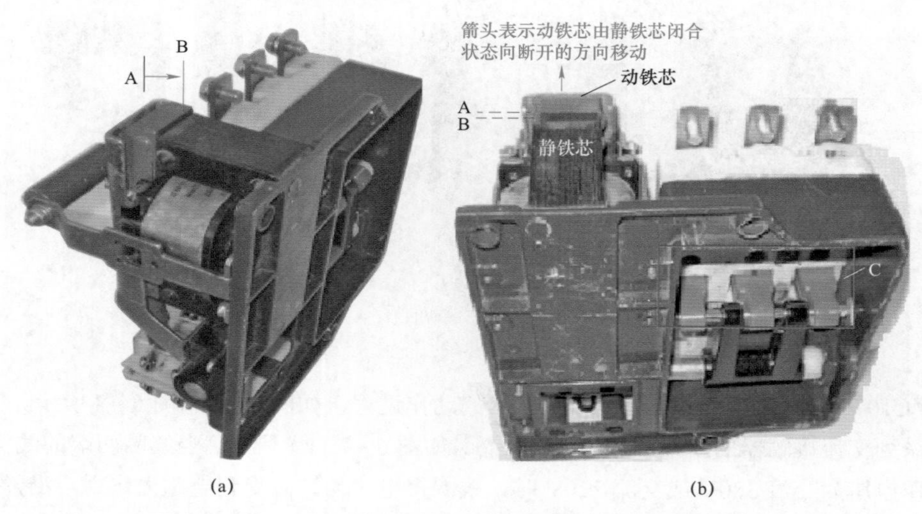

图 6-8　MYC10（CJ10-100A）交流接触器的闭合状态

（a）接触器闭合状态（侧视）；（b）接触器闭合状态（后视）

3. 转动式平面布置条架结构交流接触器

CJ24 系列交流接触器属于转动式平面布置条架结构交流接触器。其主触头系统居中，电磁系统居右，辅助触头居左，且它们均安装在用钢板弯成的槽形安装板上。

CJ24 系列交流接触器的外形与各部件名称，如图 6-9 所示。

图 6-9　CJ24 系列交流接触器外形与各部件名称

（a）CJ24 三极式交流接触器；（b）CJ24 五极式交流接触器

1—辅助开关（触点）；2—电源侧接线端子（5 极接触器看不到）；3—负荷侧接线端子；4—接触器动铁芯；5—接触器线圈；6—灭弧罩；7—软连片；8—静铁芯；9—铁芯定位框架

CJ12 系列交流接触器数据见表 6-1。

表 6-1　　　　CJ12 系列交流接触器数据

接触器型号	额定工作电流（A）		额定绝缘和工作电压（V）	极数	辅助触头	
	AC-2	AC-4				
CJ12-100A	100	100	AC 380	二、三、四、五	交流 380V、1000VA；直流 220V、90W	六对可组合成：五动合一动断；四动合二动断；三动合三动断；二动合四动断
CJ12-150A	150	150				
CJ12-250A	250	250				
CJ12-400A	400	400				
CJ12-600A	600	600				

安装在配电盘上的 CJ12-400A 交流接触器如图 6-10 所示。

图 6-10　安装在配电盘上的 CJ12-400A 交流接触器

1—母线；2—接触器主电源接线端子；3—灭弧罩；4—线圈（节能线圈）；5—控制熔断器；6—热继电器；7—负荷电缆；8—铁芯

二、交流接触器的工作原理

这里以 CJ10-150 条状式接触器为例，介绍交流接触器的工作原理，如图 6-11 所示。

（1） 实物简介。当接触器线圈的两端线头接通额定工作电压 380V 或 220V 时，线圈获电，动铁芯受到电磁力作用，沿箭头方向向静铁芯（线圈内）移动（闭合），动铁芯上附带的传动方轴向箭头方向转动，带着主动触点 1A、2B、3C 与主静触点 A、B、C 接触（紧密接触），从而使主电路接通。

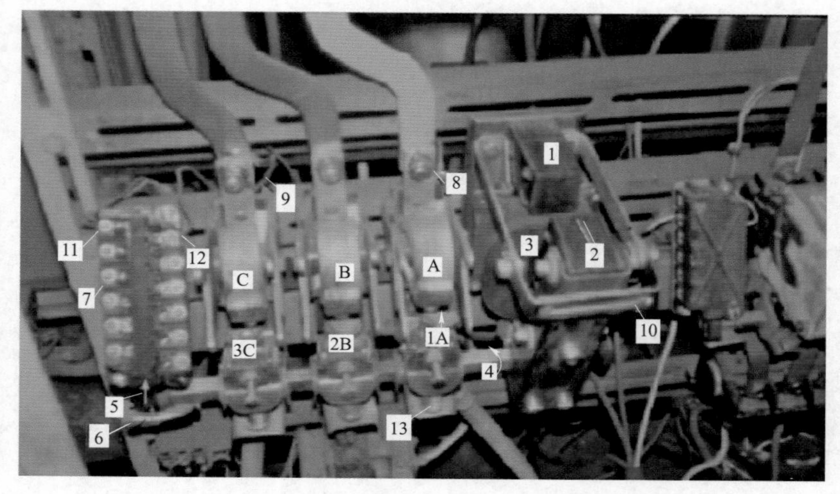

图 6-11 CJ10-150A 条状式接触器（三相消弧罩卸下后）

1—静铁芯（固定）；2—动铁芯；3—线圈；4—方轴；5—辅助触点绝缘框架；6—撞板；7—辅助开关（触点）；8—电源侧接线端子；9—控制线；10—动铁芯定位框架；11、12—辅助触点接线端子；13—缓冲弹簧；A、B、C—接触器电源侧主静触点；3C、2B、1A—主动触点

传动方轴下固定一块辅助开关的撞板，随方轴的转动而向上运动（箭头所示方向），顶着辅助开关动触点框架向箭头方向运动，使之绝缘框架上的动触点与静触点接通（动合触点），实现闭合自保，动断触点变为断开状态，接触器完成闭合动作。

线圈断电时，动铁芯失去电磁吸力，在自重与缓冲弹簧的反作用力下，动铁芯与静铁芯分开，主动触点也随之断开。主动触点与静触点分离，从而切断了主电路。

（2）通电动作。按框图的形式，画出能够启停接触器的控制电路接线图，如图 6-12 所示。控制电路送电，通过启停按钮来启停接触器。

1）启动接触器。电路送电后，按下启动按钮 SB2 动合触点，动合触点闭合，电源 L1 相→控制回路熔断器 FU→①号线→停止按钮 SB1 动断触点→③号线→启动按钮 SB2 动合触点（按下时闭合）→⑤号线→接触器 KM 线圈端子 A1→接触器 KM 线圈 3→接触器 KM 线圈端子 A2→②号线→电源 N 极。

电路接通，接触器 KM 线圈获得 220V 电源。线圈内的静铁芯产生吸力，将动铁芯吸引向静铁芯方向快速运动（箭头方向），使之动铁芯与静铁芯紧密接触，方轴带着接触器主动触点按箭头方向转动，使之主动触点与主静触点紧密接触，完成主触点闭合。

传动方轴下固定一块辅助开关的撞板，随方轴转动向上运动，撞板推着辅助开关动触点的绝缘框架向箭头方向运动，使之绝缘框架上的动触点与静触点 13NO、14NO 接通（动合触点），实现闭合自保，动断触点变为断开状态，接触器完成闭合动作。

2）自保原理。由于方轴上的撞板推动绝缘支架向上运动，绝缘支架上的动触点随之改变，动断触点断开，动合触点闭合，如图 6-12（a）所示。手离开启动按钮 SB2 前，动合触点已经处于接通状态。

从图 6－12（b）中可以看到，③、⑤之间的动合触点与控制电路启动按钮触点两端的③、⑤形成并联接线关系，线圈工作电流不经过启动按钮 SB2 动合触点，而经过接触器闭合的动合触点，形成维持接触器 KM 吸合的通道。

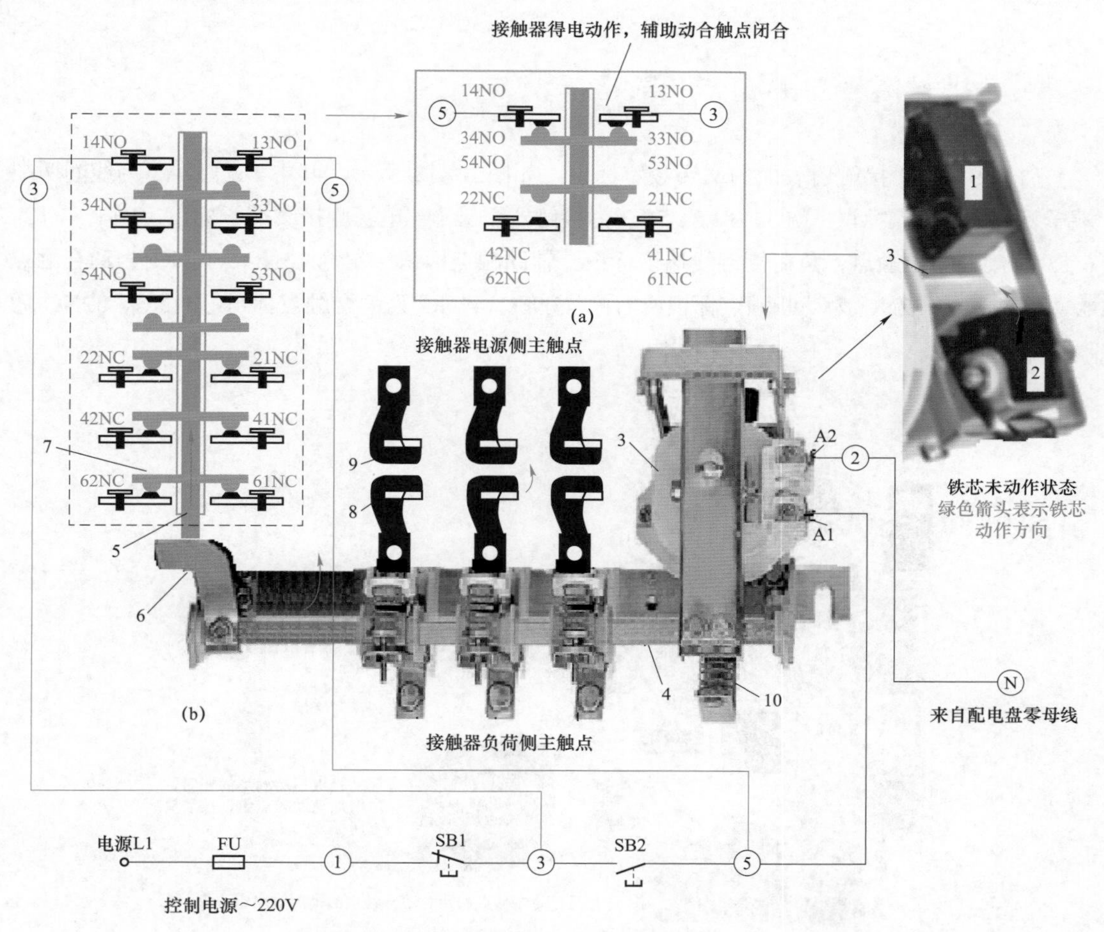

图 6－12 接触器动作原理与辅助开关触点状态示意图

（a）接触器吸合后辅助触点的状态，（b）接触器吸合前（即处于原始状态）辅助触点的状态

1—静铁芯；2—动铁芯；3—接触器线圈；4—方轴；5—辅助动触点绝缘支架；6—撞板；7—动触点；8—主动触点；9—主静触点；10—缓冲弹簧

3）自保电路工作过程。接触器 KM 的③、⑤之间的动合触点吸合后，电源 L1 相→控制回路熔断器 FU→①号线→停止按钮 SB1 动断触点→③号线→闭合的接触器 KM 动合触点→⑤号线→接触器 KM 线圈端子 A1→接触器 KM 线圈 3→接触器 KM 线圈端子 A2→②号线→电源 N 极。通过③、⑤之间的动合触点，将接触器 KM 线圈维持在吸合的工作状态。

4）停止接触器。按下停止按钮 SB1 动断触点，动断触点断开，接触器 KM 电路断电释放。线圈断电，动铁芯失去电磁吸力，在自重与缓冲弹簧的反作用力下，动铁芯与静铁芯分开，主动触点、静触点分离，从而切断了主电路。闭合的辅助动合触点也随之断开。

|第二节| 部分接触器表面的文字、数字含义

一、接触器表面的文字、数字标识

（1）S－V50 接触器表面的文字数字标识，如图 6－13 所示。其中，A1、A2 为线圈两端端子标识。主触点标识：1/L1、3/L2、5/L3 为接触器主触点、电源侧接线端子标识，2/T1、4/T2、6/T3 为接触器主触点、负荷侧接线端子标识。辅助触点标识：左侧 13NO、14NO 为动合触点标识，21NC、22NC 为动断触点标识；右侧 43NO、44NO 为动合触点标识，31NC、32NC 为动断触点标识。

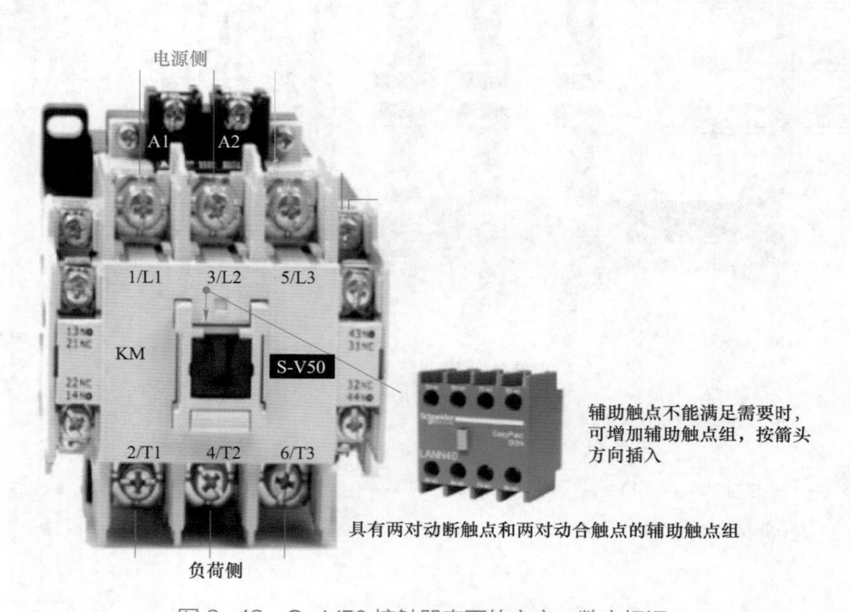

图 6－13 S－V50 接触器表面的文字、数字标识

（2）LCl 系列交流接触器表面的文字、数字标识，如图 6－14 所示。该系列交流接触器主要适用于交流 50Hz 或 60Hz、交流电压至 660V（690V）、在 AC－3 使用类别下工作电压为 380V 时额定工作电流至 170A 的电路中，可用于远距离接通和分断电路，并可与相应规格的热继电器组合成磁力启动器以保护可能发生过负荷的电路，适合频繁地启动和控制交流电动机。

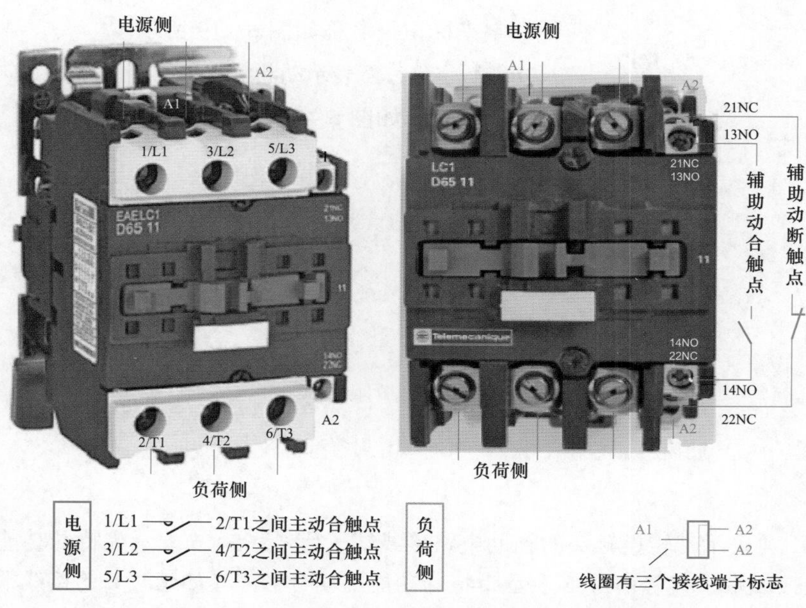

图 6-14　LC1 系列交流接触器表面的文字、数字标识

二、接触器线圈触点在电路图中的标识

（1）线圈接线端子代号。线圈有两个接线端子，端子代号为 A1 和 A2，如图 6-15 所示；线圈有三个接线端子，端子代号为 A1 和 A2、A2，如图 6-16 所示。

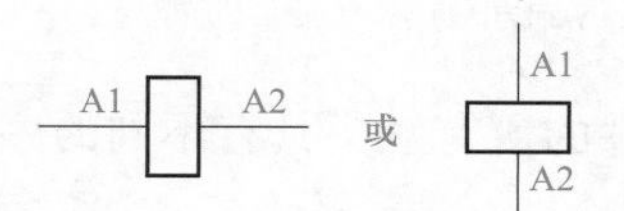

图 6-15　一个线圈两个接线端子代号

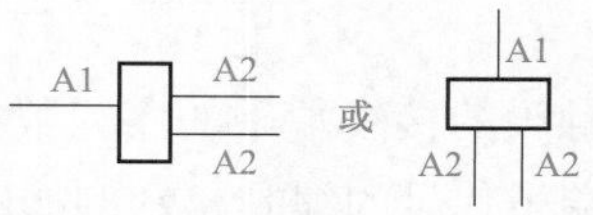

A1　A2　A2　或　A1　A2　A2

图 6-16　一个线圈三个接线端子代号

（2）主电路接线端子代号。主电路接线端子代号采用一位数字来标识。三极（三相）的接触器主电路接线端子代号，如图 6-17 所示；四极（四相）的接触器主电路接线端子代号，如图 6-18 所示。

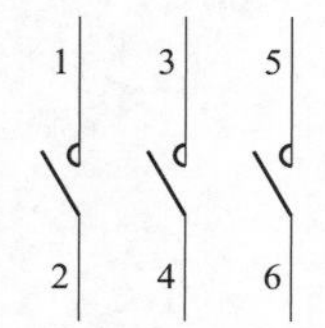

图 6-17　三极（三相）的接触器接线端子代号

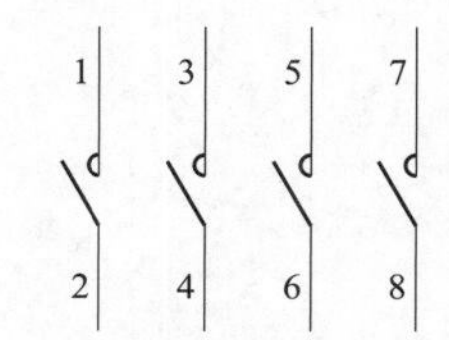

图 6-18　四极（四相）的接触器接线端子代号

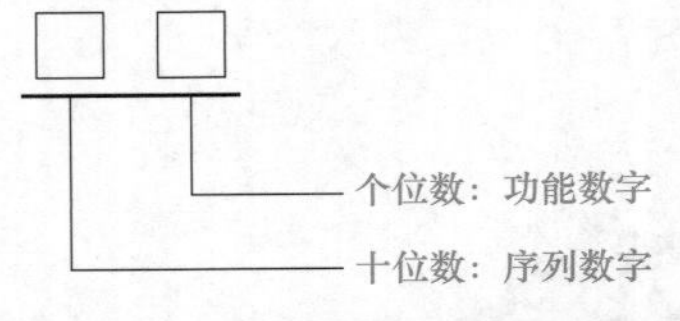

图 6-19　辅助电路接线端子代号

（3）辅助电路接线端子代号。辅助电路接线端子代号采用两位数字来标识，名称如图 6-19 所示。

功能数字 1、2 表示动断触点，如图 6-20（a）所示；3、4 表示动合触点，如图 6-20（b）所示。

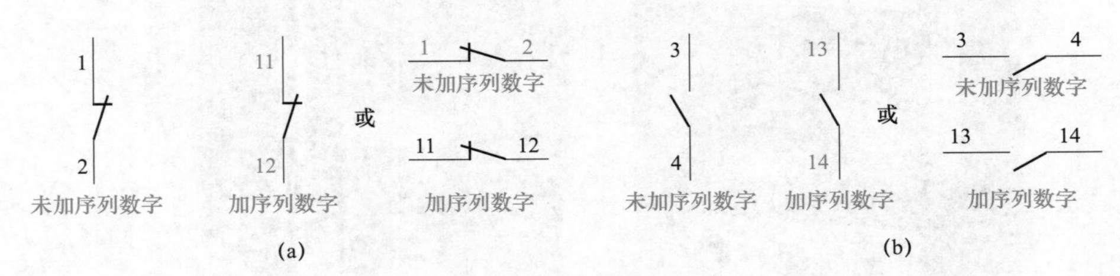

图 6-20　两位数字标识
（a）动断触点；（b）动合触点

1、2、3、4 表示带转换触头的辅助电路接线端子代号；5、6 表示带特殊功能的动断触头（如延时）的接线端子代号；7、8 表示带特殊功能的动合触点（如延时）的接线端子代号；5、6、8 表示带有转换触头且转换触头具有特殊功能的接线端子代号。辅助电路接线端子代号示例如图 6-21 所示。

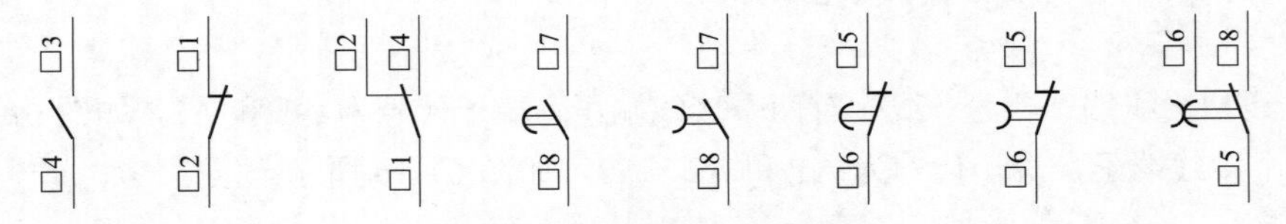

图 6-21　辅助电路接线端子代号示例

属同一触头的接线端子的序列数字相同，同一元件的所有触头具有不同的序列数字。辅助电路接线端子代号的编制，示例如图 6-22 所示。

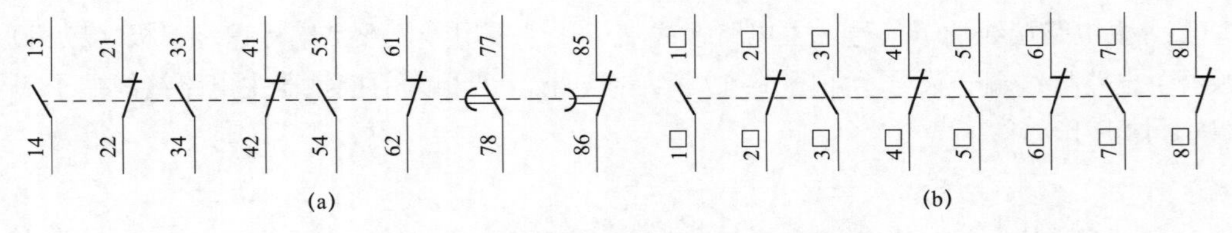

图 6-22　辅助电路接线端子代号的编制
（a）具有动断触点、动合触点及时间触点的端子代号；
（b）只有动断触点和动合触点的端子代号

|第三节| 接触器在电动机回路控制电路中的应用实例

接触器不仅可用于电动机回路，也可用于各种负载回路的控制，如集中控制的照明器、电热器等。控制回路标号按正常的控制设备排列，如图 6–23 和图 6–24 所示，一个极的标号为 1、3、5，另一个极的标号为 4、2、N。控制设备排列顺序不同的电动机的控制电路，如图 6–25～图 6–32 所示。采用接触器控制的单相电动机控制电路，如图 6–33～图 6–36 所示。查线灯检测接触器触点见视频资源。

一、常见的接触器控制电路器件排列顺序

【例 6–1】常用的三相交流异步电动机 220V 控制电路

常用的三相交流异步电动机 220V 控制电路如图 6–23 所示。

该控制电路的工作原理如下：合上隔离开关 QS；合上断路器 QF；合上控制回路熔断器 FU。

按下启动按钮 SB2，动合触点闭合，接触器 KM 线圈得电动作，动合触点 KM 闭合自保，将接触器 KM 维持在吸合状态。接触器 KM 的三个主触点同时闭合，电动机绕组得电运转。

按下停止按钮 SB1，动断触点断开，接触器 KM 控制电路断电释放，主触点断开，电动机断电，停止运转。

电动机过负荷，热继电器 FR 动作，动断触点断开，接触器 KM 断电释放，接触器 KM 的主触点断开，电动机断电，停止运转。

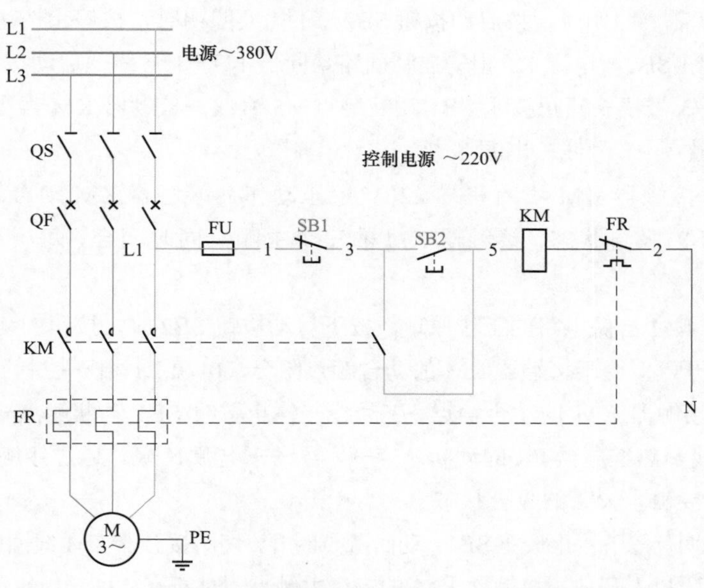

图 6–23 常用的三相交流异步电动机 220V 控制电路

【例 6-2】有过负荷保护、通过按钮操作启停的照明集中控制的 220V 控制电路

有过负荷保护、通过按钮操作启停的照明集中控制的 220V 控制电路如图 6-24 所示。

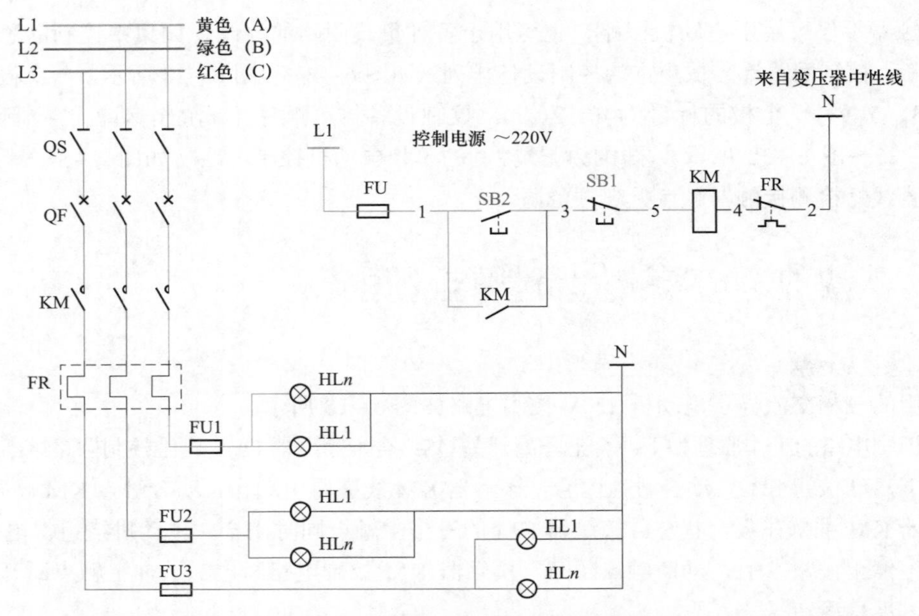

图 6-24　有过负荷保护、通过按钮操作启停的照明集中控制的 220V 控制电路

（1）控制电路的工作原理。合上主回路隔离开关 QS；合上主回路断路器 QF；合上控制回路熔断器 FU。需要照明时，按启动按钮 SB2；不需要照明时，按停止按钮 SB1。

按下启动按钮 SB2，电源 L1 相→控制回路熔断器 FU→1 号线→启动按钮 SB2 动合触点（按下时闭合）→3 号线→停止按钮 SB1 动断触点→5 号线→接触器 KM 线圈→4 号线→热继电器 FR 的动断触点→2 号线→电源 N 极。

电路接通，接触器 KM 线圈获得 220V 电压动作，接触器 KM 动合触点闭合自保，维持接触器 KM 的吸合状态，接触器 KM 的三个主触点同时闭合，每一相所带的灯全部发亮。

（2）接触器 KM 自保电路的工作原理。按下启动按钮 SB2 时，按钮的动合触点闭合，松手时动合触点断开，但由于接触器 KM 的动合触点闭合，电源 L1 相→控制回路熔断器 FU→1 号线→闭合的接触器 KM 的动合触点→3 号线→停止按钮 SB1 动断触点→5 号线→接触器 KM 线圈→4 号线→热继电器 FR 的动断触点→2 号线→电源 N 极。通过接触器 KM 自身所带的触点，维持了接触器 KM 的吸合状态。

（3）停止照明。按下停止按钮 SB1，动断触点断开，切断接触器 KM 线圈电路，接触器 KM 线圈断电，接触器 KM 释放，接触器 KM 的三个主触点同时断开，每一相的主触点所带的灯全部熄灭。

二、控制设备排列顺序不同的电动机控制电路

【例 6－3】控制设备排列顺序不同的电动机 220V 控制电路之一

控制设备排列顺序不同的电动机 220V 控制电路之一如图 6－25 所示。

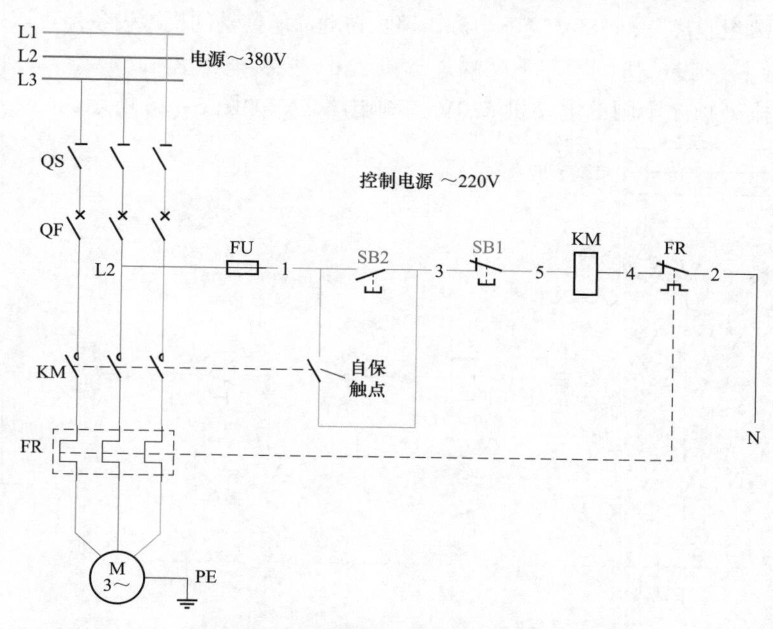

图 6－25 控制设备排列顺序不同的电动机 220V 控制电路之一

（1）控制电路的工作原理。合上主回路隔离开关 QS；合上主回路断路器 QF；合上控制回路熔断器 FU。电动机处于热备用状态，可随时启动电动机。

按下启动按钮 SB2，电源 L2 相→控制回路熔断器 FU→1 号线→启动按钮 SB2 动合触点（按下时闭合）→3 号线→停止按钮 SB1 动断触点→5 号线→接触器 KM 线圈→4 号线→热继电器 FR 的动断触点→2 号线→电源 N 极。

电路接通，接触器 KM 线圈获得 220V 电压动作，动合触点 KM 闭合自保，维持接触器 KM 的工作状态，KM 的三个主触点同时闭合，电动机绕组获得三相 380V 交流电源，电动机 M 启动运转，所驱动的机械设备工作。

控制回路设备的排列顺序为：电源→启动按钮→停止按钮→接触器 KM 线圈→热继电器→电源 N 极。

（2）接触器 KM 自保电路的工作原理。按下启动按钮 SB2 时，按钮的动合触点闭合，松手时动合触点断开，但由于接触器 KM 的动合触点闭合，电源 L2 相→控制回路熔断器 FU→1 号线→闭合的接触器 KM 的动合触点→3 号线→停止按钮 SB1 动断触点→5 号线→接触器 KM 线圈→4 号线→热继电器 FR 的动断触点→2 号线→电源 N 极。通过接触器 KM 自身所带的触点，维持了接触器 KM 的吸合状态。

（3）电动机停止。按下停止按钮 SB1，其动断触点断开，切断接触器 KM 线圈电路，接触器 KM 线圈断电，接触器 KM 释放，接触器 KM 的三个主触点同时断开，电动机 M 绕组脱离三相 380V 交流电源，停止转动，机械设备停止工作。

（4）电动机过负荷停机。主回路中的热继电器 FR 动作，热继电器 FR 的动断触点断开，切断接触器 KM 线圈电路，接触器 KM 线圈断电，接触器 KM 释放，接触器 KM 的三个主触点同时断开，电动机 M 绕组脱离三相 380V 交流电源，停止转动，所拖动的机械设备停止运行。

【例 6－4】控制设备排列顺序不同的电动机 220V 控制电路之二

控制设备排列顺序不同的电动机 220V 控制电路之二如图 6－26 所示。

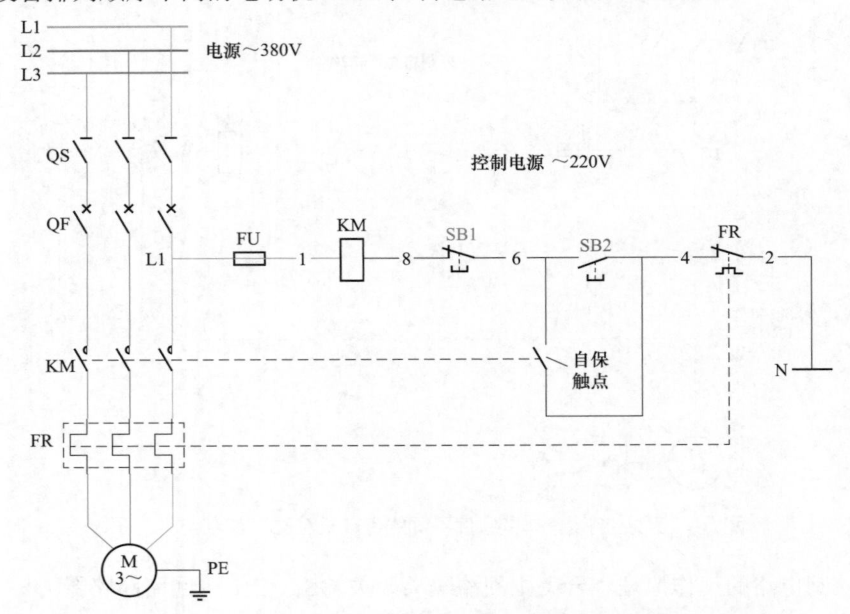

图 6－26　控制设备排列顺序不同的电动机 220V 控制电路之二

（1）控制电路的工作原理。合上主回路隔离开关 QS；合上主回路断路器 QF；合上控制回路熔断器 FU。电动机处于热备用状态，可随时启动电动机。

按下启动按钮 SB2，其动合触点闭合，电源 L1 相→控制回路熔断器 FU→1 号线→接触器 KM 线圈→8 号线→停止按钮 SB1 动断触点→6 号线→启动按钮 SB2 动合触点（按下时闭合）→4 号线→热继电器 FR 的动断触点→2 号线→电源 N 极。

电路接通，接触器 KM 线圈获得 220V 电压动作，动合触点 KM 闭合自保，维持接触器 KM 的吸合状态，接触器 KM 的三个主触点同时闭合，电动机绕组获得三相 380V 交流电源，电动机 M 启动运转，所驱动的机械设备工作。

控制回路设备的排列顺序为：电源 L1→控制熔断器 FU→接触器 KM 线圈→停止按钮 SB1→启动按钮 SB2→热继电器 FR→电源 N 极。

（2）接触器 KM 自保电路的工作原理。按下启动按钮 SB2，其动合触点闭合，接触器 KM 得电动作。当手离开启动按钮 SB2 前，接触器 KM 控制电路中的动合触点已在闭合中。由于接触器 KM 的动合触点闭合，电源 L1 相→控制回路熔断器 FU→1 号线→接触器 KM 线圈→

8号线→停止按钮SB1动断触点→6号线→闭合的接触器KM动合触点→4号线→热继电器FR的动断触点→2号线→电源N极。这样就通过接触器KM自身所带的动合触点，将其维持在了吸合状态。

（3）电动机停止。按下停止按钮SB1，其动断触点断开，切断接触器KM线圈电路，接触器KM线圈断电，接触器KM释放，接触器KM的三个主触点同时断开，电动机M绕组脱离三相380V交流电源，停止转动，机械设备停止工作。

（4）电动机过负荷。主回路中的热继电器FR动作，热继电器FR的动断触点断开，切断接触器KM线圈电路，接触器KM线圈断电，接触器KM释放，接触器KM的三个主触点同时断开，电动机M绕组脱离三相380V交流电源，停止转动，所拖动的机械设备停止运行。

【例6-5】控制设备排列顺序不同的电动机220V控制电路之三

控制设备排列顺序不同的电动机220V控制电路之三如图6-27所示。

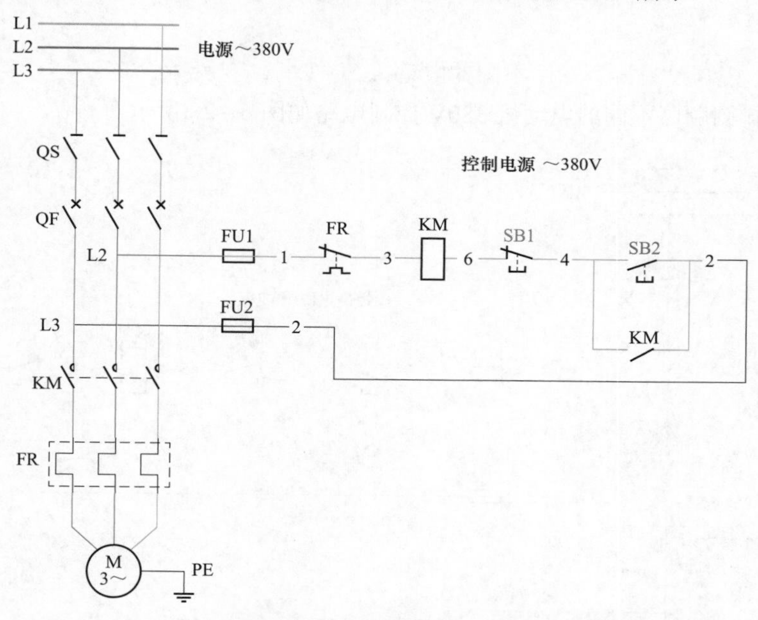

图6-27 控制设备排列顺序不同的电动机220V控制电路之三

（1）控制电路的工作原理。合上主回路隔离开关QS；合上主回路断路器QF；合上控制回路熔断器FU1、FU2。电动机处于热备用状态，可随时启动电动机。

按下启动按钮SB2，其动合触点闭合，电源L2相→控制回路熔断器FU1→1号线→热继电器FR的动断触点→3号线→接触器KM线圈→6号线→停止按钮SB1动断触点→4号线→启动按钮SB2动合触点（按下时闭合）→2号线→控制回路熔断器FU2→电源L3相。

电路接通，接触器KM线圈获得380V电压动作，接触器KM动合触点闭合自保，维持接触器KM的吸合状态，接触器KM的三个主触点同时闭合，电动机绕组获得三相380V交流电源，电动机M启动运转，所驱动的机械设备工作。

控制回路设备的排列顺序为：电源L2相→控制回路熔断器FU1→热继电器FR→接触器KM线圈→停止按钮SB1→启动按钮SB2→电源L3相。

（2）接触器KM自保电路的工作原理。按下启动按钮SB2，其动合触点闭合，松手时动合触点断开，但由于接触器KM的动合触点闭合，电源L2相→控制回路熔断器FU1→1号线→热继电器FR的动断触点→3号线→接触器KM线圈→6号线→停止按钮SB1动断触点→4号线→闭合的接触器KM的动合触点→2号线→控制回路熔断器FU2→电源L3相。通过接触器KM自身所带的动合触点，维持了接触器KM的吸合状态。

（3）电动机停止。按下停止按钮SB1，其动断触点断开，切断接触器KM线圈电路，接触器KM线圈断电，接触器KM释放，接触器KM的三个主触点同时断开，电动机M绕组脱离三相380V交流电源，停止转动，机械设备停止工作。

（4）电动机过负荷。主回路中的热继电器FR动作，热继电器FR的动断触点断开，切断接触器KM线圈电路，接触器KM线圈断电，接触器KM释放，接触器KM的三个主触点同时断开，电动机M绕组脱离三相380V交流电源，停止转动，所拖动的机械设备停止运行。

【例6-6】控制设备排列顺序不同的电动机380V控制电路

控制设备排列顺序不同的电动机380V控制电路如图6-28所示。

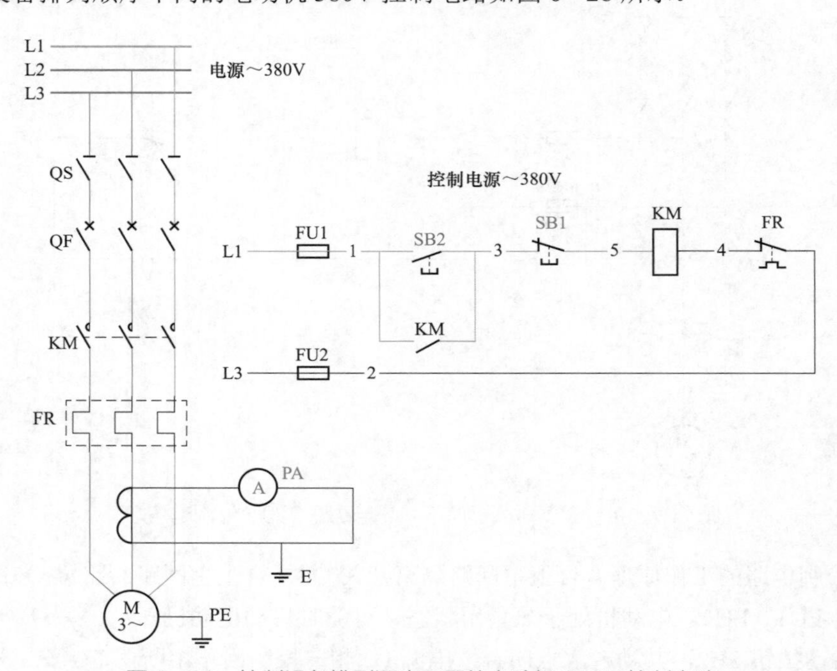

图6-28　控制设备排列顺序不同的电动机380V控制电路

（1）控制电路的工作原理。合上主回路隔离开关QS；合上主回路断路器QF；合上控制回路熔断器FU1、FU2。电动机处于热备用状态，可随时启动电动机。

按下启动按钮SB2，其动合触点闭合，电源L1相→控制回路熔断器FU1→1号线→启动按钮SB2动合触点（按下时闭合）→3号线→停止按钮SB1动断触点→5号线→接触器KM线圈→4号线→热继电器FR的动断触点→2号线→控制回路熔断器FU2→电源L3相。

电路接通，接触器KM线圈获得380V电压动作，接触器KM动合触点闭合自保，维持

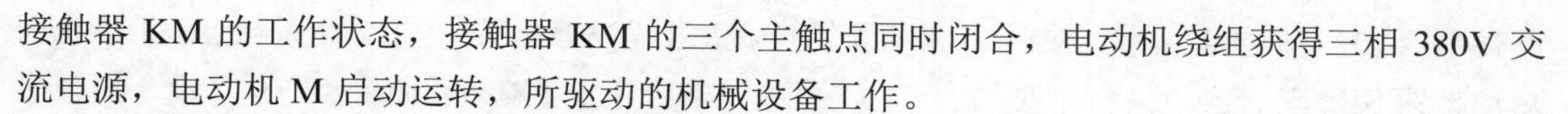

接触器 KM 的工作状态，接触器 KM 的三个主触点同时闭合，电动机绕组获得三相 380V 交流电源，电动机 M 启动运转，所驱动的机械设备工作。

控制回路设备的排列顺序为：电源 L1 相→控制回路熔断器 FU1→启动按钮 SB2→停止按钮 SB1→接触器 KM 线圈→热继电器 FR→控制回路熔断器 FU2→电源 L3 相。

（2）接触器 KM 自保电路的工作原理。按下启动按钮 SB2 时，其动合触点闭合，松手时动合触点断开，但由于接触器 KM 的动合触点闭合，电源 L1 相→控制回路熔断器 FU1→1 号线→闭合的接触器 KM 动合触点→3 号线→停止按钮 SB1 动断触点→5 号线→接触器 KM 线圈→4 号线→热继电器 FR 的动断触点→2 号线→控制回路熔断器 FU2→电源 L3 相。通过接触器 KM 自身所带的动合触点，维持了接触器 KM 的工作状态。

（3）电动机停止。按下停止按钮 SB1，其动断触点断开，切断接触器 KM 线圈电路，接触器 KM 线圈断电，接触器 KM 释放，接触器 KM 的三个主触点同时断开，电动机 M 绕组脱离三相 380V 交流电源，停止转动，机械设备停止工作。

（4）电动机过负荷。主回路中的热继电器 FR 动作，热继电器 FR 的动断触点断开，切断接触器 KM 线圈电路，接触器 KM 线圈断电，接触器 KM 释放，接触器 KM 的三个主触点同时断开，电动机 M 绕组脱离三相 380V 交流电源，停止转动，所拖动的机械设备停止运行。

【例 6-7】控制设备排列顺序改变的一启两停有信号灯的电动机 220V 控制电路

控制设备排列顺序改变的一启两停有信号灯的电动机 220V 控制电路如图 6-29 所示。

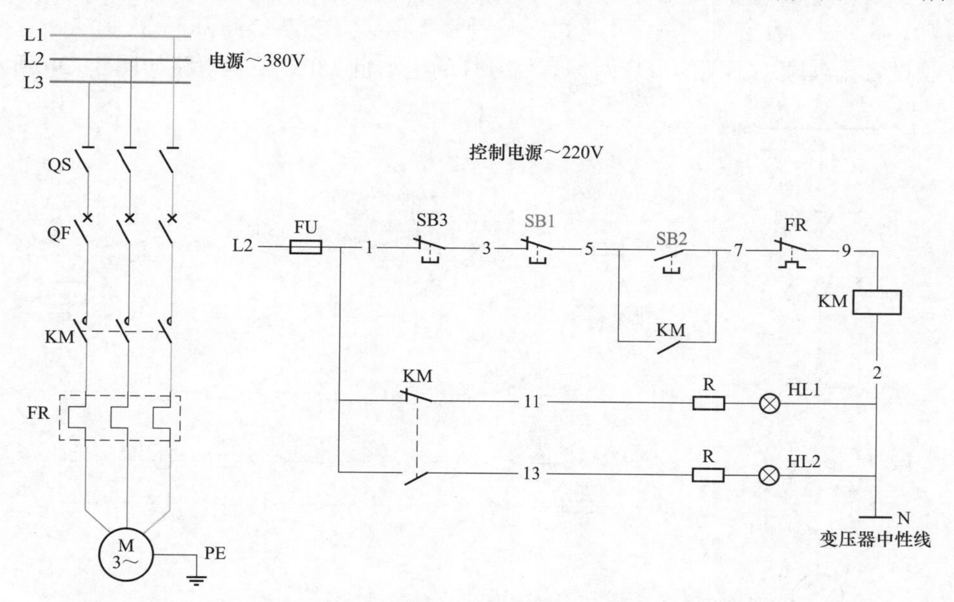

图 6-29 控制设备排列顺序改变的一启两停有信号灯的电动机 220V 控制电路

（1）控制电路的工作原理。合上主回路隔离开关 QS；合上主回路断路器 QF；合上控制回路熔断器 FU。通过接触器 KM 的动断触点→11 号线→信号灯 HL1 得电发亮，电动机处于热备用状态，可随时启动电动机。按下启动按钮 SB2，其动合触点闭合，电源 L2 相→控制回路熔断器 FU→1 号线→停止按钮 SB3 动断触点→3 号线→停止按钮 SB1 动断触点→5 号线→启动按钮 SB2 动合触点（按下时闭合）→7 号线→热继电器 FR 的动断触点→9 号线→接触器 KM 线圈→2 号线→电源 N 极。

电路接通，接触器 KM 线圈获得 220V 电压动作，接触器 KM 动合触点闭合自保，维持接触器 KM 的工作状态，接触器 KM 的三个主触点同时闭合，电动机绕组获得三相 380V 交流电源，电动机 M 启动运转，所驱动的机械设备工作。接触器 KM 动合触点闭合，HL2 灯亮，表示电动机运行。

（2） 接触器 KM 自保电路的工作原理。按下启动按钮 SB2，其动合触点闭合，松手时动合触点断开，但由于接触器 KM 的动合触点闭合，电源 L2 相→控制回路熔断器 FU→1 号线→停止按钮 SB3 动断触点→3 号线→停止按钮 SB1 动断触点→5 号线→闭合的接触器 KM 动合触点→7 号线→热继电器 FR 的动断触点→9 号线→接触器 KM 线圈→2 号线→电源 N 极。通过接触器 KM 自身所带的动合触点，维持了接触器 KM 的工作状态。

（3） 电动机停止。按下停止按钮 SB3 或停止按钮 SB1，其动断触点断开，切断接触器 KM 线圈电路，接触器 KM 线圈断电，接触器 KM 释放，接触器 KM 的三个主触点同时断开，电动机 M 绕组脱离三相 380V 交流电源，停止转动，机械设备停止工作。

（4） 电动机过负荷。主回路中的热继电器 FR 动作，热继电器 FR 的动断触点断开，切断接触器 KM 线圈电路，接触器 KM 线圈断电，接触器 KM 释放，接触器 KM 的三个主触点同时断开，电动机 M 绕组脱离三相 380V 交流电源，停止转动，所拖动的机械设备停止运行。

【例 6－8】控制设备排列顺序不同的一启两停有信号灯的电动机 380V 控制电路

控制设备排列顺序不同的一启两停有信号灯的电动机 380V 控制电路如图 6－30 所示。

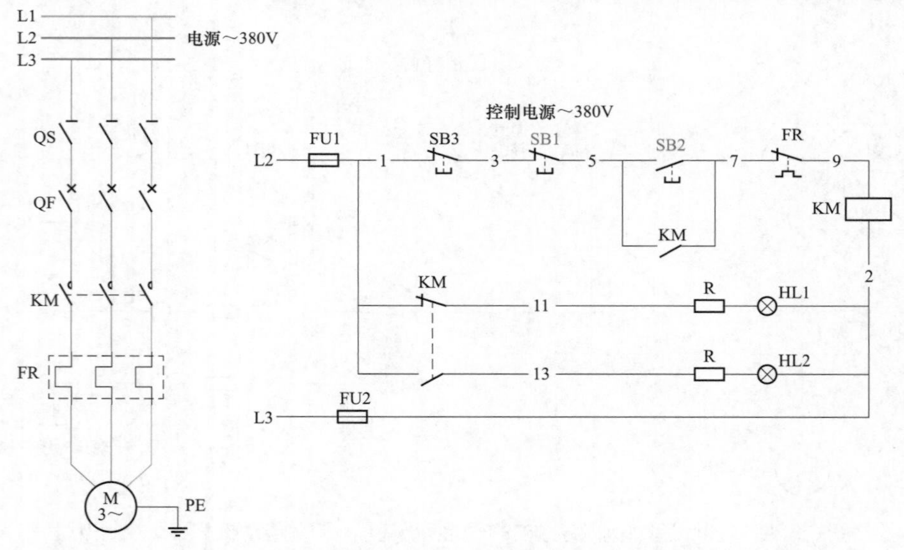

图 6－30　控制设备排列顺序不同的一启两停有信号灯的电动机 380V 控制电路

（1） 控制电路的工作原理。合上主回路隔离开关 QS；合上主回路断路器 QF；合上控制回路熔断器 FU1、FU2。通过接触器 KM 的动断触点→11 号线→信号灯 HL1 得电发亮，电动

机处于热备用状态，可随时启动电动机。

按下启动按钮 SB2，其动合触点闭合，电源 L2 相→控制回路熔断器 FU1→1 号线→停止按钮 SB3 动断触点→3 号线→停止按钮 SB1 动断触点→5 号线→启动按钮 SB2 动合触点（按下时闭合）→7 号线→热继电器 FR 的动断触点→9 号线→接触器 KM 线圈→2 号线→控制回路熔断器 FU2→电源 L3 相。

电路接通，接触器 KM 线圈获得 380V 电压动作，接触器 KM 动合触点闭合自保，维持接触器 KM 的工作状态，接触器 KM 的三个主触点同时闭合，电动机绕组获得三相 380V 交流电源，电动机 M 启动运转，所驱动的机械设备工作。

接触器 KM 动合触点闭合→13 号线→信号灯 HL2 得电发亮，亮灯表示电动机处于运行工作状态。

（2）接触器 KM 自保电路的工作原理。按下启动按钮 SB2，其动合触点闭合，松手时动合触点断开，但由于接触器 KM 的动合触点闭合，电源 L2 相→控制回路熔断器 FU1→1 号线→停止按钮 SB3 动断触点→3 号线→停止按钮 SB1 动断触点→5 号线→闭合的接触器 KM 动合触点→7 号线→热继电器 FR 的动断触点→9 号线→接触器 KM 线圈→2 号线→控制回路熔断器 FU2→电源 L3 相。通过接触器 KM 自身所带的动合触点的闭合，维持了接触器 KM 线圈 380V 电源电路的接通，将接触器 KM 维持在工作状态。

（3）电动机停止。按下停止按钮 SB3 或停止按钮 SB1，其动断触点断开，切断接触器 KM 线圈电路，接触器 KM 线圈断电，接触器 KM 释放，接触器 KM 的三个主触点同时断开，电动机 M 绕组脱离三相 380V 交流电源，停止转动，机械设备停止工作。

（4）电动机过负荷。主回路中的热继电器 FR 动作，热继电器 FR 的动断触点断开，切断接触器 KM 线圈电路，接触器 KM 线圈断电，接触器 KM 释放，接触器 KM 的三个主触点同时断开，电动机 M 绕组脱离三相 380V 交流电源，停止转动，所拖动的机械设备停止运行。

【例 6-9】控制设备排列顺序改变的两启一停电动机 220V 控制电路

控制设备排列顺序改变的两启一停电动机 220V 控制电路如图 6-31 所示。

（1）控制电路的工作原理。合上主回路隔离开关 QS；合上主回路断路器 QF；合上控制回路熔断器 FU。电动机处于热备用状态，可随时启动电动机。

按下启动按钮 SB2 或启动按钮 SB4，其动合触点闭合，电源 L2 相→控制回路熔断器 FU→1 号线→停止按钮 SB1 动断触点→3 号线→启动按钮 SB2 动合触点或启动按钮 SB4（按下时闭合）→5 号线→热继电器 FR 的动断触点→7 号线→接触器 KM 线圈→2 号线→电源 N 极。

电路接通，接触器 KM 线圈获得 220V 电压动作，接触器 KM 动合触点闭合自保，维持接触器 KM 的工作状态，接触器 KM 的三个主触点同时闭合，电动机绕组获得三相 380V 交流电源，电动机 M 启动运转，所驱动的机械设备工作。

（2）接触器 KM 自保电路的工作原理。按下启动按钮 SB2 或 SB4，其动合触点闭合，松手时动合触点断开，但由于接触器 KM 的动合触点闭合，电源 L2 相→控制回路熔断器 FU→1 号线→停止按钮 SB1 动断触点→3 号线→闭合的接触器 KM 动合触点→5 号线→热继电器 FR 的动断触点→7 号线→接触器 KM 线圈→2 号线→电源 N 极。通过接触器 KM 自身所带的动合触点，维持了接触器 KM 的工作状态。

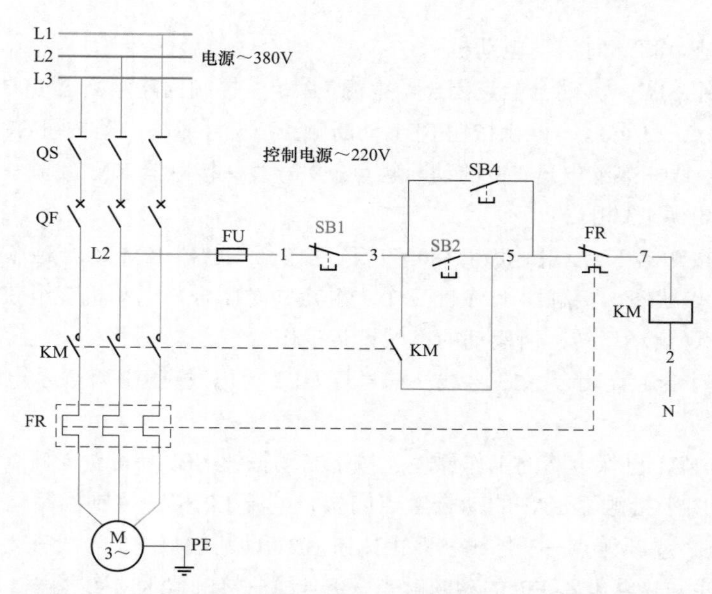

图6-31　控制设备排列顺序改变的两启一停电动机220V控制电路

（3） 电动机停止。按下停止按钮SB1，其动断触点断开，切断接触器KM线圈电路，接触器KM线圈断电，接触器KM释放，接触器KM的三个主触点同时断开，电动机M绕组脱离三相380V交流电源，停止转动，机械设备停止工作。

（4） 电动机过负荷。主回路中的热继电器FR动作，热继电器FR的动断触点断开，切断接触器KM线圈电路，接触器KM线圈断电，接触器KM释放，接触器KM的三个主触点同时断开，电动机M绕组脱离三相380V交流电源，停止转动，所拖动的机械设备停止运行。

【例6-10】控制设备排列顺序改变的两启一停电动机380V控制电路

控制设备排列顺序改变的两启一停电动机380V控制电路如图6-32所示。

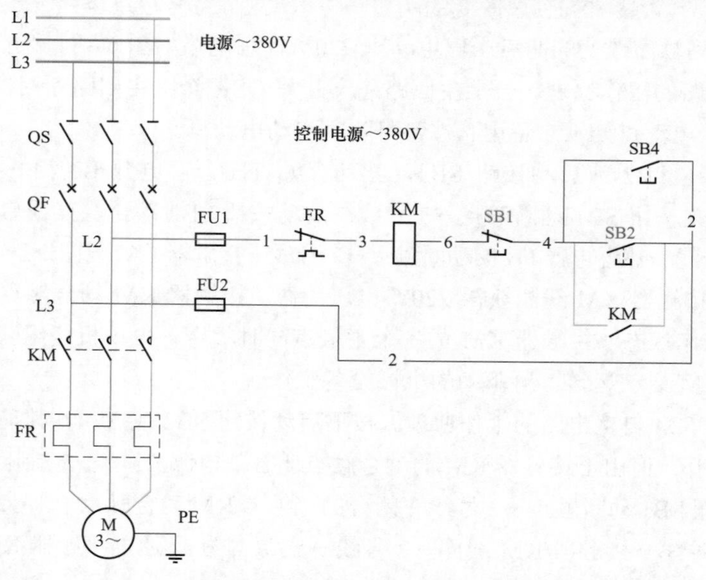

图6-32　控制设备排列顺序改变的两启一停电动机380V控制电路

（1）控制电路工作原理。合上主回路隔离开关 QS；合上主回路断路器 QF；合上控制回路熔断器 FU1、FU2。电动机处于热备用状态，可随时启动电动机。

按下启动按钮 SB2 或启动按钮 SB4，其动合触点闭合，电源 L2 相→控制回路熔断器 FU1→1 号线→热继电器 FR 的动断触点→3 号线→接触器 KM 线圈→6 号线→停止按钮 SB1 动断触点→4 号线→启动按钮 SB2 动合触点或启动按钮 SB4（按下时闭合）→2 号线→控制回路熔断器 FU2→电源 L3 相。

电路接通，接触器 KM 线圈获得 380V 电压动作，接触器 KM 动合触点闭合自保，维持接触器 KM 的工作状态，接触器 KM 的三个主触点同时闭合，电动机绕组获得三相 380V 交流电源，电动机 M 启动运转，所驱动的机械设备工作。

控制回路设备的排列顺序为：电源 L2 相→控制回路熔断器 FU1→热继电器 FR→接触器 KM 线圈→停止按钮 SB1→启动按钮 SB2 或启动按钮 SB4→控制回路熔断器 FU2→电源 L3 相。

（2）接触器 KM 自保电路的工作原理。按下启动按钮 SB2 或启动按钮 SB4 时，其动合触点闭合，接触器 KM 线圈得电动作时，主触点与自保触点同时闭合，手离开按钮前，接触器 KM 的动合触点已在闭合中，自保电路的工作原理是这样的：

电源 L2 相→控制回路熔断器 FU1→1 号线→热继电器 FR 的动断触点→3 号线→接触器 KM 线圈→6 号线→停止按钮 SB1 动断触点→4 号线→闭合的接触器 KM 动合触点→2 号线→控制回路熔断器 FU2→电源 L3 相。通过接触器 KM 自身所带的动合触点，维持了接触器 KM 的吸合状态。

（3）电动机停止。按下停止按钮 SB1，其动断触点断开，切断接触器 KM 线圈电路，接触器 KM 线圈断电，接触器 KM 释放，接触器 KM 的三个主触点同时断开，电动机 M 绕组脱离三相 380V 交流电源，停止转动，机械设备停止工作。

（4）电动机过负荷。主回路中的热继电器 FR 动作，热继电器 FR 的动断触点断开，切断接触器 KM 线圈电路，接触器 KM 线圈断电，接触器 KM 释放，接触器 KM 的三个主触点同时断开，电动机 M 绕组脱离三相 380V 交流电源停止转动，所拖动的机械设备停止运行。

注： 在图 6－25～图 6－32 中，依靠断路器作为线路与电动机短路及过负荷保护，故断路器额定电流的选择，不应超过电动机额定电流的 2 倍。

三、采用接触器控制的单相电动机控制电路

【例 6－11】单电容有离心开关的单相电动机控制电路

单电容有离心开关的单相电动机控制电路如图 6－33 所示。该控制电路分为两个部分：主电路和控制电路，绿色框内的是电动机的控制电路，红色框内的是单相电动机的主电路。

（1）送电操作顺序。合上断路器 QF；合上控制回路熔断器 FU。

（2）启动电动机。按下启动按钮 SB2，其动合触点闭合，电源 L1 相→控制回路熔断器 FU→1 号线→停止按钮 SB1 动断触点→3 号线→启动按钮 SB2 动合触点（按下时闭合）→5 号线→接触器 KM 线圈→2 号线→电源 N 极。

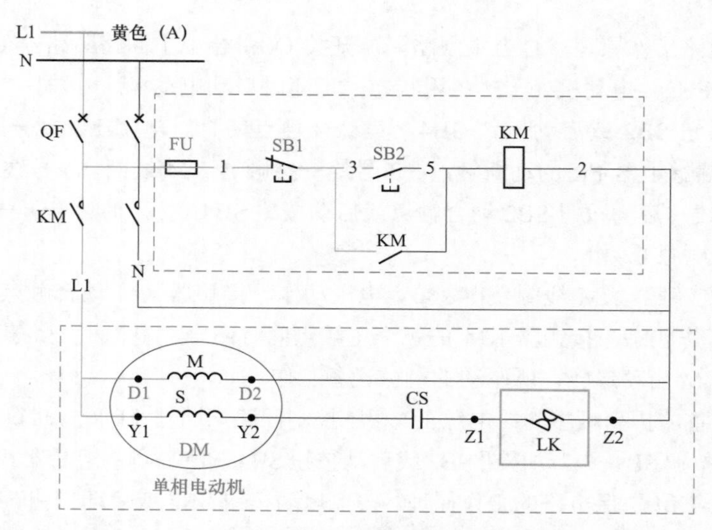

图6-33　单电容有离心开关的单相电动机控制电路

接通220V电源，接触器KM线圈获电动作，接触器KM动合触点闭合自保，维持接触器KM的工作状态，接触器KM的两个主触点同时闭合。

电源L1相同时经过接触器KM触点时分两路：

1）电动机主绕组M→电源N极。

2）电动机启动绕组S→启动电容CS→离心开关LK→电源N极。电动机主绕组M、启动绕组S同时得电，电动机运转，达到一定速度后，离心开关LK断开，将启动电容CS、启动绕组S隔离，电动机正常运转。

（3）电动机停止。按下停止按钮SB1，其动断触点断开，切断接触器KM线圈电路，接触器KM线圈断电，接触器KM释放，接触器KM的两个主触点同时断开，电动机主绕组M脱离220V交流电源，停止转动，机械设备停止工作。离心开关LK触点复位接通，为重新启动电动机做电路准备。

【例6-12】延时触点代替离心开关的单电容单相电动机控制电路

离心开关LK损坏不能使用，可以采用时间继电器延时断开的动断触点代替，其控制电路如图6-34所示。

（1）送电操作顺序。合上断路器QF；合上控制回路熔断器FU。

（2）启动电动机。按下启动按钮SB2，其动合触点闭合，电源L1相→控制回路熔断器FU→1号线→停止按钮SB1动断触点→3号线→启动按钮SB2动合触点（按下时闭合）→5号线→接触器KM线圈与时间继电器KT线圈同时经过2号线→电源N极。

接通220V电源，接触器KM线圈获电动作，接触器KM动合触点闭合自保，维持接触器KM的工作状态，接触器KM的两个主触点同时闭合，时间继电器KT线圈得电动作，开始计时。

电源L1相同时经过接触器KM的触点时分两路：

1）电动机主绕组M→电源N极。

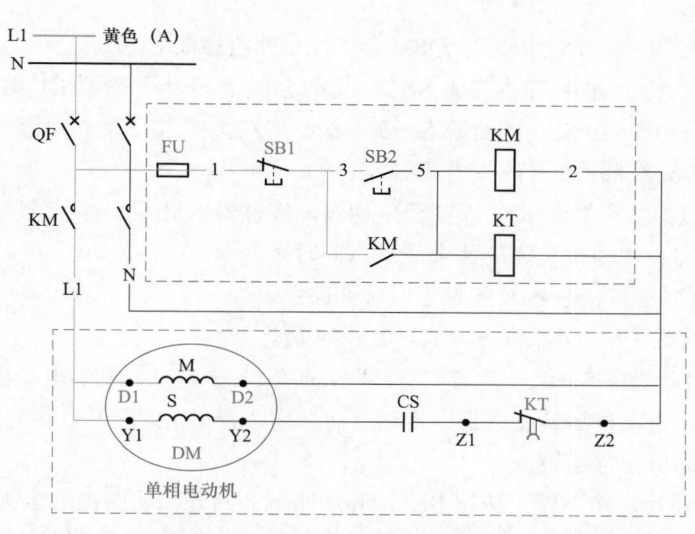

图6-34　延时触点代替离心开关的单电容单相电动机控制电路

2）电动机启动绕组 S→启动电容 CS→时间继电器 KT 延时断开的动断触点→电源 N 极。电动机主绕组 M、启动绕组 S 同时得电，电动机运转，达到整定时间，延时断开的动断触点断开，将启动电容 CS、启动绕组 S 隔离，电动机正常运转。

（3）电动机停止。按下停止按钮 SB1，其动断触点断开，切断接触器 KM 线圈电路，接触器 KM 线圈断电，接触器 KM 释放，接触器 KM 的两个主触点同时断开，电动机主绕组 M 脱离 220V 交流电源，停止转动，机械设备停止工作。时间继电器 KT 断电释放，时间继电器 KT 延时触点复位接通，为重新启动电动机做电路准备。

【例 6-13】双电容有离心开关的单相电动机控制电路

双电容有离心开关的单相电动机控制电路如图 6-35 所示。该控制电路分两个部分：主电路和控制电路，绿色框内的是电动机的控制电路，红色框内的是单相电动机的主电路。

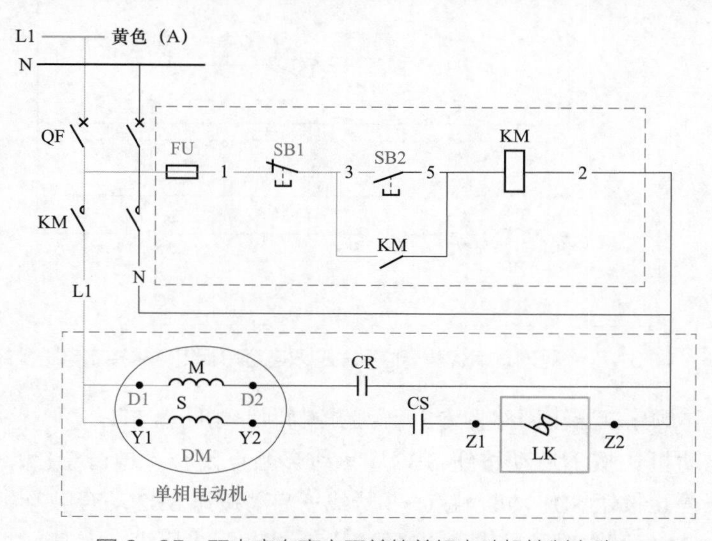

图6-35　双电容有离心开关的单相电动机控制电路

（1）送电操作顺序。合上断路器 QF；合上控制回路熔断器 FU。

（2）启动电动机。按下启动按钮 SB2，其动合触点闭合，电源 L1 相→控制回路熔断器 FU→1 号线→停止按钮 SB1 动断触点→3 号线→启动按钮 SB2 动合触点（按下时闭合）→5 号线→接触器 KM 线圈→2 号线→电源 N 极。

接通 220V 电源，接触器 KM 线圈获电动作，接触器 KM 动合触点闭合自保，维持接触器 KM 的工作状态，接触器 KM 的两个主触点同时闭合。

电源 L1 相同时经过接触器 KM 触点时分两路：

1）电动机主绕组 M→运行电容 CR→电源 N 极。

2）电动机启动绕组 S→启动电容 CS→离心开关 LK→电源 N 极。电动机主绕组 M、启动绕组 S 同时得电，电动机运转，达到一定速度后，离心开关 LK 断开，将启动电容 CS、启动绕组 S 隔离，电动机正常运转。

（3）电动机停止。按下停止按钮 SB1，其动断触点断开，切断接触器 KM 线圈电路，接触器 KM 线圈断电，接触器 KM 释放，接触器 KM 的两个主触点同时断开，电动机主绕组 M 脱离 220V 交流电源，停止转动，机械设备停止工作。离心开关 LK 触点复位接通，为重新启动电动机做电路准备。

【例 6－14】延时触点代替离心开关的双电容单相电动机控制电路

离心开关 LK 损坏不能使用，可以采用时间继电器延时断开的动断触点代替，其控制电路如图 6－36 所示。该控制电路分两个部分：主电路和控制电路，绿色框内的是电动机的控制电路，红色框内的是单相电动机的主电路。

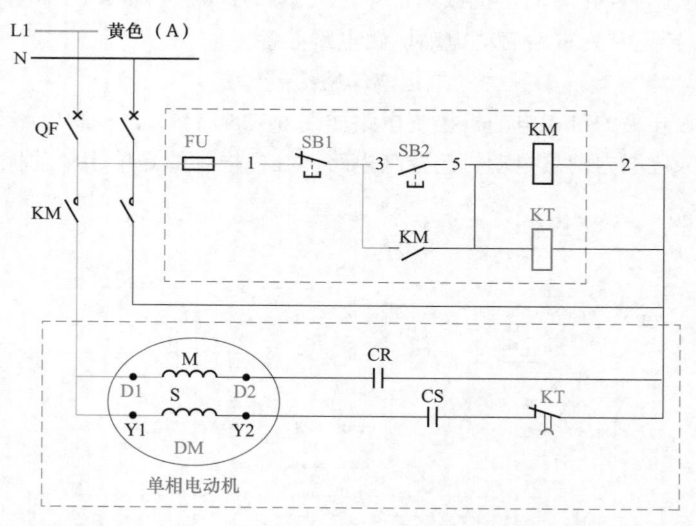

图 6－36　延时触点代替离心开关的双电容单相电动机控制电路

（1）送电操作顺序。合上断路器 QF；合上控制回路熔断器 FU。

（2）启动电动机。按下启动按钮 SB2，其动合触点闭合，电源 L1 相→控制回路熔断器 FU→1 号线→停止按钮 SB1 动断触点→3 号线→启动按钮 SB2 动合触点（按下时闭合）→5 号线→接触器 KM 线圈与时间继电器 KT 线圈同时经过→2 号线→电源 N 极。

接通 220V 电源，接触器 KM 线圈和时间继电器 KT 线圈同时获电动作，接触器 KM 动合触点闭合自保，维持接触器 KM 的工作状态，接触器 KM 的两个主触点同时闭合，时间继电器 KT 线圈得电动作，开始计时。

电源 L1 相同时经过接触器 KM 的触点时分两路：

1）电动机主绕组 M→运行电容 CR→电源 N 极。

2）电动机启动绕组 S→启动电容 CS→时间继电器 KT 延时断开的动断触点→电源 N 极。电动机主绕组 M、启动绕组 S 同时得电，电动机运转，达到整定时间，时间继电器 KT 延时断开的动断触点断开，将启动电容 CS、启动绕组 S 隔离，电动机正常运转。

（3）电动机停止。按下停止按钮 SB1，其动断触点断开，切断接触器 KM 线圈电路，接触器 KM 线圈断电，接触器 KM 释放，接触器 KM 的两个主触点同时断开，电动机主绕组 M 脱离 220V 交流电源，停止转动，机械设备停止工作。时间继电器 KT 断电释放，时间继电器 KT 延时触点复位接通，为重新启动电动机做电路准备。

注：图 6－34、图 6－36 所示的控制电路，只能在离心开关损坏的情况下，作为应急使用。

第七章

热继电器的用途与电路接线

热继电器是一种电流检测型的保护装置，它利用负载电流流过已校准的电阻元件，使双金属热元件加热后产生弯曲，从而使继电器的触点在电动机绕组烧坏以前动作。其动作特性与电动机绕组的允许过负荷特性接近。热继电器虽然动作时间准确性一般，但对交流电动机的过负荷保护是有效的。

当电动机过负荷时电流增大，串入电动机主回路的热元件使双金属片发热，使其产生非正常弯曲，从而推动导板，将推力传到推杆，使热继电器动作，将静触点与动触点分开，切断电动机接触器控制电路，电动机断电停止运行，起到对电动机的保护作用。

热继电器一般都是双金属体式，其型号、种类比较多，各型号都有一定的规格和适用范围。多数热继电器适用于 50Hz、额定电压 380～660V、电流不超过热继电器额定电流的电路中，额定电流在 5A 以下的热继电器可串入电流互感器二次回路中。热继电器的外形与图文符号如图 7－1 所示，不同型号的热继电器如图 7－2 所示。

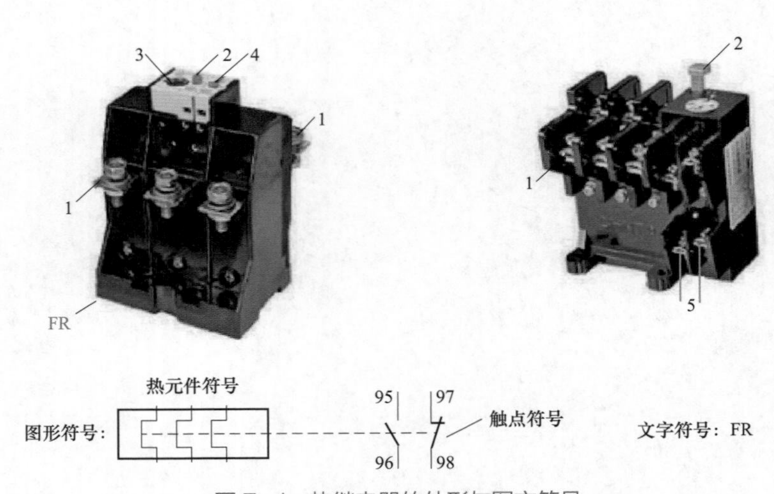

图 7－1　热继电器的外形与图文符号

1—主回路端子；2—复位按钮；3—整定按钮；4—手/自动复位选择按钮；5—辅助触点端子

图 7-2　不同型号的热继电器

|第一节|　电动机回路中的热继电器基本接线

一、采用热继电器动合触点的接线

通常采用将热继电器动断触点直接串入电动机控制电路中的接线方式，但有时根据控制的需要而采用动合触点，这时就需要增加一个继电器，如图 7-3 所示。当电动机过负荷时，热继电器动作，动合触点 FR 闭合后，再启动继电器，串入电动机控制电路中的中间继电器 KA 动断触点断开，从而使接触器 KM 线圈断电释放，接触器 KM 的主触点断开，电动机 M 断电停止运行，进而起到对电动机的保护作用。

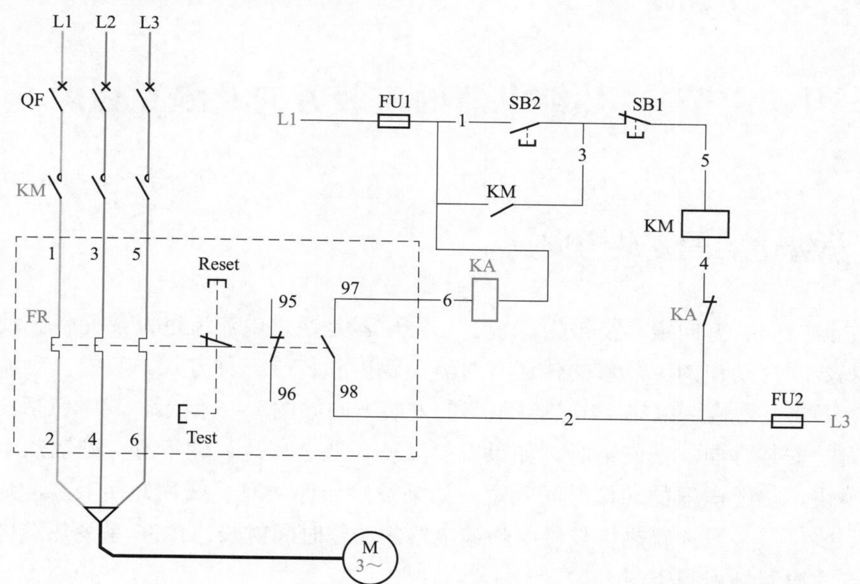

图 7-3　采用热继电器动合触点的接线

二、采用热继电器动断触点的接线

采用热继电器动断触点的接线比较简单，它是将动断触点直接串入电动机控制电路中，如图 7－4 所示。电动机过负荷时，热继电器 FR 动作，其动断触点断开，使接触器 KM 线圈断电释放，接触器 KM 主触点断开，电动机 M 断电停止运行，从而起到对电动机的保护作用。

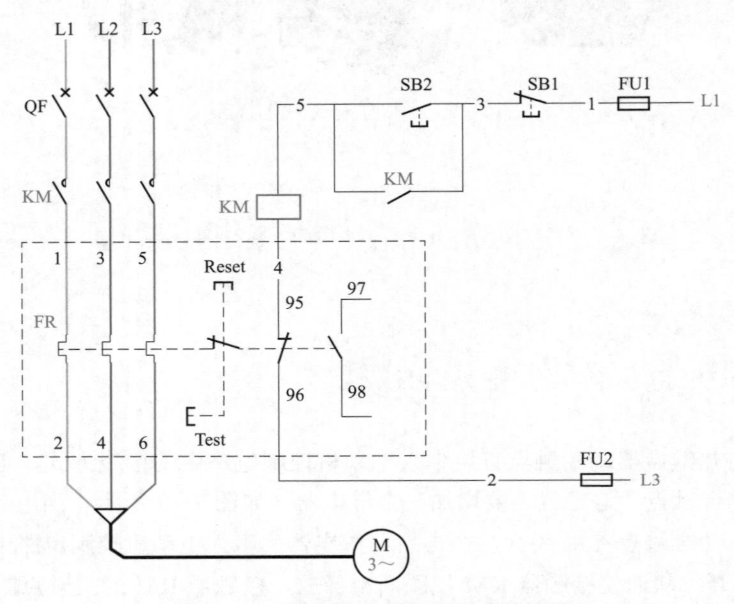

图 7－4　采用热继电器动断触点的接线

第二节　热继电器的安装方向及触点标识

一、热继电器的安装方向

热继电器的安装方向很容易被人忽视。热继电器是通过电流流过发热元件并使其发热，进而推动双金属片动作的。热量的传递有对流、辐射和传导三种方式。其中，对流具有方向性，热量自下向上传输。JR36－20 热继电器的安装方向如图 7－5 所示，其中包括正确的安装方向和错误的安装方向。在安装时，如果发热元件（双金属片）朝下方，则散热不好，双金属片就热得快，热继电器的动作时间就短；如果发热元件（双金属片）朝上方，则散热要比朝下方好一些，双金属片就热得较慢，热继电器的动作时间就长。JR36 系列热继电器部件名称及其触点的检测见视频资源。

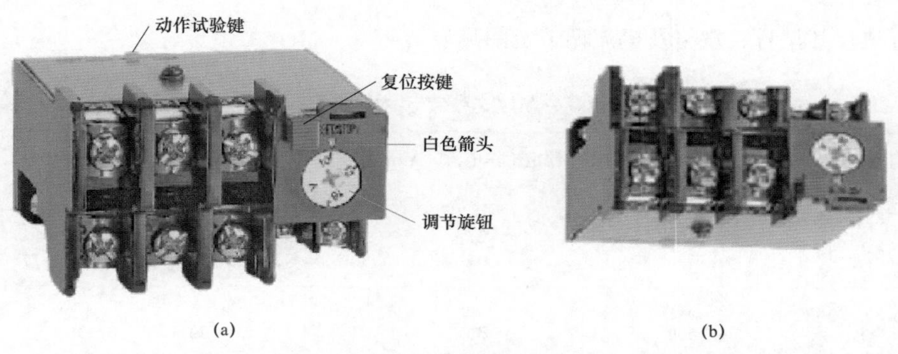

(a) (b)

图 7-5 JR36-20 热继电器的安装方向（正面）

（a）正确的安装方向；（b）错误的安装方向

热继电器一般有手动复位和自动复位两种形式，可通过复位螺钉或旋钮来实现两者的转换。热继电器在出厂时一般设为自动复位形式。如果要调为手动复位方式，可将热继电器侧面孔内的螺钉倒退约三四圈。为保证电动机在故障下可靠停止运转，且防止电动机在故障未被消除的情况下多次重复再启动，导致电动机烧毁，要将热继电器整定为手动复位形式，待故障排除后再恢复。JR36 系列热继电器动作过程见视频资源。

二、热继电器的触点标识

热继电器上有固定的触点接线端子标识，如图 7-6 所示。其中，有三个控制端子的热继电器如图 7-6（a）所示，其中 95、96 为动断触点两端的接线端子标识，95、98 为动合触点两端的接线端子标识，95 是公用的端子；有四个控制端子的热继电器如图 7-6（b）所示，其中 95、96 为动断触点两端的接线端子标识，97、98 为动合触点两端的接线端子。

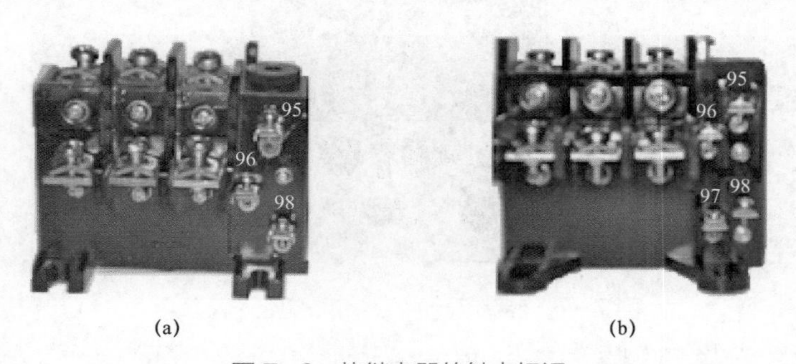

(a) (b)

图 7-6 热继电器的触点标识

（a）有三个控制端子的热继电器；（b）有四个控制端子的热继电器

|第三节| 热继电器用途、各部分名称及调节方法

下面以 NR2（JR28）系列双金属片式热继电器为例，说明热继电器的用途、各部分名称

及调节方法，其型号、规格及电流调节范围见表7－1。

表7－1 NR2（JR28）系列双金属片式热继电器型号、规格及电流调节范围

型号	额定绝缘电压（V）	额定工作电流（A）	额定电流调节范围（A）
NR2（JR28）－25/F NR2（JR28）－25/Z	660	25	0.1～0.16、0.16～0.25、0.25～0.4、0.4～0.63、0.63～1、1～1.6、1.25～2、1.6～2.5、2.5～4、4～6、5.5～8、7～10、9～13、12～18、17～25
NR2（JR28）－36/F NR2（JR28）－36/Z	660	36	23～32、28～36
NR2（JR28）－93/F NR2（JR28）－93/Z	660	93	23～32、30～40、37～50、48～65、55～70、63～80、80～93

NR2（JR28）系列双金属片式热继电器适用于交流50Hz或60Hz、额定电压660V及以下、额定电流在0.1～93A的电路中，用作交流电动机的过负荷、断相以及启动时间过长和堵转时间过长的保护，还可用作电路过负荷保护。它和适配的交流接触器可组成电磁启动器。

热继电器的凸轮和按钮名称及颜色如图7－7所示，热继电器的凸轮和按钮的使用方法如下：

图7－7 热继电器的凸轮和按钮名称及颜色

1—透明盖；2—整定电流调节凸轮（白色）；3—试验按钮（红色）；4—复位按钮（蓝色）；5—停止按钮（红色）；6—脱机指示（红色）

（1）整定电流调节如图7－8所示。抬起透明盖，用螺钉旋具转动凸轮刻度，进行整定电流调节，调节完成后要将透明盖盖好。

（2）自动/手动复位选择如图7－9所示。自动/手动复位的设定，可以通过转动蓝色按钮来完成：蓝色按钮向左转动，蓝色按钮弹出为手动复位；按下蓝色按钮，再向右转动则为自动复位。

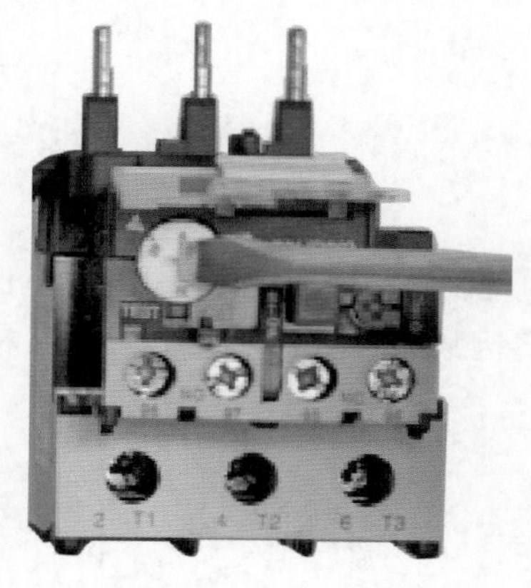

图 7-8　整定电流调节

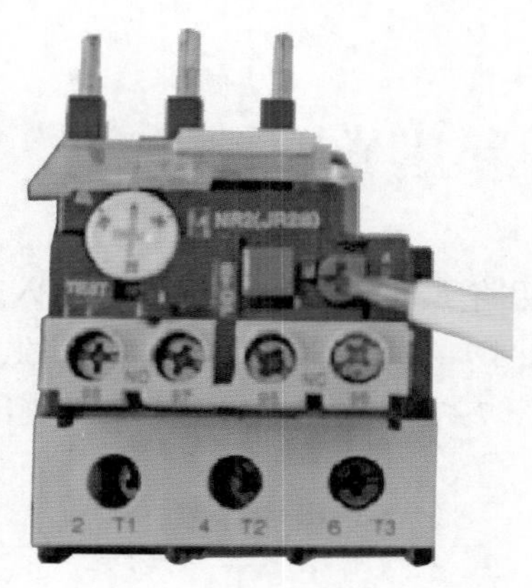

图 7-9　自动/手动复位选择

（3）停止按钮（红色）如图 7-10 所示。电动机在运转中，按下红色按钮，可实现电动机的停止功能，使辅助动断触头（NC）断开，辅助动合触头（NO）闭合。

图 7-10　停止按钮（红色）

（4）测试功能键位置如图 7-11 所示。用小螺钉旋具（低压验电笔）垂直向下按下红色按钮，可实现测试功能。按测试功能键可以模拟热继电器脱扣，并使辅助触头 NC、NO 动作。脱扣指示器动作，脱钩指示器位置如图 7-12 所示。

图 7-11　测试功能键位置

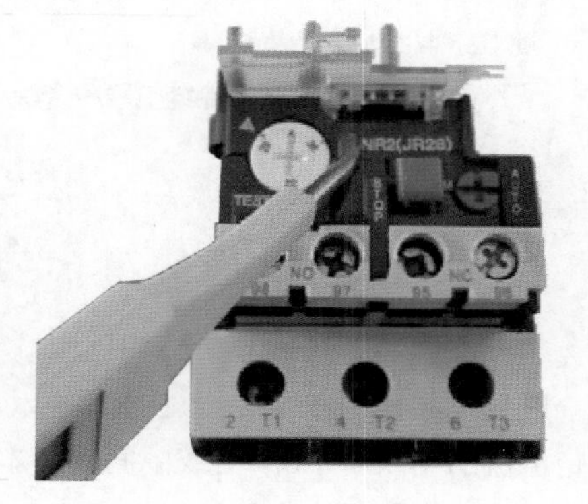

图 7-12　脱扣指示器位置

|第四节| 热继电器与电动机控制电路的接线

通常采用将热继电器动断触点直接串入电动机控制电路中的接线方式，这是比较简单的，如图 7-3 和图 7-4 所示。除此之外，一些生产设备因故障而使电动机停止运转，需要报警时，可以采用如图 7-13 和图 7-14 所示的控制电路。

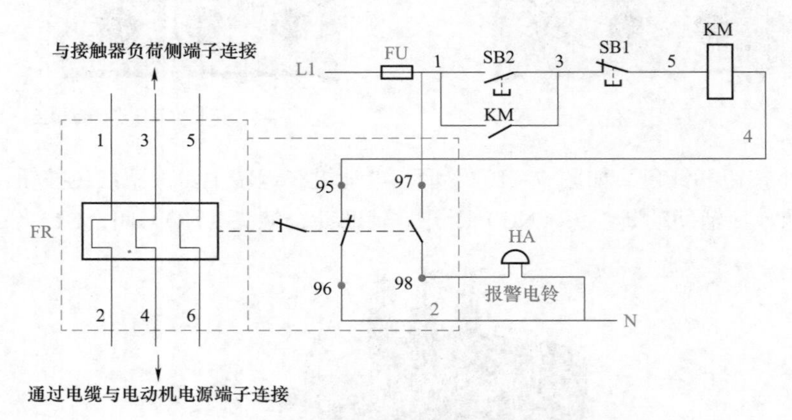

图 7-13 利用热继电器动合触点报警接线

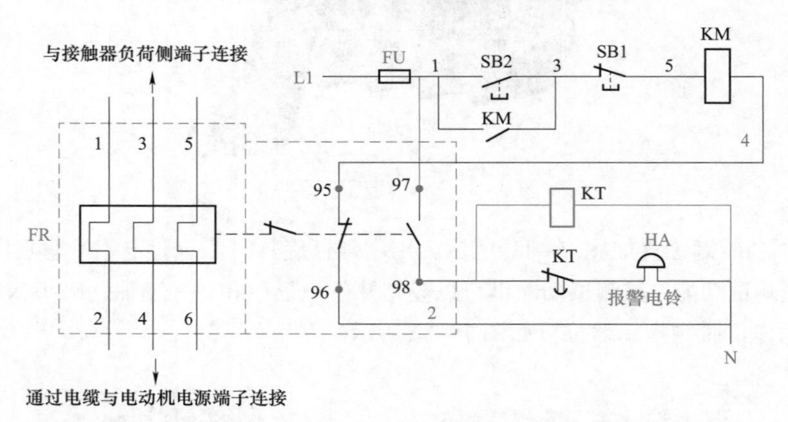

图 7-14 利用热继电器动合触点报警并自动解除音响接线

|第五节| 热继电器额定电流的选择

对于在一般场所使用且长期稳定工作的电动机，可按电动机的额定电流选用热继电器。热继电器整定电流的 0.95～1.05 倍或中间值基本等于电动机额定电流。使用时要将热继电器的整定电流调至电动机的额定电流。

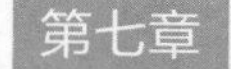

热继电器（热元件）额定电流的选择方法如下：

（1）直接串入电动机主回路中的热继电器。经验速算公式为

电动机额定电流×（0.95～1.05）=热继电器额定电流　　（7-1）

（2）串入电流互感器二次回路中的热继电器。当容量超过 40kW 时，采用二次保护，即将热继电器的热元件串入电流互感器二次回路中。经验速算公式为

电动机额定电流/电流互感器变比倍数=热继电器额定电流　　（7-2）

【例 7-1】一台容量为 40kW 的电动机，电流互感器变比倍数为 100/5，电动机额定电流为 73A，应选用额定电流多大的热继电器？

根据式（7-2）有

73/（100/5）=73/20=3.65（A）

经过计算，应选用 3.65A 的热继电器。

查热继电器规格表，可知应选用 JR2-20/3 型热继电器，其调节范围为 3.2～5.0A，将其调整到 3.6A 处即可。

第八章

倒顺开关的用途与电路接线

本章简要介绍了倒顺开关的结构与用途、单相交流感应电动机的控制电路、HY 系列倒顺开关在电动机回路的接线，以及倒顺开关与接触器相结合的电动机控制电路。

|第一节|　倒顺开关的结构与用途

倒顺开关也称顺逆开关，它是一种手动操作的开关，操作简单方便。不同型号的倒顺开关，有结构基本相似但接线端子略有区别的，其中三排 9 个端子的如图 8－1（a）所示，两排 6 个端子的如图 8－1（b）所示；也有结构不同的，如图 8－1（c）所示。两排 6 个端子的是新型倒顺开关，比老式的倒顺开关的布线设计更为合理、安全。

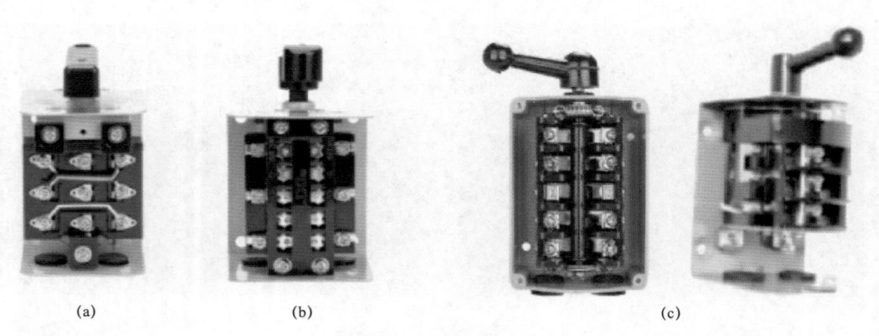

图 8－1　倒顺开关外形

（a）三排 9 个端子；（b）两排 6 个端子；
（c）结构不同的倒顺开关

倒顺开关通常作为电源的引入开关或用于控制操作频率，它不仅能够接通和分断电源，而且能够改变三相电源的输入相序。两排 6 个端子的倒顺开关结构如图 8－2 所示。

倒顺开关内部已经接好了转换相序的跨线，如图 8－2 中标引序号 9 所示，以实现对三相电动机的正反转控制。

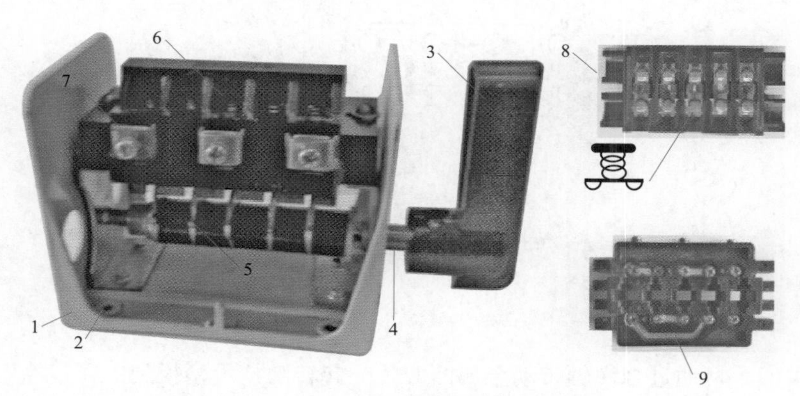

图 8-2 两排 6 个端子的倒顺开关结构

1—防护外壳；2—螺钉孔；3—操作手柄；4—转轴；5—凸轮；6—动触点组；7—接线端子；8—动断触点；9—转换相序触点的跨线

倒顺开关具有三个位置，中间一个是断开（停）位置，另外两个分别是"顺"的位置和"倒"的位置。拨向"顺"的位置，电动机正向运转；拨向"停"的位置，电动机断电停止正向运转。拨向"倒"的位置，电动机反向运转；拨向"停"的位置，电动机断电停止反向运转。倒顺开关与接触器相结合的电动机控制电路中，由于回路中增加了热继电器，电动机过负荷时能自动停机，因此能对电动机起保护作用。

倒顺开关一般适用于三相 380V、3kW 以下的电动机以及单相 2.2kW 以下的电动机的正反转控制，在小型的建筑施工机械设备中应用较多。图 8-3 所示为采用倒顺开关控制的钢筋切断机。

图 8-3 采用倒顺开关控制的钢筋切断机

结合图 8-2 所示的两排 6 个端子的倒顺开关结构，下面简要说明两排 6 个端子的倒顺开关与电动机的接线，如图 8-4 所示。

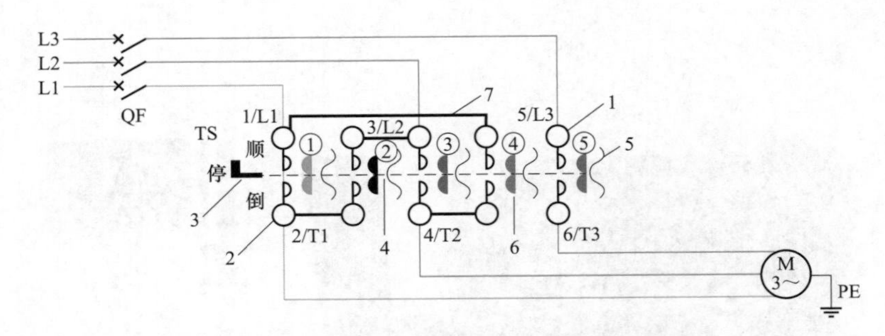

图 8-4　两排 6 个端子的倒顺开关与电动机的接线

1—电源侧端子（1/L1、3/L2、5/L3）；2—负荷侧端子（2/T1、4/T2、6/T3）；3—操作手柄；4—金属轴；5—金属凸凹片；6—动合触点（5 个）；7—换向触点连接线

倒顺开关的手柄通过金属轴带动金属凸凹片一起转动，手柄扳到中间“停”的位置，凸点顶起动触点，动触点与静触点分离，其触点处于断开状态。

将手柄扳到“顺”的位置，凸凹片从凸点移动到凹点位置，触点的弹簧释放，触点①、③、⑤闭合接通，电动机正向运转。

将手柄扳到“停”的位置，凸凹片的凸点将动触点全部顶起，使动触点离开静触点，触点断开，电动机断电，停止正向运转。

将手柄扳到“倒”的位置，凸轮移动到凹处位置，动触点在弹簧的作用力下释放，触点②、④、⑤闭合接通。电动机绕组获得的电源的相序按 L2、L1、L3 排列，相序改变，电动机反向运转。

将手柄扳到“停”的位置，凸凹片的凸点将动触点全部顶起，使动触点离开静触点，触点断开，电动机断电，停止反向运转。

注：改变电动机旋转方向的方法：

1） 要改变单相电动机的旋转方向，只要将主绕组或启动绕组的任意一个极性反接即可，因为电动机获得了相反的极性，旋转磁场的方向改变了，电动机也就反向运转了。

2） 要改变三相交流电动机的旋转方向，只要将开关下侧（负荷侧）相线中的任意两条相线调换即可，因为这样就改变了三相交流电的相序，旋转磁场的方向改变了，电动机也就反向运转了。

| 第二节 |　单相交流感应电动机的控制电路

单相电动机的外形与基本接线如图 8-5 所示。单相电动机一般由两个绕组组成，其中一个是运行绕组，另一个是启动绕阻，其上串联了一个容量较大的电容器。单相电动机的工作原理为：合上开关 SW，电动机主绕组与启动绕组获得交流 220V 电压时，由于电容器的作用使启动绕组中的电流在时间上超前运行绕组 90°，在时间和空间上形成两个相同的脉冲磁场，定子与转子之间产生一个旋转磁场。在旋转磁场的作用下，电动机转子中产生感应电流，电流与旋转磁场相互作用产生电磁场转矩，使电动机旋转起来。转矩分为正序转矩和负序转矩。

单相电动机主副绕组的绕线方法是固定不变的，按照不同的接线方式，就可以实现电动机的正反转控制。一般在电动机的铭牌上都标有正反转接线图，如图 8－6 和图 8－7 所示。

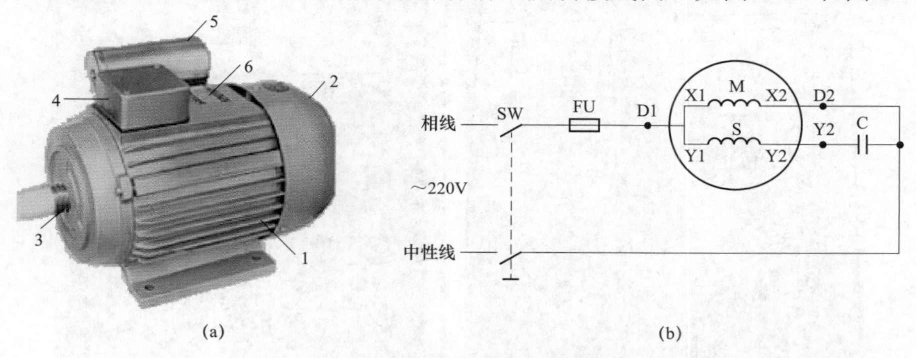

图 8－5 单相电动机的外形与基本接线

（a）外形图；（b）基本接线图

1—电动机；2—风扇防护罩；3—转子轴；4—接线盒；5—电容器；6—铭牌

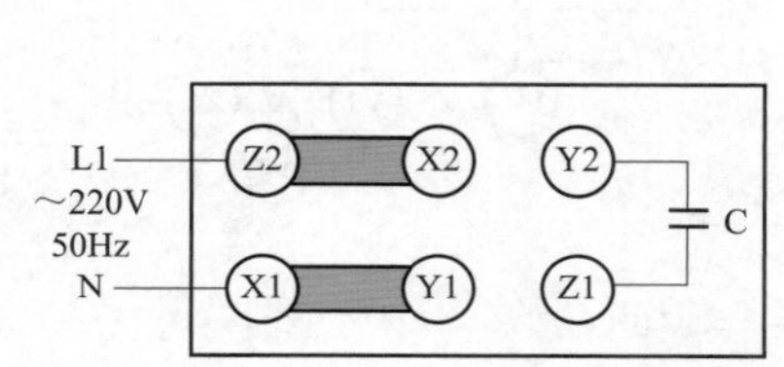

图 8－6 单相电动机正转出线端子接线图

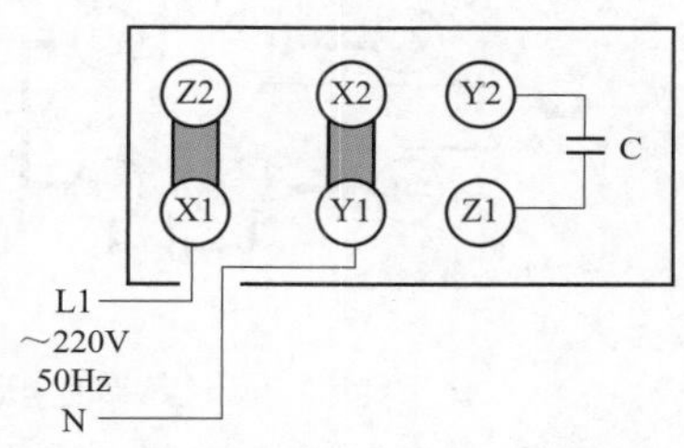

图 8－7 单相电动机反转出线端子接线图

双电容单相电动机外形与铭牌如图 8－8 所示。不同型号的双电容单相电动机铭牌示例如图 8－9 所示。双电容单相电动机铭牌上给出的端子接线标识示例如图 8－10 所示。

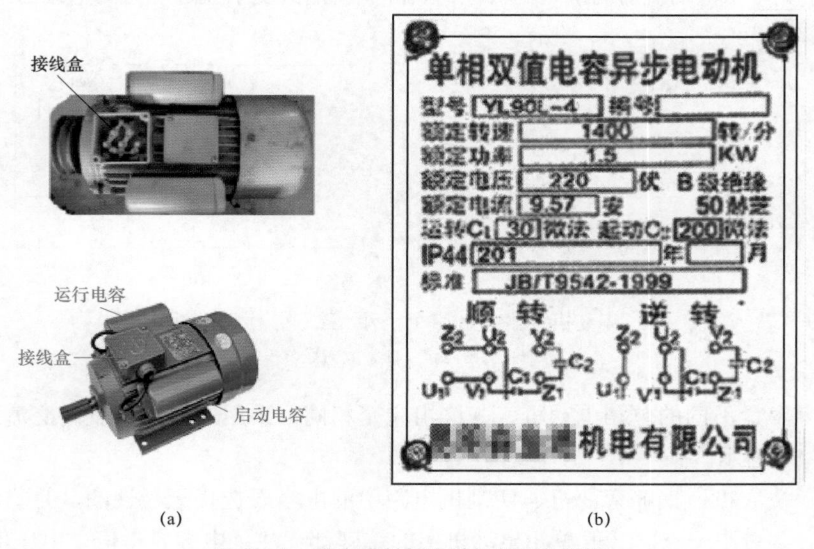

图 8－8 双电容单相电动机外形与铭牌

（a）外形图；（b）铭牌

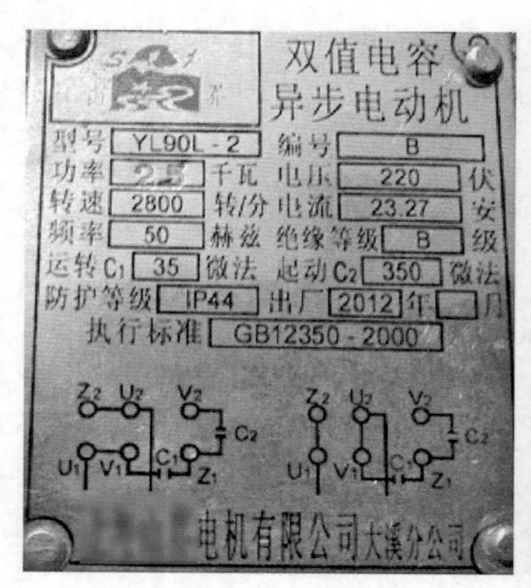

图 8-9　双电容单相电动机铭牌示例

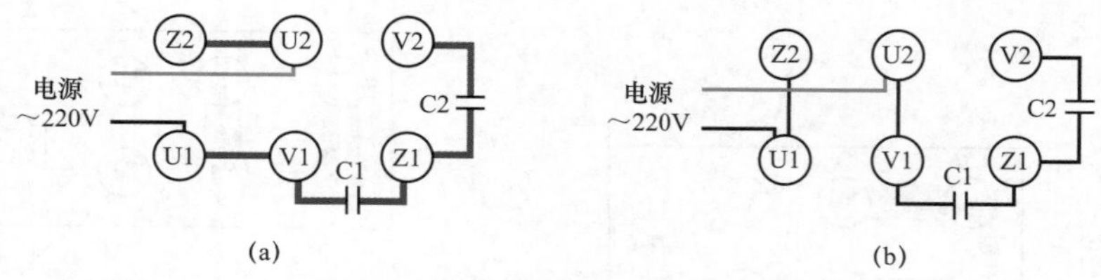

图 8-10　双电容单相电动机铭牌上给出的端子接线标识示例

（a）正向运转；（b）反向运转

在封闭式单相电动机的铭牌上附有接线图，出线为六个线头，如果把电动机的六个出线端子（出线端子编号各厂家有所不同）的接法改变一下，电动机就反转了，如图 8-11 所示。改变电动机出线端子编号、电动机启动绕组的极性，实际上就是改变了流过绕组的电流的方向。

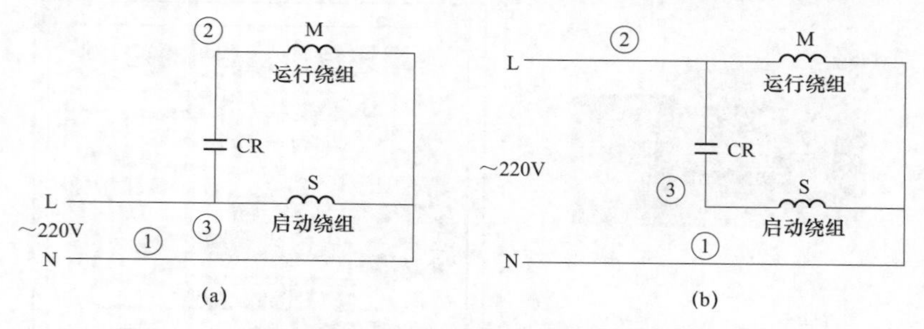

图 8-11　电动机绕组完全相同（专用正反转交流电动机）接线

（a）正向运转；（b）反向运转

两只电容容量不同的单相电动机，其绕组完全相同，采用专用的正反转交流电动机，其接线如图 8-12 所示。

电风扇、洗衣机、钢筋弯曲机、切割机电路中的电容要选择无极性的，且启动电容容量大，运行电容容量小一点。一般单相电动机上的铭牌都标注了电容容量值、电压值。

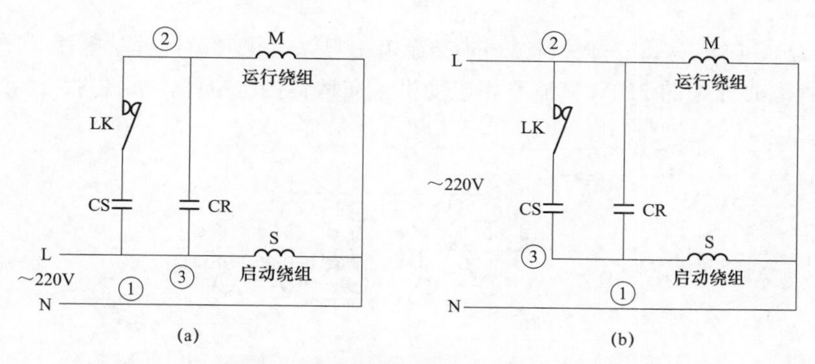

图 8–12 两只电容容量不同的单相电动机（绕组完全相同）接线

【例 8–1】双电容有离心开关的 220V 交流单相电动机正向运转控制电路

双电容有离心开关的 220V 交流单相电动机正向运转控制电路，如图 8–13 所示。

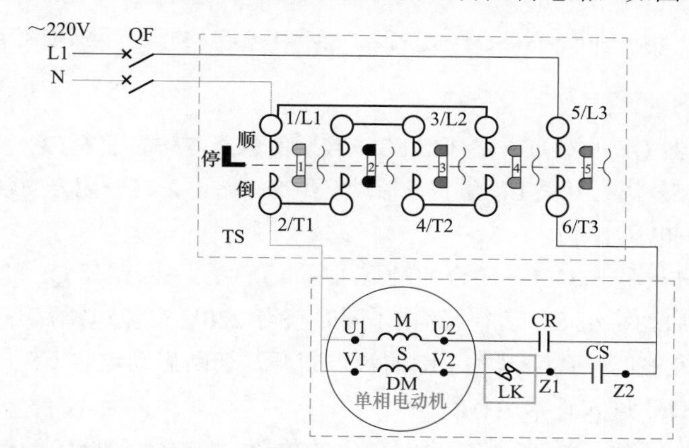

图 8–13 双电容有离心开关的 220V 交流单相电动机正向运转控制电路

电动机完成接线后，检查各个方面，使其符合电动机启动运转的条件。合上断路器 QF，其触点闭合。将倒顺开关 TS 扳至“顺”的位置，倒顺开关 TS 的凸轮从凸点滑到凹处，1、3、5 触点闭合接通。凸点顶起动触点 2、4，触点断开。闭合的触点 5、1 接通。电动机两个绕组是这样得电的：

电源 L1→断路器 QF 的触点→端子 5/L3→接通的触点 5→端子 6/T3→分两路：

1）启动电容 CS→离心开关 LK 触点→启动绕组 S→端子 2/T1→闭合的触点 1→端子 1/L1→断路器 QF 的触点→电源 N 极。

2）运行电容 CR→运行绕组 M→端子 2/T1→闭合的触点 1→端子 1/L1→断路器 QF 的触点→电源 N 极。

电动机 DM 的启动绕组 S、运行绕组 M 同时获得 220V 交流电源，开始运转。当转矩达到额定转矩的 90%左右时，离心开关 LK 的触点断开，切断启动电容 CS 电路，启动电容 CS 失去作用。依靠运行电容 CR 维持电动机的运转状态，电动机 DM 进入正常运行状态。

需要停机时，将倒顺开关 TS 切换至“停”的位置，凸轮将闭合的触点 1、5 顶起，触点断开，启动绕组 S、运行绕组 M 断电，电动机停止运转。

【例 8－2】单电容有离心开关的 220V 交流单相电动机正向运转控制电路

单电容有离心开关的 220V 交流单相电动机正向运转控制电路，如图 8－14 所示。

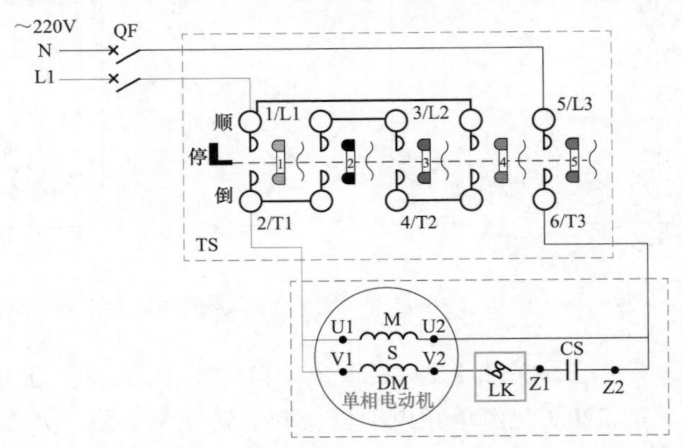

图 8－14　单电容有离心开关的 220V 交流单相电动机正向运转控制电路

电源是这样接通的：

电源 L1→断路器 QF 的触点→端子 5/L3→接通的触点 5→端子 6/T3→分两路：

1）启动电容 CS→离心开关 LK 触点→启动绕组 S→端子 2/T1→闭合的触点 1→端子 1/L1→断路器 QF 的触点→电源 N 极。

2）运行绕组 M→端子 2/T1→闭合的触点 1→端子 1/L1→断路器 QF 的触点→电源 N 极。

电动机 DM 的启动绕组 S、运行绕组 M 同时获得 220V 交流电源，开始运转。当转矩达到额定转矩的 90%左右时，离心开关 LK 的触点断开，切断启动电容 CS 电路，启动电容 CS 失去作用，电动机 DM 进入正常运行状态。

需要停机时，将倒顺开关 TS 切换至“停”的位置，凸轮将闭合的触点 1、5 顶起，触点断开，启动绕组 S、运行绕组 M 断电，电动机停止运转。

【例 8－3】采用接触器控制的 220V 单相电动机正向运转控制电路

采用接触器控制的 220V 单相电动机正向运转控制电路，如图 8－15 所示。断路器 QF 的容量不宜选择过大，为电动机额定电流的 2.0～2.5 倍即可。

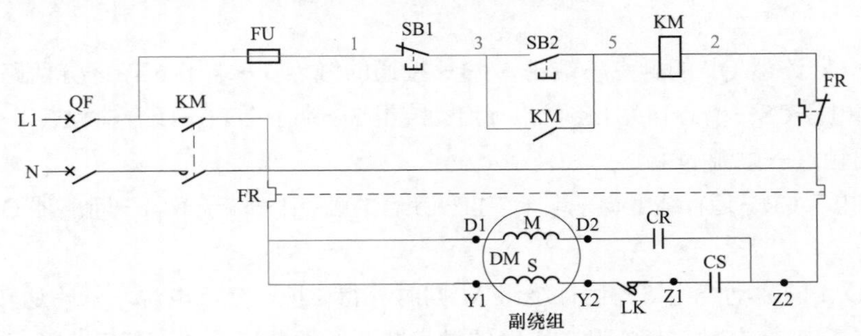

图 8－15　采用接触器控制的 220V 单相电动机正向运转控制电路

按下启动按钮 SB2，电动机开始运转；需要停机时按下停止按钮 SB1，接触器 KM 线圈断电释放，接触器 KM 的主触头断开，电动机 DM 断电，停止运转。

按下启动按钮 SB2，其动合触点闭合。

电源 L1 相→断路器 QF 触点→操作回路熔断器 FU→停止按钮 SB1 闭合触点→启动按钮 SB2（此时闭合中）→正向接触器 KM 线圈→热继电器 FR 的闭合触点→电源 N 接。

电路接通，接触器 KM1 线圈获得 220V 交流电源，接触器 KM 动作，接触器 KM 的动断触点闭合自保，维持接触器 KM 的吸合状态。

主电路部分，接触器 KM 的两个主触点同时闭合：

电源 L1 相→断路器 QF 闭合中的触点→闭合中的接触器 KM 的主触点→热继电器 FR 发热元件→分两路：

1）电动机 DM 运行绕组 M→电动机 DM 主绕组→运行电容 CR→热继电器 FR 发热元件→接触器 KM 闭合中的动合触点→断路器 QF 闭合中的触点→电源 N 接。

2）电动机 DM 启动绕组 S→离心开关 LK 触点→启动电容 CS→热继电器 FR 发热元件→接触器 KM 闭合中的动合触点→断路器 QF 闭合中的触点→电源 N 接。

电动机 DM 的启动绕组 S、运行绕组 M 同时获得 220V 交流电源，开始正向运转。

当转矩达到额定转矩的 90%左右时，离心开关 LK 的触点断开，切断启动电容 CS 电路，启动电容 CS 失去作用。依靠运行电容 CR 维持启动绕组 S 的工作状态，电动机 DM 进入正常运行状态。按下停止按钮 SB1，动断触点断开，接触器 KM 断电释放，接触器 KM 的两个主触点断开，电动机 DM 断电，停止运转。

当电动机过负荷时，热继电器 FR 动作，热继电器 FR 的动断触点断开，接触器 KM 断电释放，接触器 KM 的两个主触点断开，电动机 DM 断电，停止运转。

|第三节| HY 系列倒顺开关在电动机回路中的接线

HY 系列倒顺开关适用于交流 50Hz（60Hz）、电压 380V 的电路中，作为电源引入开关，或用于操作频率控制，以及每小时不大于 300 次的三相鼠笼式感应电动机的启停。本节在产品说明书中给出的接线图中加了倒顺开关的操作手柄，如图 8－16 和图 8－17 所示。

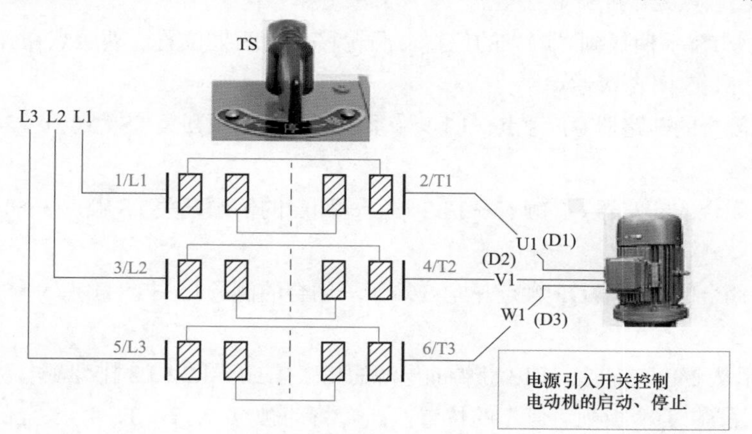

图 8－16 倒顺开关（HY23－131）与电动机正向运转的接线

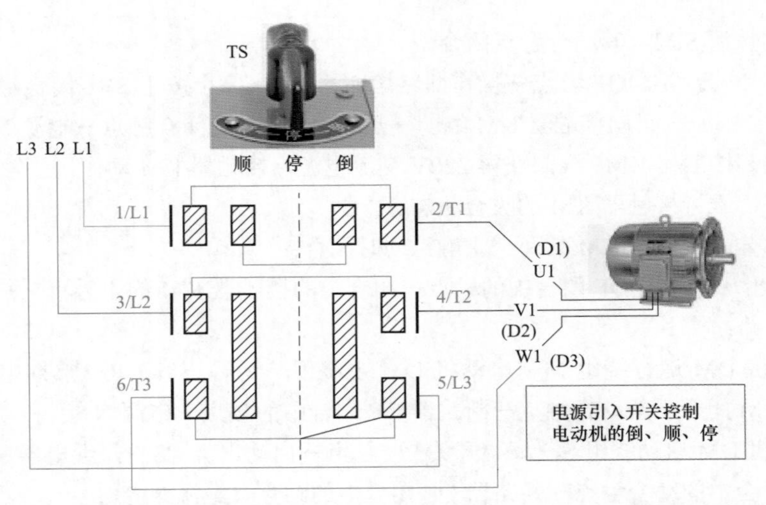

图 8-17　倒顺开关（HY23-132、HY23-133）与电动机正反向运转的接线

图 8－16 所示为倒顺开关与电动机正向运转的接线。把电源 L1、L2、L3 分别连接到倒顺开关的 1/L1、3/L2、5/L3 端子上，将倒顺开关的端子 2/T1、4/T2、6/T3 用绝缘导线连接到电动机的接线柱上，电动机只能正向运转。

图 8－17 所示为倒顺开关与电动机正反向运转的接线。把电源 L1、L2、L3 分别连接到倒顺开关的 1/L1、3/L2、5/L3 端子上，将倒顺开关的端子 2/T1、4/T2、6/T3 用绝缘导线连接到电动机的接线柱上，电动机就能正反向运转。

本节将两排 6 个端子的倒顺开关进行了拆解，画出了几种倒顺开关在电动机回路中的接线图，如图 8－18～图 8－20 所示。

【例 8－4】倒顺开关直接操作的 380V 三相交流异步电动机正反向运转的控制电路

倒顺开关直接操作的 380V 三相交流异步电动机正反向运转的控制电路，如图 8－18 所示。

（1） 电动机正向运转的工作原理：

倒顺开关 TS 手柄在“停”的位置，凸轮将动触点 1、2、3、4、5 全部顶起，从而使动触点离开静触点，触点处于断开状态。

将倒顺开关 TS 手柄扳到“顺”的位置，凸轮移动到凹处位置，动触点在弹簧的作用力下释放，触点 1、3、5 闭合接通。

电源 L1→闭合的断路器 QF 触点→1/L1 端子→闭合的倒顺开关 TS 触点 1→2/T1 端子→电动机绕组 D1 端子。

电源 L2→闭合的断路器 QF 触点→3/L2 端子→闭合的倒顺开关 TS 触点 3→4/T2 端子→电动机绕组 D2 端子。

电源 L3→闭合的断路器 QF 触点→5/L3 端子→闭合的倒顺开关 TS 触点 5→5/T3 端子→电动机绕组 D3 端子。

电动机绕组从 2/T1、4/T2、6/T3 获得的电源的相序按 L1、L2、L3 排列，电动机正向运转。

把倒顺开关 TS 手柄扳到“停”的位置，凸轮将动触点 1、2、3、4、5 全部顶起，使动触点离开静触点，触点断开，电动机绕组断电，停止正向运转。

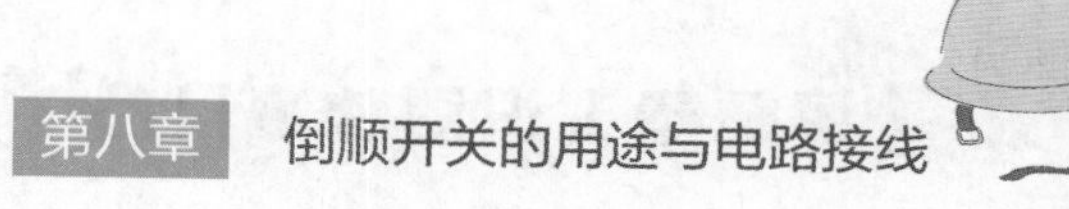

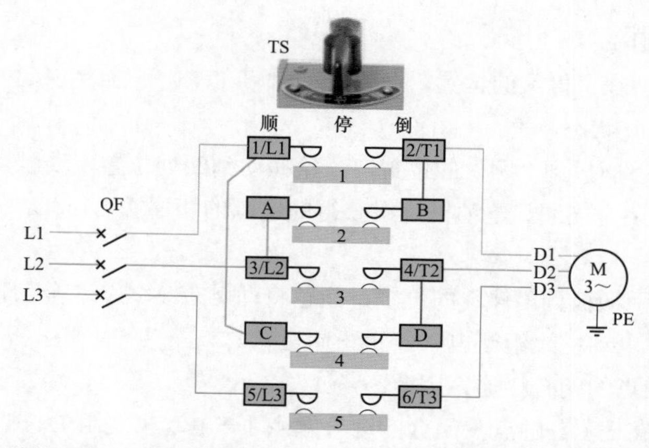

图 8-18 倒顺开关直接操作的 380V 三相交流异步电动机正反向运转的控制电路

（2） 电动机反向运转的工作原理：

将倒顺开关 TS 手柄扳到“倒”的位置，凸轮移动到凹处位置，动触点在弹簧的作用力下释放，触点 2、4、5 闭合接通。

电源 L1→闭合的断路器 QF 触点→1/L1 端子→跨线→端子 C→闭合的触点 4→端子 D→端子 4/T2→绿线→电动机绕组 D2 端子。

电源 L2→闭合的断路器 QF 触点→3/L2 端子→跨线→端子 A→闭合的触点 2→端子 B→端子 2/T1→黄线→电动机绕组 D1 端子。

电源 L3→闭合的断路器 QF 触点→5/L3 端子→闭合的触点 5→端子 6/T3→红线→电动机绕组 D3 端子。

电动机绕组获得的电源的相序按 L2、L1、L3 排列，L2、L1 相序改变，电动机反向运转。

把倒顺开关 TS 手柄切换到“停”的位置，凸轮将动触点 1、2、3、4、5 全部顶起，使动触点离开静触点，触点断开，电动机绕组断电，停止反向运转。

【例 8-5】倒顺开关直接操作的 380V 三相交流异步电动机只能正转的控制电路

为满足控制电路的需要，拧下倒顺开关 TS 上面的 4 个螺钉，取下第 2 个和第 4 个动触点片及上面的弹簧后，画出倒顺开关直接操作的 380V 三相交流异步电动机只能正转的控制电路，如图 8-19 所示。

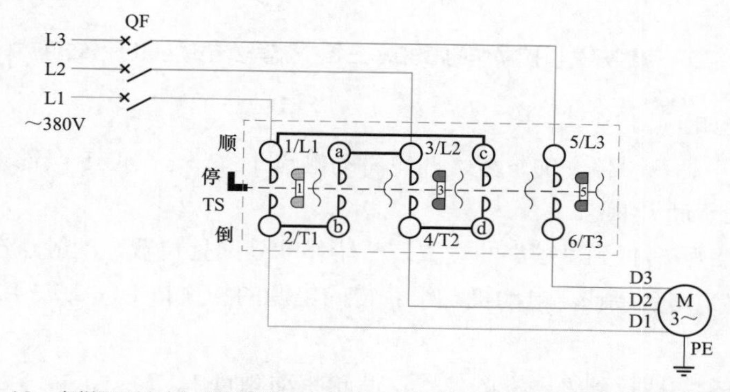

图 8-19 倒顺开关直接操作的 380V 三相交流异步电动机只能正转的控制电路

电路工作原理如下：

倒顺开关 TS 手柄在“停”的位置，凸轮将动触点 1、3、5 全部顶起，从而使动触点离开静触点，触点处于断开状态。

将倒顺开关 TS 手柄扳到“顺”的位置，凸轮移动到凹处位置，动触点在弹簧的作用力下释放，触点 1、3、5 闭合接通。电动机绕组获得的电源的相序按 L1、L2、L3 排列，电动机正向运转。

将倒顺开关 TS 手柄扳到“停”的位置，凸轮将动触点 1、3、5 全部顶起，使动触点离开静触点，触点断开，电动机绕组断电，停止正向运转。

由于倒顺开关触点的闭合接通，因此：

电源 L1 相→断路器 QF 触点→闭合的动合触点 1→电动机绕组 D1 端子。

电源 L2 相→断路器 QF 触点→闭合的动合触点 3→电动机绕组 D2 端子。

电源 L3 相→断路器 QF 触点→闭合的动合触点 5→电动机绕组 D3 端子。

由于倒顺开关 TS 的三个触点同时闭合，电动机 M 绕组获得三相 380V 按 L1、L2、L3 相序排列的交流电源，电动机得电，开始正向运转。

需要停机时，将倒顺开关 TS 扳到“停”的位置，凸轮将动触点 1、3、5 顶起（三个触点同时断开），电动机断电，停止运转。

【例 8-6】倒顺开关直接操作的 380V 三相交流异步电动机正反转的控制电路

倒顺开关直接操作的 380V 三相交流异步电动机正反转的控制电路，如图 8-20 所示。

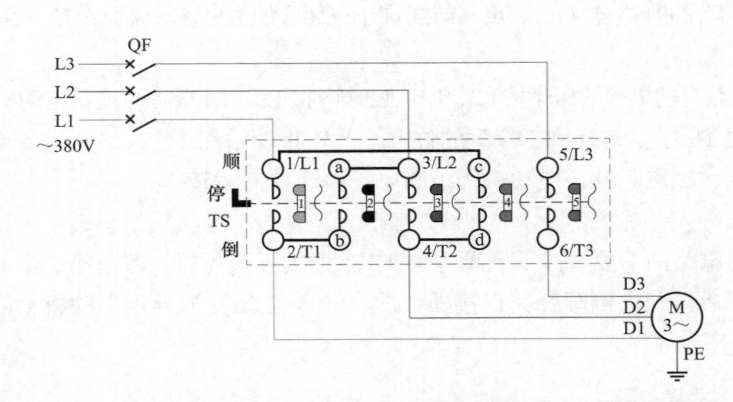

图 8-20 倒顺开关直接操作的 380V 三相交流异步电动机正反转的控制电路

电路工作原理如下：

倒顺开关 TS 手柄在“停”的位置，凸轮将动触点 1、2、3、4、5 全部顶起，使动触点离开静触点，触点处于断开状态。

将倒顺开关 TS 手柄扳到“顺”的位置，凸轮移动到凹处位置，动触点在弹簧的作用力下释放，触点 1、3、5 闭合接通。电动机绕组获得的电源的相序按 L1、L2、L3 排列，电动机正向运转。

将倒顺开关 TS 手柄扳到“停”的位置，凸轮将动触点 1、2、3、4、5 全部顶起，使动触点离开静触点，触点断开，电动机绕组断电，停止正向运转。

将倒顺开关 TS 手柄扳到“倒”的位置，凸轮移动到凹处位置，动触点在弹簧的作用力下释放，触点 2、4、5 闭合接通。电动机绕组获得的电源的相序按 L2、L1、L3 排列，相序改变，电动机反向运转。

将倒顺开关 TS 手柄扳到“停”的位置，凸轮将动触点 1、2、3、4、5 全部顶起，使动触点离开静触点，触点断开，电动机绕组断电，停止反向运转。

|第四节| 倒顺开关与接触器相结合的电动机控制电路

倒顺开关与接触器相结合的电动机控制电路，就是把倒顺开关的触点串入接触器主电路中，先把倒顺开关切换到电动机旋转方向的位置，即“顺”“倒”位置。选择“顺”的位置，电动机正向运转；选择“倒”的位置，电动机反向运转。通过按钮启停电动机。由于回路中增加了热继电器或电动机保护器，实现了电动机过负荷停机的保护，从而提高了电路的可靠性和安全性。

【例 8-7】倒顺开关与接触器相结合的交流异步电动机正反向运转的 220V 控制电路

倒顺开关与接触器相结合的交流异步电动机正反向运转的 220V 控制电路，如图 8-21 所示。

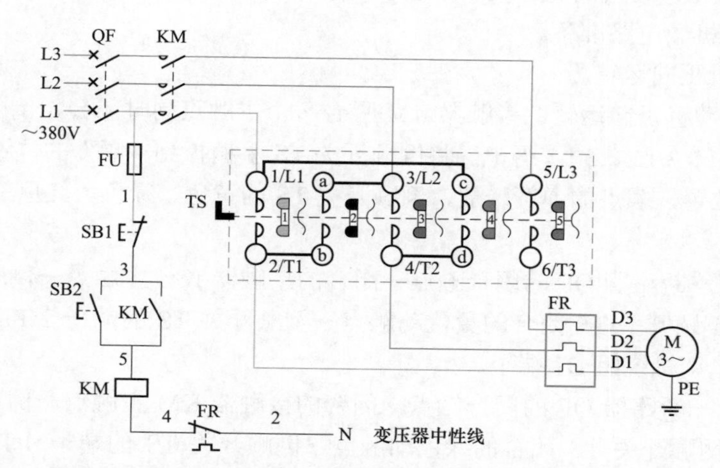

图 8-21 倒顺开关与接触器相结合的交流异步电动机正反向运转的 220V 控制电路

倒顺开关有五个动触点，为理解电路的工作原理，将其画成不同的颜色，即黄色、绿色、红色、黑色、蓝色。图 8-21 中，将倒顺开关内部的换相线画成了粗线，L1 相为黄色粗线，L2 相为绿色的粗线，这样比较容易理解相序的变换过程。

将倒顺开关 TS 的手柄扳到“停”的位置，凸凹片的凸点将五个动触点全部顶起，使动触点离开静触点，触点断开，将主电路隔离。

将倒顺开关 TS 的手柄扳到“顺”（正向）的位置，凸凹片从凸点移动到凹处位置，触点的弹簧释放，黄色、绿色、红色三个触点同时闭合，为正向电源相序。黑色、蓝色两个触点被凸点顶起，处于断开位置。电动机得电时，电动机正向运转。

将倒顺开关 TS 的手柄扳到“倒”（反向）的位置，凸凹片从凸点移动到凹处位置，触点的弹簧释放，黑色、蓝色、红色三个触点同时闭合，为反向电源相序。黄色、绿色两个触点被凸点顶起，处于断开位置。黑色、蓝色两个触点的闭合改变了电源相序，电动机得电时，电动机反向运转。

该控制电路送电前，检查并确认倒顺开关 TS 的手柄在“停”的位置后，合上断路器 QF，合上控制回路熔断器 FU，电动机回路具备启停条件。电路两种操作方式：第一种，先启动接触器，通过倒顺开关 TS 正向或反向启动电动机；第二种，先将倒顺开关 TS 扳到“顺”或“倒”位置确定方向，再启动接触器。

下面按第一种操作方式，即启动接触器 KM，其主触点闭合，为倒顺开关 TS 提供电源的方式，讲述该电路的工作原理：

（1）做电路准备。按下启动按钮 SB2，其动合触点闭合。电源 L1 相→控制回路熔断器 FU→1 号线→停止按钮 SB1 动断触点→3 号线→闭合的启动按钮 SB2 的动合触点→5 号线→接触器 KM 线圈→4 号线→热继电器 FR 的动断触点→2 号线→电源 N 极。接触器 KM 线圈得电动作，接触器 KM 动合触点闭合（将启动按钮 SB2 的动合触点短接）自保，维持接触器 KM 的工作状态。接触器 KM 的三个主触点同时闭合，使之闭合的接触器 KM 主触点负荷侧端子，连接倒顺开关 TS 电源侧端子 1/L1、3/L2、5/L3 得电，为操作倒顺开关 TS 启动电动机做电路准备。

（2）电动机正向运转。

1）启动电动机正向运转。接触器 KM 吸合三个主触点同时闭合，倒顺开关 TS 电源的三个端子 1/L1、3/L2、5/L3 得电。将倒顺开关 TS 手柄扳到“顺”的位置，凸凹片从凸点移动到凹处位置，触点的弹簧释放，倒顺开关 TS 的黄色、绿色、红色三个动触点同时闭合。这时：

电源 L1 相→断路器 QF 的闭合触点→闭合的接触器 KM 主触点→倒顺开关 TS 的电源端子 1/L1→倒顺开关 TS 闭合的黄色动触点→倒顺开关 TS 的端子 2/T1→热继电器 FR 的发热元件→电动机绕组 D1 端子。

电源 L2 相→断路器 QF 的闭合触点→闭合的接触器 KM 主触点→倒顺开关 TS 的电源端子 3/L2→倒顺开关 TS 闭合的绿色动触点→倒顺开关 TS 的端子 4/T2→电动机绕组 D2 端子。

电源 L3 相→断路器 QF 的闭合触点→闭合的接触器 KM 主触点→倒顺开关 TS 的电源端子 5/L3→倒顺开关 TS 闭合的红色动触点→倒顺开关 TS 的端子 6/T3→电动机绕组 D3 端子（相序没有改变）。

电动机绕组获得相序按 L1、L2、L3 排列的三相 380V 交流电源，电动机正向运转。

2）电动机从正向运转中正常停机。① 按下停止按钮 SB1，其动断触点断开，运行中的接触器 KM 线圈断电并释放，接触器 KM 的三个主触点同时断开，电动机绕组脱离三相 380V 交流电源，停止反向运转；② 将倒顺开关 TS 手柄扳到“停”的位置，凸轮将黄色、绿色、红色、黑色、蓝色动触点全部顶起，使动触点离开静触点，触点断开，电动机断电，停止正向运转。

（3）电动机反向运转。

1）启动电动机反向运转。将倒顺开关 TS 扳到“倒”的位置，倒顺开关 TS 的三个电源端子 1/L1、3/L2、5/L3 处于通电状态。此时，凸轮移动到凹处位置，动触点在弹簧的作用力下释放，倒顺开关 TS 的黑色、蓝色、红色三个动触点同时闭合（黄色、绿色两个动触点断开）。这时：

电源 L1 相→断路器 QF 闭合的触点→接触器 KM 闭合的主触点→倒顺开关 TS 的电源端子 1/L1→黄色的跨线（粗线）→倒顺开关 TS 端子 c→倒顺开关 TS 闭合的蓝色动触点→倒顺开关 TS 的端子 d→黄色的跨线（粗线）→倒顺开关 TS 的端子 4/T2→热继电器 FR 的发热元件→电动机绕组 D2 端子。

电源 L2 相→断路器 QF 闭合的触点→接触器 KM 闭合的主触点→倒顺开关 TS 的电源端子 3/L2→绿色的跨线（粗线）→倒顺开关 TS 端子 a→倒顺开关 TS 闭合的黑色动触点→倒顺开关 TS 的端子 b→绿色的跨线（粗线）→倒顺开关 TS 的端子 2/T1→热继电器 FR 的发热元件→电动机绕组 D1 端子（通过倒顺开关 TS 触点，L1 相与 L2 相的相序改变）。

电源 L3 相→断路器 QF 闭合的触点→接触器 KM 闭合的主触点→倒顺开关 TS 的电源端子 5/L3→倒顺开关 TS 闭合的红色动触点→倒顺开关 TS 的端子 6/T3→热继电器 FR 的发热元件→电动机绕组 D3 端子。

电动机绕组获得相序按 L2、L1、L3 排列的三相 380V 交流电源，相序改变，电动机反向运转。

2）电动机从反向运转中正常停机。① 按下停止按钮 SB1，其动断触点断开，运行中的接触器 KM 线圈断电并释放，接触器 KM 的三个主触点同时断开，电动机绕组脱离三相 380V 交流电源，停止反向运转；② 将倒顺开关 TS 手柄扳到“停”的位置，凸轮将黄色、绿色、红色、黑色、蓝色动触点全部顶起，使动触点离开静触点，触点断开，电动机断电，停止反向运转。

（4）电动机过负荷停机。电动机过负荷时，电流超过热继电器 FR 的整定值，热继电器 FR 动作，热继电器 FR 的动断触点断开，切断运行中接触器 KM 线圈电路，接触器 KM 断电释放，接触器 KM 的三个主触点同时断开，电动机 M 绕组脱离三相 380V 交流电源，停止运转，机械设备停止工作。

（5）结束操作。按下停止按钮 SB1，其动断触点断开，接触器 KM 断电释放，三个主触点同时断开，断开断路器 QF 触点，将回路电源切断。

【例 8－8】倒顺开关与接触器结合、通过按钮操作的电动机正反向运转的 380V 控制电路

倒顺开关与接触器结合、通过按钮操作的电动机正反向运转的 380V 控制电路，由图文符号构成的接线图如图 8－22（a）所示，由电气设备实物构成的接线图如图 8－22（b）所示。其中，主回路的电气设备由断路器 QF、倒顺开关 TS、接触器 KM、热继电器 FR、电动机构成。

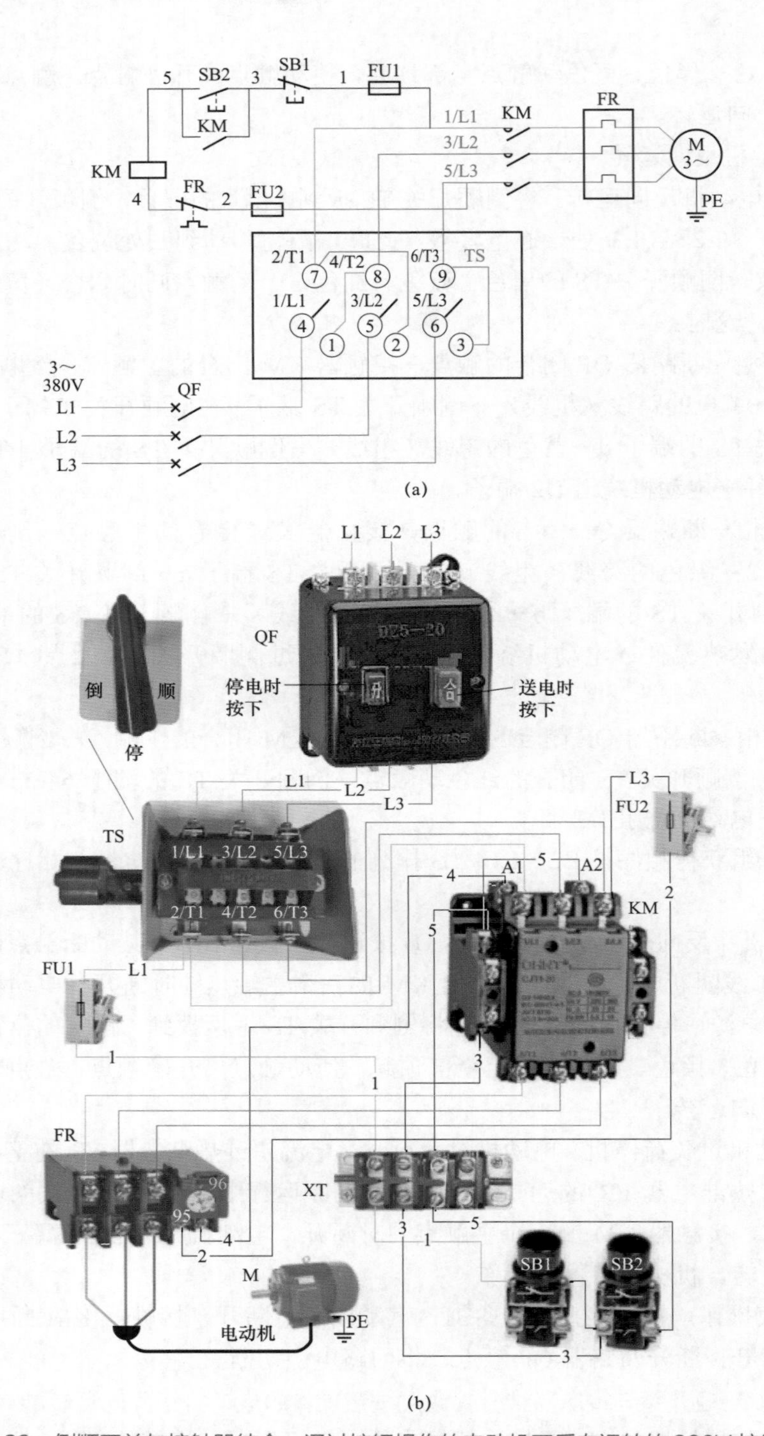

图 8-22　倒顺开关与接触器结合、通过按钮操作的电动机正反向运转的 380V 控制电路
（a）由图文符号构成的接线图；（b）由电气设备实物构成的接线图

正向运转时，接触器 KM 的控制电源来自倒顺开关 TS 的负荷侧端子 2/T1、6/T3 上；

反向运转时，接触器KM的控制电源转换到倒顺开关TS的负荷侧端子4/T1、6/T3上。

（1）送电操作。合上断路器QF，合上控制回路熔断器FU1、FU2，倒顺开关TS电源侧端子1/L1、3/L2、5/L3得电。

（2）电动机正向运转。

1）做电路准备。将倒顺开关TS扳到“顺”位置，为电动机正向运转做电路准备。这时：

L1相电源→断路器QF闭合触点→倒顺开关TS电源侧端子④（1/L1）→倒顺开关TS闭合触点→倒顺开关TS负荷侧端子⑦（2/T1）得电→接触器KM主触点电源侧1/L1得电。

L2相电源→断路器QF闭合触点→倒顺开关TS电源侧端子⑤（3/L2）→倒顺开关TS闭合触点→倒顺开关TS负荷侧端子⑧（4/T1）得电→接触器KM主触点电源侧3/L2得电。

L3相电源→断路器QF闭合触点→倒顺开关TS电源侧端子⑥（5/L3）→倒顺开关TS闭合触点→倒顺开关TS负荷侧端子⑨（6/T3）得电→接触器KM主触点电源侧5/L3得电。

倒顺开关TS已扳到“顺”位置，负荷侧端子2/T1、6/T3得电，为控制电路提供电源。倒顺开关TS的三个动触点闭合，同时使之接触器KM电源侧主触点端子处于带电状态，为启动接触器KM做好电路准备。

2）启动电动机正向运转。启动接触器KM，控制电路从倒顺开关TS负荷侧端子2/T1、端子6/T3获得电源。这时，按下启动按钮SB2，其动合触点闭合。

电源L1相→控制回路熔断器FU1→1号线→停止按钮SB1动断触点→3号线→闭合的启动按钮SB2的动合触点→5号线→接触器KM线圈→4号线→热继电器FR的动断触点→控制回路熔断器FU2→2号线→电源L3相。接触器KM线圈得电动作，接触器KM动合触点闭合（将启动按钮SB2的动合触点短接）自保，维持接触器KM的工作状态。接触器KM的三个主触点同时闭合，三相交流电源通过倒顺开关TS正向闭合的动触点、热继电器FR的发热元件，电动机M绕组获得按L1、L2、L3顺序排列的380V电源，启动正向运转，驱动机械设备工作。

3）电动机从正向运转中正常停机。按下停止按钮SB1，其动断触点断开，接触器KM线圈断电释放，接触器KM的三个主触点同时断开，电动机绕组脱离三相380V交流电源，停止正向运转。

（2）电动机反向运转。

1）做电路准备。将倒顺开关TS扳到“倒”位置，为电动机反向运转做电路准备。这时：

L1相电源→断路器QF闭合触点→倒顺开关TS电源侧端子④（1/L1）→倒顺开关TS闭合触点→倒顺开关TS端子①→黄色跨线→倒顺开关TS负荷侧端子⑧（4/T2）得电→接触器KM主触点电源侧3/L2（绿色线）（相序改变）。

L2相电源→断路器QF闭合触点→倒顺开关TS电源侧端子⑤（3/L2）→倒顺开关

TS 闭合触点→倒顺开关 TS 端子② →绿色跨线→倒顺开关 TS 负荷侧端子⑦ （2/T1）得电→接触器 KM 主触点电源侧 1/L1（黄色线）（相序改变）。

L3 相电源→断路器 QF 闭合触点→倒顺开关 TS 电源侧端子⑥ （5/L3）→倒顺开关 TS 闭合触点→倒顺开关 TS 端子③ →红色跨线→倒顺开关 TS 负荷侧端子⑨ （6/T3）得电→接触器 KM 主触点电源侧 5/L3（红色线）。

由于接触器 KM 电源侧主触点处于带电状态，倒顺开关 TS 已扳到“倒”位置，倒顺开关 TS 的三个动触点闭合，等待接触器 KM 的三个主触点同时闭合。

当倒顺开关 TS 扳到“顺”位置，负荷侧端子 4/T1、6/T3 得电，为控制电路提供电源，为启动接触器 KM 做好电路准备。

2）启动电动机反向运转。启动接触器 KM，控制电路从倒顺开关 TS 负荷侧端子 4/T2、6/T3 获得电源。这时，按下启动按钮 SB2，其动合触点闭合。

电源 L2 相→控制回路熔断器 FU1→1 号线→停止按钮 SB1 动断触点→3 号线→闭合的启动按钮 SB2 的动合触点→5 号线→接触器 KM 线圈→4 号线→热继电器 FR 的动断触点→控制回路熔断器 FU2→2 号线→电源 L3 相。接触器 KM 线圈得电动作，接触器 KM 动合触点闭合（将启动按钮 SB2 的动合触点短接）自保，维持接触器 KM 的工作状态。接触器 KM 的三个主触点同时闭合，三相交流电源通过倒顺开关 TS 反向闭合的动触点、热继电器 FR 的发热元件，电动机 M 绕组获得按 L2、L1、L3 顺序排列的 380V 电源，启动反向运转，驱动机械设备工作。

3）电动机从反向运转中正常停机。按下停止按钮 SB1，其动断触点断开，接触器 KM 线圈断电释放，接触器 KM 的三个主触点同时断开，电动机断电，停止反向运转。电动机停止运转后，将倒顺开关 TS 切换到“停”的位置。

第九章

行程开关的用途与电路接线

行程（限位）开关是用于控制工作机械的行程、限制工作机械位置的开关。行程开关与限位开关的原理、结构基本相同，但两者的用途不同。行程开关控制的是工作机械的行程，限位开关限制的是工作机械的位置，且往往是终端或极限位置。然而在实际使用中，一般也不严格区分行程开关和限位开关，因此下文均以“行程开关”称呼之。

行程开关适用于交流 50～60Hz、交流电压至 500V 及直流电压至 600V、电流至 5～10A 的控制电路中，用于将机械信号转变成电气信号以表征设备、机械的状态，完成程序控制、操纵、限位、信号及联锁。

|第一节| 行程开关的作用结构、图文符号及动作过程

一、行程开关的作用结构与图文符号

按整体结构，行程开关可分为开启式、防护式及防爆式等。

按内部触点数量，行程开关可分为一动合一动断型、一动合二动断型、二动合一动断型及二动合二动断型。

按动作方式，行程开关可分为瞬动型和蠕动型。

行程开关的头部结构有直动、滚轮直动、杠杆、单轮、双轮、滚动、摆杆可调、杠杆可调和弹簧杆、拉线等形式。

用于一般场所的行程开关如图 9－1 所示，用于防爆场所的行程开关如图 9－2 所示。

注：配用塑料基座的为开启式行程开关，配用铝合金外壳的为保护式行程开关。

将 XL1 和 XL3 系列行程开关拆解后看到的内部结构，如图 9－3 所示。

行程开关的图文符号，如图 9－4 所示。运动的物体碰上时闭合（动合）、离开时断开的触点，如图 9－4（a）所示；运动的物体碰上时断开（动断）、离开时闭合的触点，如图 9－4（b）

图 9-1 用于一般场所的行程开关

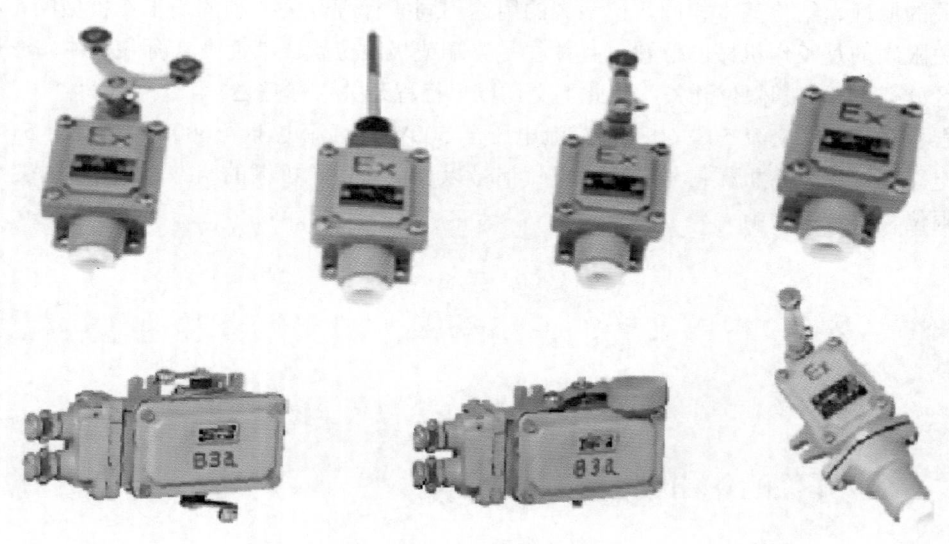

图 9-2 用于防爆场所的行程开关

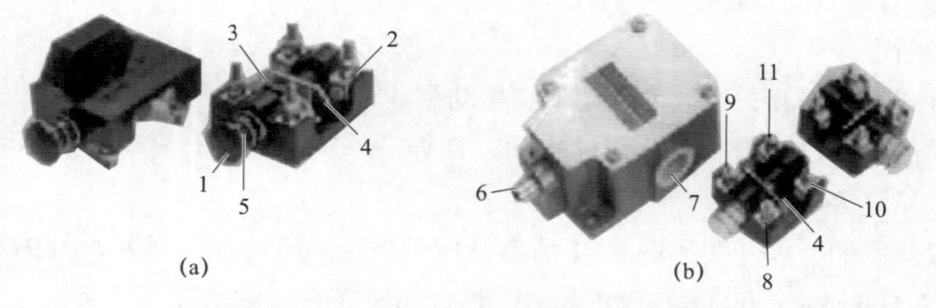

图 9-3 XL1 和 XL3 系列行程开关内部示意图

（a）XL1 系列；（b）XL3 系列

1—触点绝缘框架推杆；2—动合触点端子；3—动断触点端子；4—动触点；5—复位弹簧；6—顶杆；7—进线孔；8、9—动断触点；10、11—动合触点

所示。受外力触动后，接通其中一回路而断开另一回路，以完成位置表征特性或限位，如图 9-4（c）所示。例如，桥式起重机的大车、小车、吊钩，电动阀门的启、闭等，均需防止超程限位，一旦超程断开原工作电路，则必须接通另一回路，为返回状态创造条件。龙门刨床工作台的往复控制程序也靠行程开关来实现。

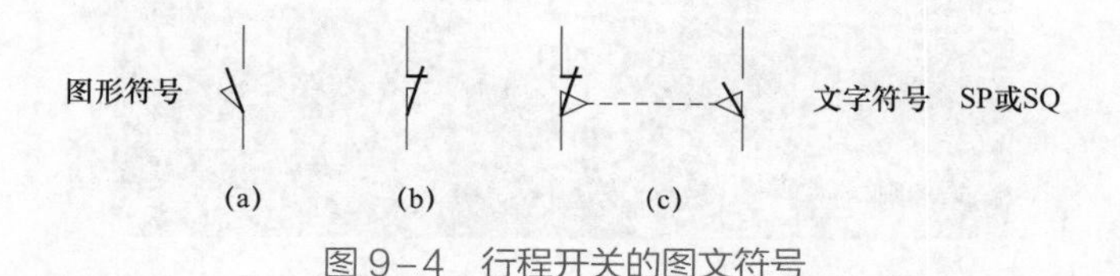

图 9-4 行程开关的图文符号

（a）动合触点；（b）动断触点；（c）复合式触点（动断触点先断开，动合触点后闭合）

二、行程开关的动作过程

当运动的物体碰上行程开关的拐臂时，行程开关内部的触点动作，改变原有状态而断开或接通控制电路。

下面以桥式起重机总电源控制电路（见图 9-5）为例，介绍行程开关在大车和小车上的动作过程。安装在小车北侧（向后）的行程开关如图 9-6 所示。

安装在大车上的行程开关 SQ1、SQ2 和安装在小车上的行程开关 SQ3、SQ4 的型号是相同的，打开护盖可看到行程开关的内部部件，如图 9-7 所示。

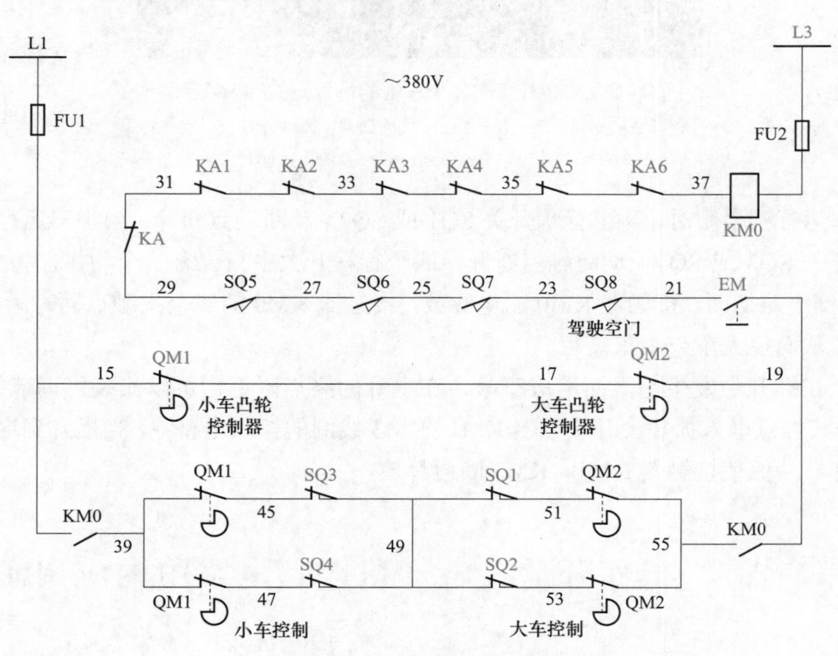

图 9-5 桥式起重机总电源控制电路

图 9-6 安装在小车北侧（向后）的行程开关

1—小车行走轨道；2—小车北侧行程开关；3—导线；4—行程开关拐臂

图 9-7 安装在大车、小车上的行程开关的内部部件

1—护盖；2—行程开关的拐臂滑轮；3—行程开关的拐臂（操动臂）；4—定位弹簧；5—凸轮；
6—动断触点；7—导线；8—轴；9—行程开关

当大车运行到极限时，碰上行程开关 SQ1 或 SQ2，动断触点断开；当小车运行到极限时，碰上行程开关 SQ3 或 SQ4，动断触点断开。四个行程开关中只要有一个动作，将总电源接触器 KM0 线圈电路切断，接触器 KM0 断电释放，接触器 KM0 的三个主触点同时断开，起重机各部断电，从而使大车或小车停止。

为防止在提升中发生超限而造成事故，在上升的终点附近，可以安装可调节的上升行程开关 SQ9，其触点串入抓斗上升接触器 KM1、KM3 线圈的控制电路中，当提升到这一极限时，该触点断开，从而使接触器 KM1、KM3 断电释放。

|第二节| 行程开关在电动机控制电路中的应用实例

【例 9-1】采用行程开关直接启停水泵电动机的 220V 控制电路

采用行程开关直接启停水泵电动机的 220V 控制电路，其电路接线图如图 9-8 所示，实

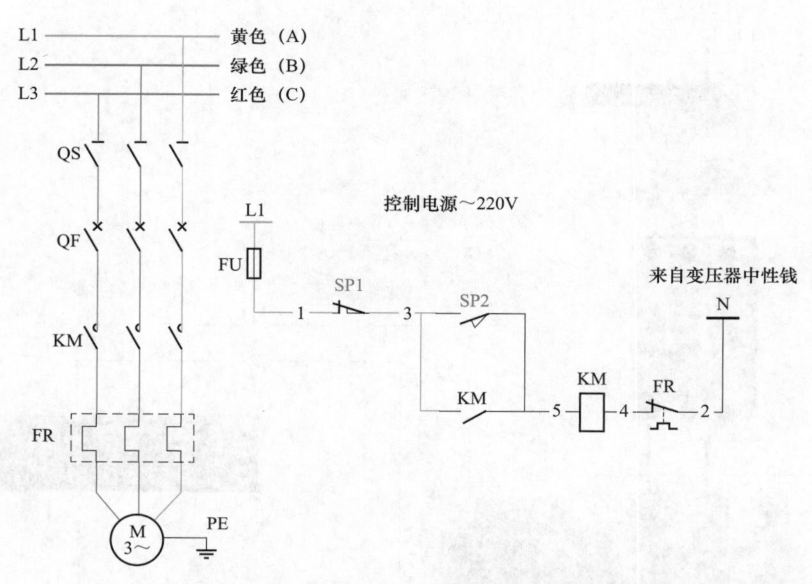

图 9–8 采用行程开关直接启停水泵电动机的 220V 控制电路接线图

物接线图如图 9–9 所示。该控制电路用于水位高时停止、水位低时启动水泵的控制，以及水塔的上水用水泵的控制。

（1） 回路送电操作顺序。合上三相隔离开关 QS（安装在变电站的配电盘上）；合上开关箱内主回路断路器 QF；合上开关箱内控制回路熔断器 FU。

（2） 水泵自动运转。当水位低到规定位置时，浮筒撞板碰上行程开关 SP2，行程开关 SP2 动合触点闭合，电源 L1 相→控制回路熔断器 FU→1 号线→行程开关 SP1 动断触点→3 号线→闭合的行程开关 SP2 动合触点→5 号线→接触器 KM 线圈→4 号线→热继电器 FR 的动断触点→2 号线→电源 N 极，构成 220V 电路。

接触器 KM 线圈得到交流 220V 的工作电压动作，接触器 KM 动合触点闭合自保，维持接触器 KM 的工作状态。接触器 KM 的三个主触点同时闭合，电动机 M 绕组获得按 L1、L2、L3 相序排列的三相 380V 交流电源，电动机 M 启动运转，所驱动的机械设备水泵投入工作，向水塔上的水罐上水。

浮筒撞板上升，离开行程开关 SP2 时，接触器 KM 的动合触点在行程开关 SP2 的动合触点断开前已经闭合，电源 L1 相→控制回路熔断器 FU→1 号线→行程开关 SP1 动断触点→3 号线→接触器 KM 动合触点→5 号线→接触器 KM 线圈→4 号线→热继电器 FR 的动断触点→2 号线→电源 N 极，构成 220V 电路，维持接触器 KM 控制电路接通，实现控制电路自保。

（3） 水泵自动停止。当水位上升到规定位置时，浮筒撞板上升，碰上行程开关 SP1 动断触点断开，接触器 KM 控制电路断电释放，接触器 KM 的三个主触点断开，电动机 M 脱离电源停止运转，水泵停止工作。

（4） 电动机过负荷停机。电动机 M 过负荷时，主回路中的热继电器 FR 动作，热继电器 FR 的动断触点断开，切断接触器 KM 线圈控制电路，接触器 KM 断电释放，接触器 KM 的三个主触点同时断开，电动机 M 绕组脱离三相 380V 交流电源，停止转动，所拖动的机械设备停止工作。

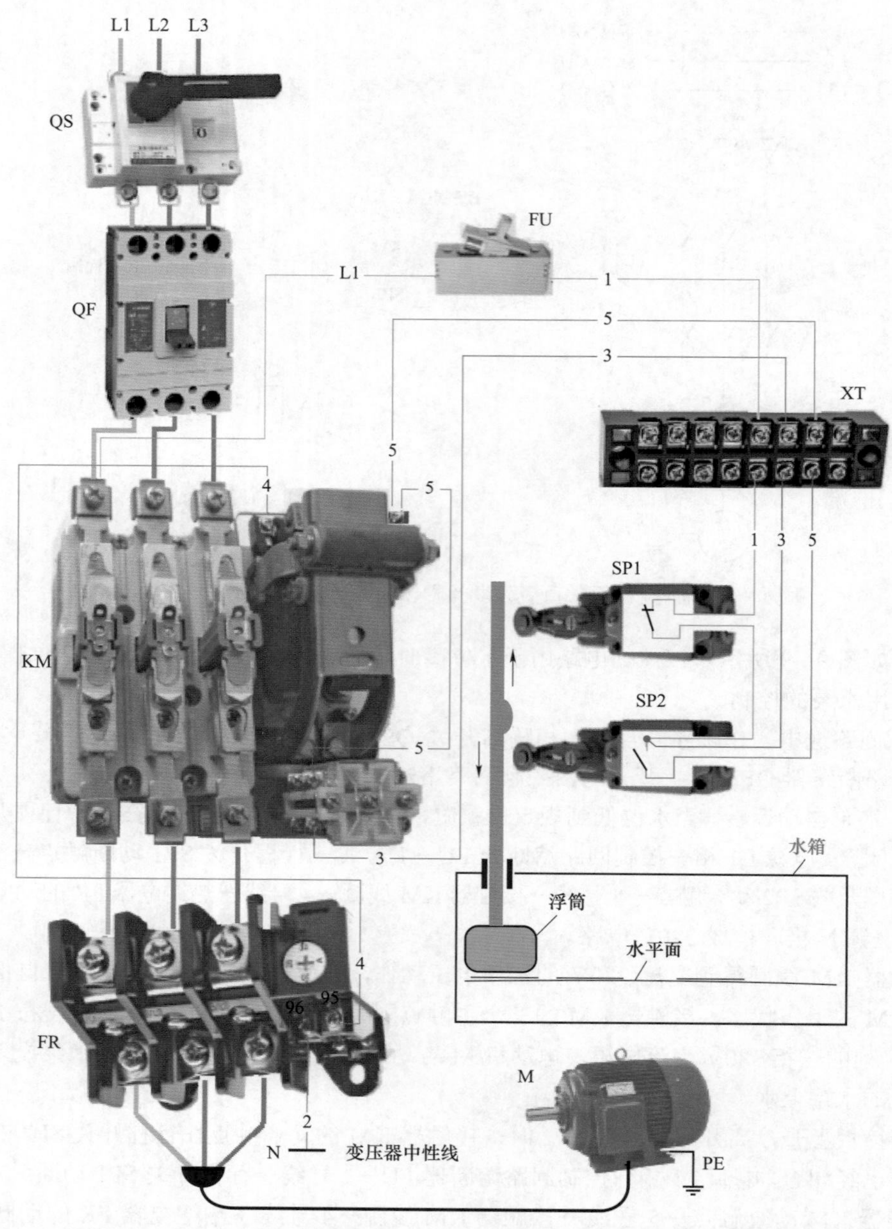

图 9-9 采用行程开关直接启停水泵电动机的 220V 控制电路的实物接线图

【例 9-2】采用行程开关直接启停水泵电动机的 380V 控制电路

通过井（水罐容器）内的浮筒上升与下降（至规定位置时），使行程开关动作以控制水泵的启动与停止。这是最简单的控制方法，无论是水位高排水还是水位低补水，都取决于实际需要，控制电路的接线方式是根据实际情况设计的。

采用行程开关直接启停水泵电动机的 380V 控制电路，其电路接线图如图 9-10 所示，实物接线图如图 9-11 所示。该控制电路用于锅炉冷凝水回收泵或变电站电缆沟防洪井抽水泵等。

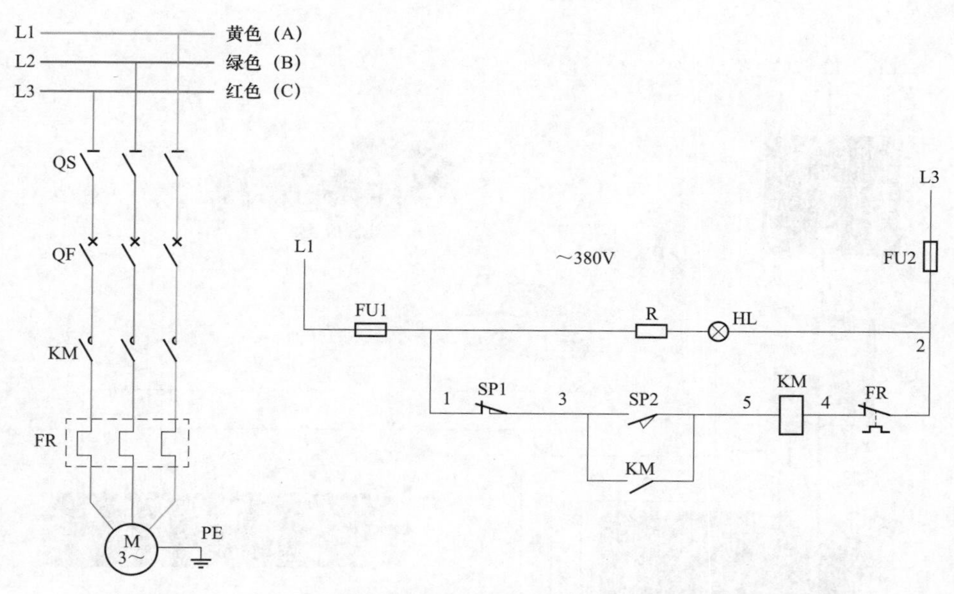

图 9-10 采用行程开关直接启停水泵电动机的 380V 控制电路接线图

（1）回路送电操作顺序。合上三相隔离开关 QS；合上主回路断路器 QF；合上控制回路熔断器 FU1、FU2；电源信号灯 HL 亮。

（2）水泵自动运转。当水位上升到规定位置时，浮筒撞板顶上行程开关 SP2，行程开关 SP2 动合触点闭合，电源 L1 相→控制回路熔断器 FU1→1 号线→行程开关 SP1 动断触点→3 号线→行程开关 SP2 动合触点→5 号线→接触器 KM 线圈→4 号线→热继电器 FR 的动断触点→2 号线→控制回路熔断器 FU2→电源 L3 相，构成 380V 电路。

接触器 KM 线圈得到交流 380V 的工作电压动作，接触器 KM 动合触点闭合（将行程开关 SP2 的动合触点短接）自保，维持接触器 KM 的工作状态。接触器 KM 的三个主触点同时闭合，电动机 M 绕组获得按 L1、L2、L3 相序排列的三相 380V 交流电源，电动机 M 启动运转，所驱动的机械设备水泵投入工作。当水位下降时，浮筒撞板随之下落。

自保电路工作原理：水位开始回落，虽然浮筒上的撞板下落，离开行程开关 SP2 时，行程开关 SP2 动合触点断开，但由于接触器 KM 动合触点闭合，电源 L1 相→控制回路熔断器 FU1→1 号线→行程开关 SP1 动断触点→3 号线→闭合的接触器 KM 动合触点→5 号线→接触器 KM 线圈→4 号线→热继电器 FR 的动断触点→2 号线→控制回路熔断器 FU2→电源 L3 相，构成 380V 电路，维持接触器 KM 控制电路接通，实现自保。

（3）水泵自动停止。当水位下降到规定位置时，浮筒撞板下落，碰上行程开关 SP1，动断触点断开，接触器 KM 电路断电释放，接触器 KM 的三个主触点同时断开，电动机 M 脱离电源停止运转，水泵停止工作。

（4）电动机过负荷停机。电动机 M 过负荷时，主回路中的热继电器 FR 动作，热继电器 FR 的动合触点断开，切断接触器 KM 线圈控制电路，接触器 KM 断电释放，接触器 KM 的三个主触点同时断开，电动机 M 绕组脱离三相 380V 交流电源，停止转动，所拖动的机械设备停止工作。

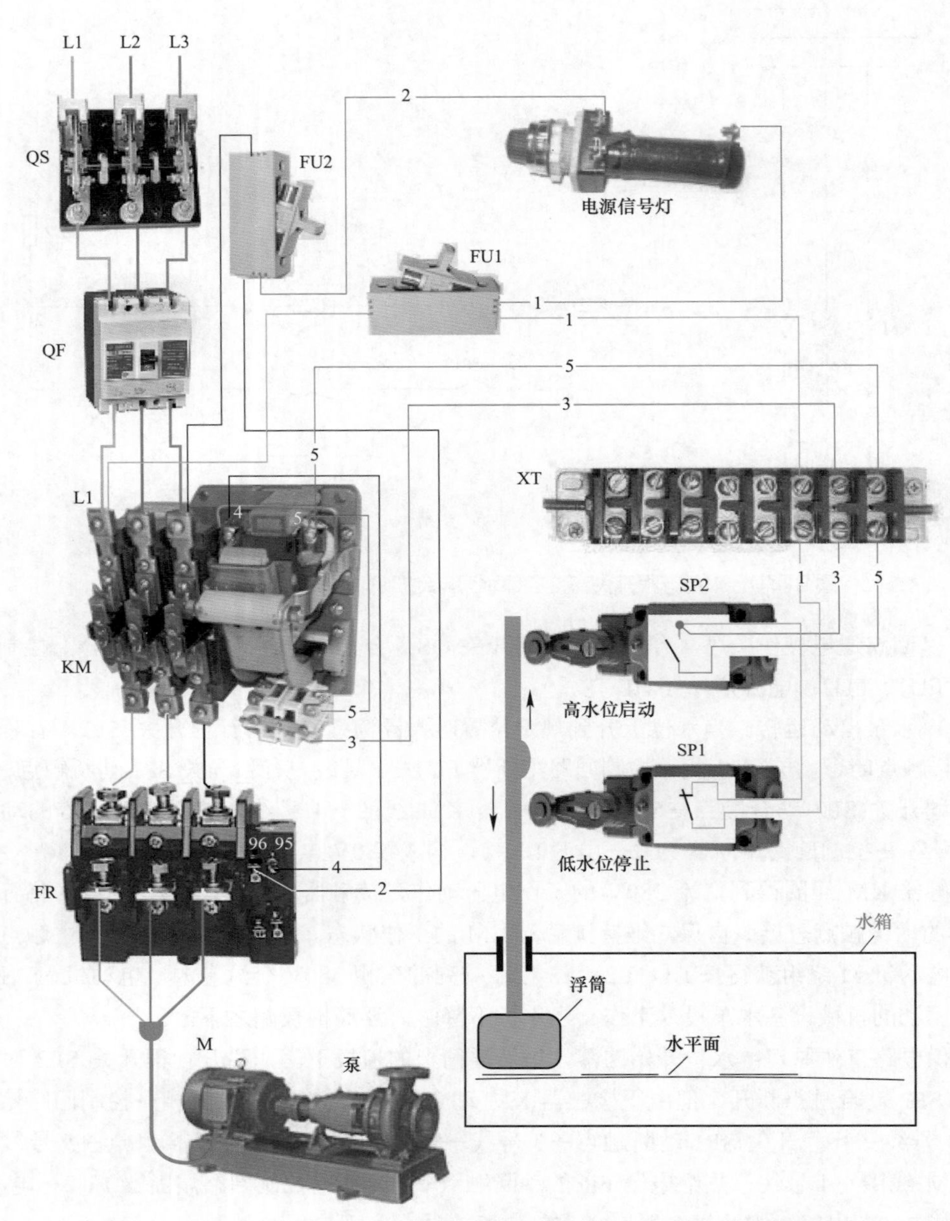

图 9-11 采用行程开关直接启停水泵电动机的 380V 控制电路的实物接线图

注： 在图 9-8、图 9-10 中，水泵采用的是自动工作控制方式，电路需要检修时，断电前要先取下控制回路中的熔断器。

【例 9-3】可选择行程开关或按钮操作的水泵 220V 控制电路

可选择行程开关或按钮操作的水泵 220V 控制电路，其电路接线图如图 9-12 所示，实物接线图如图 9-13 所示。这是有手动操作与行程开关自动启停电动机的控制电路，其通过改变操作选择开关的位置，达到对水泵的手动操作和自动控制的目的。

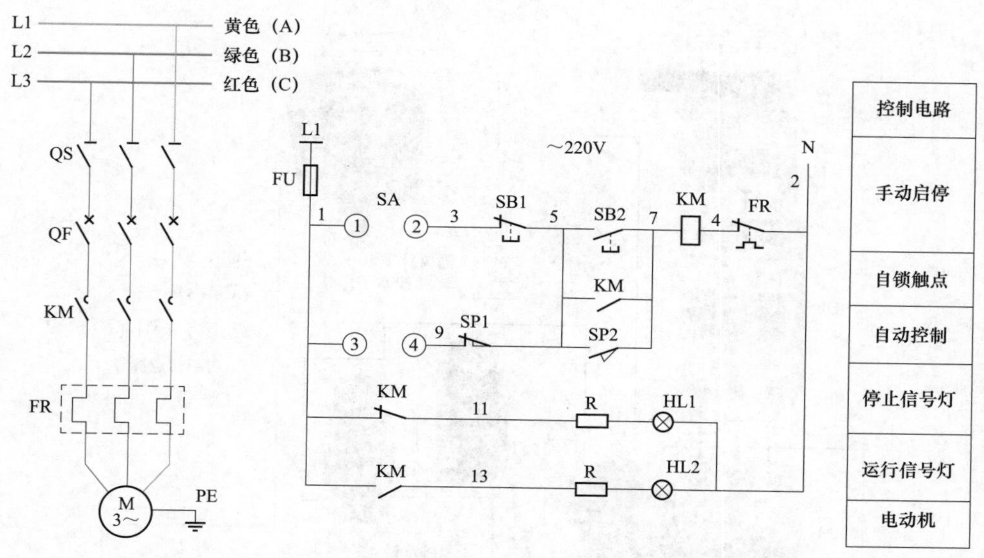

图 9-12 可选择行程开关或按钮操作的水泵 220V 控制电路接线图

（1）水泵的自动控制。其电路工作原理如下：

1）回路送电操作顺序。送电前，浮筒撞板在两个行程开关的中间位置或控制开关 SA 在断开位置，方可进行电动机主回路与控制回路的送电操作。合上三相隔离开关 QS；合上主回路断路器 QF；合上控制回路熔断器 FU。

2）水泵的自动启动。选择自动控制方式时，将控制开关 SA 切换到自动位置，触点③、④接通。水泵水位高时，自动启动运转；水泵水位低时，自动停止运转。

当水位上升到规定位置时，浮筒撞板顶上行程开关 SP2，行程开关 SP2 动合触点闭合，电源 L1 相→控制回路熔断器 FU→1 号线→控制开关 SA 触点③、④→9 号线→行程开关 SP1 动断触点闭合→5 号线→行程开关 SP2 动合触点闭合→7 号线→接触器 KM 线圈→4 号线→热继电器 FR 的动断触点→2 号线→电源 N 极，构成 220V 电路。

接触器 KM 线圈得到交流 220V 的工作电压动作，接触器 KM 动合触点闭合（将启动按钮 SB2 的动断触点短接）自保，维持接触器 KM 的工作状态。接触器 KM 的三个主触点同时闭合，电动机 M 绕组获得按 L1、L2、L3 相序排列的三相 380V 交流电源，电动机 M 启动运转，所驱动的机械设备水泵投入工作。

接触器 KM 自保工作原理：由于接触器 KM 动合触点闭合，电源 L1 相→控制回路熔断器 FU→1 号线→控制开关 SA 触点③、④→9 号线→行程开关 SP1 动断触点闭合→5 号线→闭合的接触器 KM 动合触点→7 号线→接触器 KM 线圈→4 号线→热继电器 FR 的动断触点→2 号线→电源 N 极，构成 220V 电路。维持接触器 KM 控制电路接通，实现自保。

注：自保触点对于自动控制和手动操作都是公用的。

3）自动停泵。当水位下降到规定位置时，浮筒撞板下落，碰上行程开关 SP1，其动断触点断开，接触器 KM 电路断电释放，接触器 KM 的三个主触点断开，电动机 M 脱离电源，停止运转，水泵停止工作。

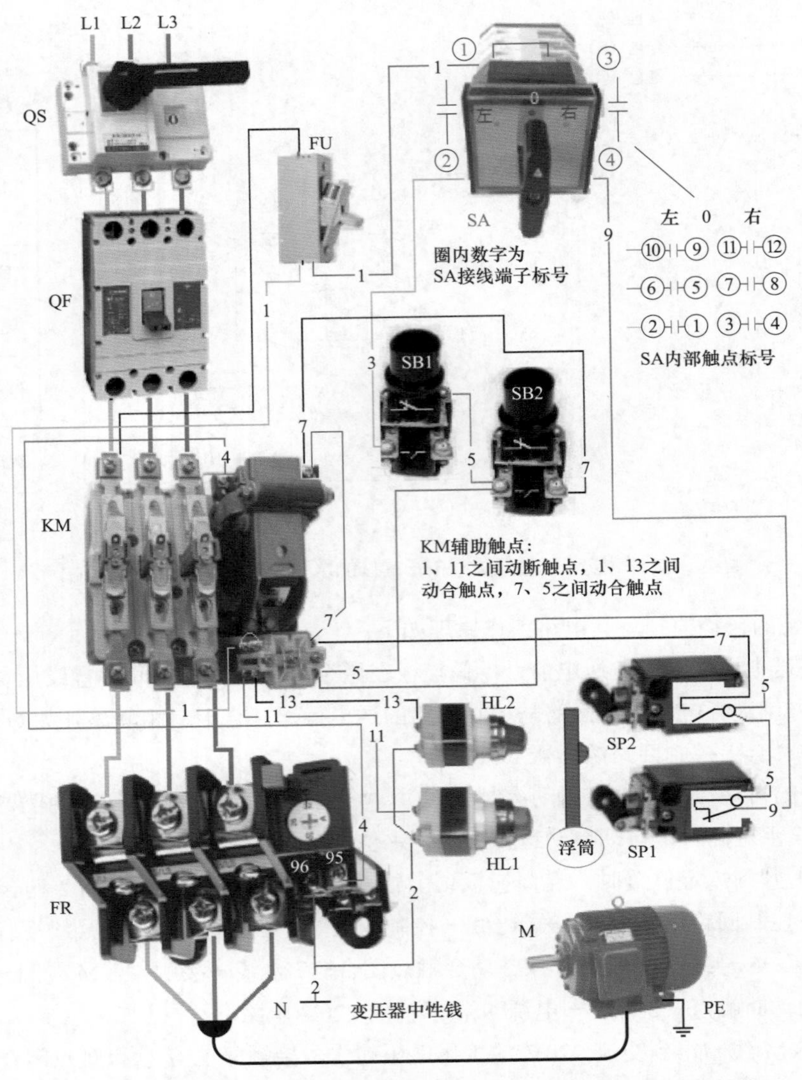

图9-13 可选择行程开关或按钮操作的水泵220V控制电路的实物接线图

（2）水泵的手动操作。其电路工作原理如下：

1）手动启动水泵。将控制开关SA切换到手动位置，触点①、②接通，触点③、④断开。按下启动按钮SB2，电源L1相→控制回路熔断器FU→1号线→控制开关SA触点①、②→3号线→停止按钮SB1动断触点→5号线→启动按钮SB2动合触点（按下时闭合）→7号线→接触器KM线圈→4号线→热继电器FR的动断触点→2号线→电源N极，构成220V电路。

接触器KM线圈得到交流380V的工作电压动作，接触器KM动合触点闭合（将启动按钮SB2的动合触点短接）自保，维持接触器KM的工作状态。接触器KM的三个主触点同时闭合，电动机M绕组获得按L1、L2、L3相序排列的三相380V交流电源，电动机启动运转，所驱动的机械设备水泵投入工作。

2）停止水泵。有两种停泵方法：一种是将控制开关SA切换到零位，触点①、②断开，触点③、④断开，切断控制电路，接触器KM断电释放，接触器KM的三个主触点同时断开，电动机断电停止运转，水泵停止工作；另一种是按下停止按钮SB1，其动断触点断开，切断控制电路，接触器KM断电释放，接触器KM的三个主触点同时断开，电动机M断电，停止运转，水泵停止工作。

3）过负荷停机。电动机过负荷时，主回路中的热继电器FR动作，热继电器FR的动断触点断开，切断接触器KM线圈控制电路，接触器KM线圈断电释放，接触器KM的三个主触点同时断开，电动机M绕组脱离三相380V交流电源，停止转动，水泵停止抽水。

【例9–4】具有时间与行程开关控制的污水池刮沫机电动机控制电路

安装在污水处理场污水池上的刮沫机，其目的是将漂浮在水面上的油污、杂质等刮出污水池。若污水池长40m，刮沫机返回移动时，刮沫板抬起，向前移动时刮沫板落下，深入水层20cm。在刮沫机移动过程中，刮沫板推着漂浮在水面上的油污、杂质等一起移动到污水池边上而落入另一池中。对于刮沫机，可以根据需要选择人为按钮启停或行程开关启动并自动按时间往返运动的电动机正反向运转控制电路。污水池刮沫机机械工作过程如图9–14所示，污水池刮沫机电动机控制电路如图9–15所示。

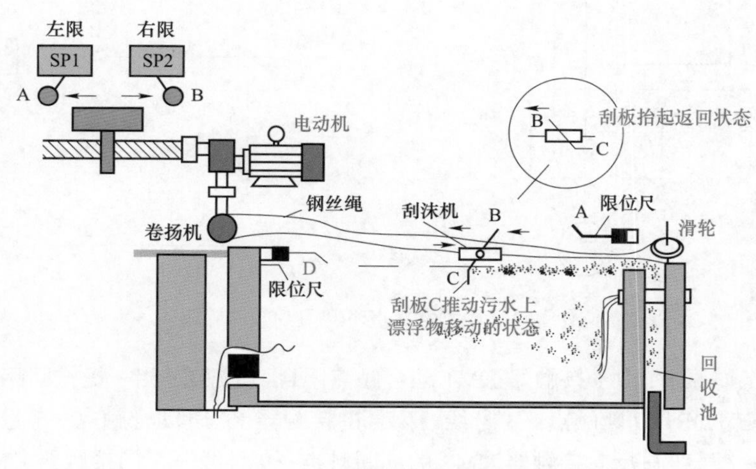

图9–14 污水池刮沫机工作过程

图9–15所示为按整定时间进行自动往返的电动机正反向运转控制电路，它是通过机械设备移动到位的。行程开关的动合触点启动时间继电器后，延时的动合触点闭合，启动正反向运转接触器。电路的工作原理如下：合上电源隔离开关QS；合上电源自动空气断路器QF；对接触器KM1、KM2主触点电源侧端子充电；合上控制回路熔断器FU1、FU2，电动机具备启动的条件。刮沫机有两种运行方式，可通过控制开关SA的位置进行控制。

（1）人为操作启停、行程开关停止的电路工作原理。检查并确认控制开关SA在断开位置，刮沫机的刮板C端已在水中，启动刮沫机。

1）刮沫机向前移动的电路工作原理。按下刮沫机向前启动按钮SB2，其动合触点闭合。

电源L1相→操作回路熔断器FU1→1号线→停止按钮SB1动断触点→3号线→启动按钮

SB2 动合触点（此时闭合中）→5 号线→行程开关 SP1 动断触点→7 号线→反向接触器 KM2 动断触点→9 号线→正向接触器 KM1 线圈→4 号线→热继电器 FR 的动断触点→2 号线→操作回路熔断器 FU2→电源 L3 相。接触器 KM1 线圈电路接通，接触器 KM1 得电动作，接触器 KM1 动合触点闭合，起到自保作用。

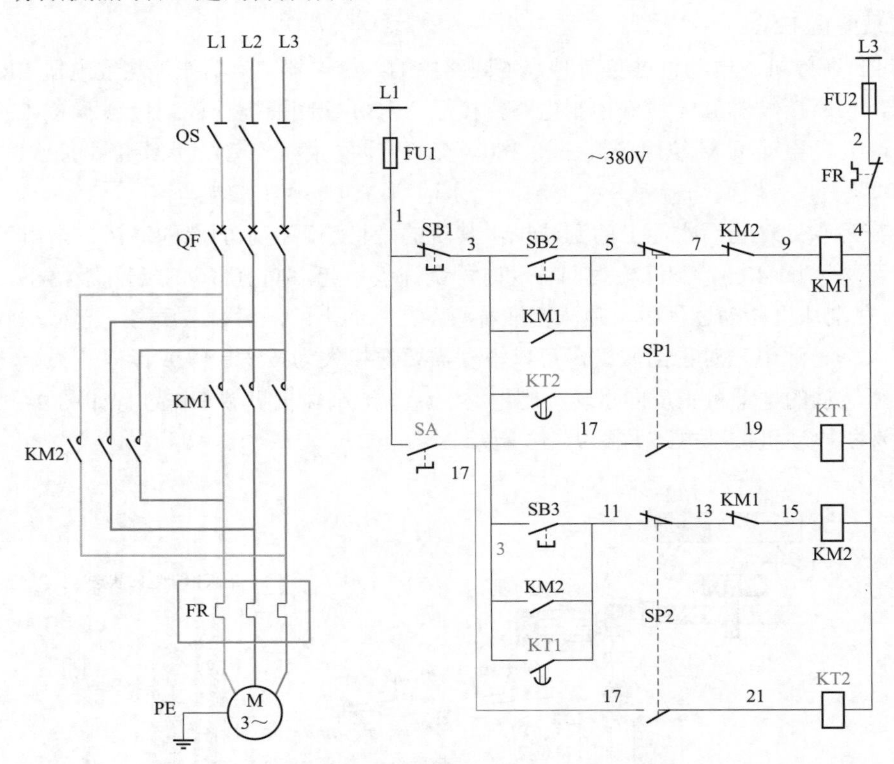

图 9-15　污水池刮沫机电动机控制电路

自保电路工作原理：由于接触器 KM1 动合触点闭合，电源 L1 相→操作回路熔断器 FU1→1 号线→停止按钮 SB1 动断触点→3 号线→闭合的接触器 KM1 动合触点→5 号线→行程开关 SP1 动断触点→7 号线→反向接触器 KM2 的动断触点→9 号线→正向接触器 KM1 线圈→4 号线→热继电器 FR 的动断触点→2 号线→操作回路熔断器 FU2→电源 L3 相。依靠自身动合触点的闭合，接触器 KM1 维持在吸合的工作状态。由于接触器 KM1 的动合触点两端与启动按钮 SB2 动合触点两端是并联的，因此也称自保回路。

接触器 KM1 线圈在吸合状态，正向接触器 KM1 的三个主触点同时闭合，电动机 M 绕组获得按 L1、L2、L3 排列的三相 380V 交流电源，电动机 M 正向启动运转。刮板推着污水上的漂浮物向前移动，落入回收池中。

刮沫机停机方法：① 人为停机，刮沫机向前移动，期望停止在某一位置时，按下停止按钮 SB1，动断触点断开，切断运行中的接触器 KM1 线圈控制电路，使接触器 KM1 断电释放，接触器 KM1 的三个主触点同时断开，运行中的电动机断电，停止向前运转。② 终点停机，刮沫机向前移动到预定位置，碰上行程开关 SP1 时，行程开关 SP1 的动断触点断开，切断正向接触器KM1线圈电路，接触器KM1断电释放，接触器KM1的三个主触点同时断开，电动机断电停转，机械设备停止移动。刮沫机移动到终端时，刮板的B端接触限位尺A端，刮板翻转，刮板C端抬起脱离水面。

2）刮沫机返回移动的电路工作原理。检查并确认控制开关SA在断开位置，刮沫机已停止在向前的位置，需要返回。按下刮沫机返回启动按钮SB3，其动合触点闭合。

电源L1相→操作回路熔断器FU1→1号线→停止按钮SB1动断触点→3号线→返回启动按钮SB3（此时闭合中）→11号线→行程开关SP2动断触点→13号线→正向接触器KM1动断触点→15号线→反向接触器KM2线圈→4号线→热继电器FR的动断触点→2号线→操作回路熔断器FU2→电源L3相。接触器KM2线圈获得交流380V电源动作，接触器KM2动合触点闭合自保。

自保电路工作原理：由于接触器KM2动合触点闭合，电源L1相→操作回路熔断器FU1→1号线→停止按钮SB1动断触点→3号线→闭合的接触器KM2动合触点→11号线→行程开关SP1动断触点→13号线→正向接触器KM1动断触点→15号线→反向接触器KM2线圈→4号线→热继电器FR的动断触点→2号线→操作回路熔断器FU2→电源L3相。依靠自身动合触点的闭合，接触器KM2维持在吸合的工作状态。

反向接触器KM2的三个主触点同时闭合，电动机M绕组获得按L3、L2、L1排列的三相380V交流电源，电动机M反向启动运转，刮沫机开始返回。

刮沫机停机方法：①人为停机，刮沫机在运转中，期望在某一位置停止电动机时，按下停止按钮SB1，其动断触点断开，切断运行中的接触器KM2线圈控制电路，使接触器KM2断电释放，接触器KM2的三个主触点同时断开，运行中的电动机断电，停止向前运转。②终点停机，刮沫机返回预定位置，碰上行程开关SP2时，行程开关SP2的动断触点断开，切断反向接触器KM2线圈电路，接触器KM2断电释放，接触器KM2的三个主触点断开，电动机断电停转，机械设备停止移动。刮沫机返回，刮板C端碰上限位尺D端时，刮板翻转，刮板C端落入水中。

（2）刮沫机按整定时间往返的控制电路工作原理。按整定时间往返的控制电路由控制开关SA和时间继电器KT1、KT2组成。行程开关SP1或SP2动合触点闭合时，分别启动时间继电器KT1或KT2。延时动合触点KT1与返回启动按钮SB3的动合触点并联，相当于返回启动按钮SB3的作用。延时动合触点KT2与向前启动按钮SB2的动合触点并联，相当于向前启动按钮SB2的作用。时间继电器KT1或KT2的延时动合触点闭合时，相应的返回接触器KM2或向前接触器KM1得电动作，接触器KM2或KM1的主触点闭合，电动机M获电正向运转或反向运转。通过闭合或断开控制开关SA的操作，可向往返控制电路提供或断开电源。

1）刮沫板已经在水中，刮沫机向前移动。

首次启动时，靠人为按下启动按钮SB2，其动合触点闭合。

电源L1相→操作回路熔断器FU1→1号线→停止按钮SB1动断触点→3号线→启动按钮SB2动合触点（此时闭合中）→5号线→行程开关SP1动断触点→7号线→反向接触器KM2动断触点→9号线→正向接触器KM1线圈→4号线→热继电器FR的动断触点→2号线→操作回路熔断器FU2→电源L3相。接触器KM1线圈获得交流380V电源开始动作，接触器KM1

动合触点闭合自保。

接触器KM1的三个主触点同时闭合，电动机M绕组获得按L1、L2、L3排列的三相380V交流电源，电动机M绕组获得电源的相序是正向运转的相序，电动机正向（向前）运转。

当刮沫机移动到预定位置，碰上行程开关SP1时，行程开关SP1的动断触点断开，切断正向接触器KM1线圈电路，接触器KM1断电释放，接触器KM1的三个主触点同时断开，电动机M断电，停止运转，刮沫机停止向前移动。

刮沫机向前运动时，刮沫板深入水层20cm，刮板推着水面上的漂浮物体向回收池方向移动，漂浮物落入回收池内。刮沫机移动到终点，刮板B端碰上限位尺A端而使刮板翻转，刮板C端抬起脱离水面。刮沫机移动到终点时，行程开关SP1动合触点闭合，启动时间继电器KT1的电路工作原理是这样的：

电源L1相→操作回路熔断器FU1→1号线→控制开关SA处于接通状态→17号线→闭合的行程开关SP1动合触点→19号线→时间继电器KT1线圈→4号线→热继电器FR的动断触点→2号线→操作回路熔断器FU2→电源L3相。接触器KT1线圈获得交流380V电源开始动作，与启动刮沫机返回的启动按钮动合触点并联的时间继电器KT1动合触点（延时20min）闭合。

2）时间继电器KT1延时触点的闭合。

电源L1相→操作回路熔断器FU1→1号线→停止按钮SB1动断触点→3号线→闭合的时间继电器KT1动合触点→11号线→行程开关SP2动断触点→13号线→正向接触器KM1动断触点→15号线→反向接触器KM2线圈→4号线→热继电器FR的动断触点→2号线→操作回路熔断器FU2→电源L3相。接触器KM2线圈获得交流380V电源动作，接触器KM2动合触点闭合自保。

接触器KM2的三个主触点同时闭合，电动机M绕组获得按L3、L2、L1排列的三相380V交流电源，电动机M绕组获得电源的相序改变，电动机反向运转（刮沫机返回）。

当刮沫机移动到预定位置，碰上行程开关SP2时，行程开关SP2的动断触点断开，切断反向接触器KM2线圈电路，接触器KM2断电释放，接触器KM2的三个主触点同时断开，电动机M断电，停止反向运转，刮沫机停止移动。

刮沫机返回运动时，刮板是抬起的；接近终点时，碰上限位尺而使刮沫板翻转。刮沫板落下，深入水层20cm，刮沫机移动到预定位置时，刮沫板已翻转，行程开并SP2的动合触点闭合。

电源L1相→操作回路熔断器FU1→1号线→控制开关SA触点处于接通状态→17号线→闭合的行程开关SP2动合触点→21号线→时间继电器KT2线圈→4号线→热继电器FR的动断触点→2号线→操作回路熔断器FU2→电源L3相。接触器KT2线圈获得交流380V电源动作，与启动刮沫机返回启动按钮SB3动合触点并联的时间继电器KT2动合触点（延时20min）闭合。

3）时间继电器KT2延时触点的闭合。

电源L1相→操作回路熔断器FU1→1号线→停止按钮SB1动断触点→3号线→闭合的时间继电器KT2动合触点→5号线→行程开关SP1动断触点→7号线→反向接触器KM2动断触点→

9 号线→正向接触器 KM1 线圈→4 号线→热继电器 FR 的动断触点→2 号线→操作回路熔断器 FU2→电源 L3 相。接触器 KM1 线圈获得交流 380V 电源动作，接触器 KM1 动合触点闭合自保。

接触器 KM1 的三个主触点同时闭合，电动机 M 绕组获得按 L1、L2、L3 排列的三相 380V 交流电源，电动机 M 绕组获得电源的相序是正向运转的相序，电动机正向运转。

当刮沫机移动到预定位置，碰上行程开关 SP1 时，行程开关 SP1 的动断触点断开，切断正向接触器 KM1 线圈电路，接触器 KM1 断电释放，接触器 KM1 的三个主触点同时断开，电动机 M 断电，停止正向运转，刮沫机停止移动。依靠行程开关的动合触点闭合，启动时间继电器，改变刮沫机移动的方向。

注：刮沫机不需要按时间自动往返时，将控制开关 SA 置于“0”或“OFF”位置。

第十章

怎样看识电气动力系统图与配置图

电气动力系统图与配置图是表示电气设备与机器设备配置关系的图，在许多场所只表示设备之间的配线情况。

动力配置图包括如下内容：① 配置图的名称（工程名称，如3号泵房电气配置图）；② 配置图的作用（用于电气安装工程）。动力配置图应能看出给定容量（kW）的电动机所在的位置，该电动机所传动的机械类型，控制盘、配电盘所在的位置以及它们之间的配线情况。总之，动力配置图应能反映安装电气设备与敷设线路的参考位置。施工人员在施工过程中可根据图中所示位置，结合实际，统筹考虑电气设备的安装位置，优化安装方法。对于电气设备的具体接线，还要看具体的接线图。

|第一节| 看识电气动力系统图与配置图的基础

一、表示电气设备的图形符号

要看懂电气动力系统图与配置图，首先要认识各种电气设备的图形符号。根据GB/T 4728《电气简图用图形符号》和IEC 60617《电气简图用图形符号》等标准，给出部分常用的电气设备图形符号，见表10－1～表10－3。考虑到许多工矿企业在用机械设备仍使用旧标准中的图形符号，为识图方便，表中也涵盖部分旧符号。

表10－1　动力配置图中表示电气设备的图形符号

图形符号	代表的电气设备名称	图形符号	代表的电气设备名称
室内机　室外机	分体空调器	★	设备盒（箱） ★表示设备盒（箱）的种类： QB—熔断器式隔离器、熔断器式隔离开关； QA—断路器箱、母线槽插接箱； XD—接线箱
	水泵		

续表

图形符号	代表的电气设备名称	图形符号	代表的电气设备名称
	窗式空调器	★ 示例: 2 3	按钮 ★标识按钮的种类: 2—两个按钮单元组成的按钮盒; 3—三个按钮单元组成的按钮盒; EX—防爆型按钮; EN—密闭型按钮
	热水器		
	带指示灯的按钮		
	连接盒、接线盒		
	弹簧操动装置		变换器 (能量转换器、信号转换器、测量用转换器、转发器)
f_1 f_2	变频器 (频率由 f_1 变到 f_2,f_1 和 f_2 可用输入和输出频率数值代替)	M	电磁阀
M	电动阀		用户端供电引入设备 (符号表示带配线)

符号来源:GB/T 4327《消防技术文件用消防设备图形符号》;
GB/T 4728.10《电气简图用图形符号 第 10 部分:电信:传输》;
GB/T 4728.11《电气简图用图形符号 第 11 部分:建筑安装平面布置图》;
GB/T 50114《暖通空调制图标准》

表 10-2 平面图中表示各种屏柜台箱的图形符号

图形符号	代表的电气设备名称	图形符号	代表的电气设备名称
	屏柜台箱 (一般符号,新标准符号)	★	见备注说明

备注说明:

在平面图中,表示物件(包括设备、器件、功能、单元、元件等)的图形符号有□、▭、○三种形式。符号轮廓内填入或就近标注适当的符号(★)或参考代码号表示物件的类别。

★表示电气柜(屏)、台、箱。

参照代码如下:

AH—35kV 开关柜;AJ—20kV 开关柜;AK—10kV 开关柜;A—6kV 开关柜;
AC—控制、操作箱(柜、屏);ACC—并联电容器箱(柜、屏);
AD—直流配电箱(柜、屏);AE—励磁箱(柜、屏);
AL—照明配电箱(柜、屏);ALE—应急照明配电箱(柜、屏);
AM—电能计量箱(柜、屏);AN—低压配电柜;
AP—动力配电箱(柜、屏);APE—应急动力配电箱(柜、屏);
AR—保护箱(柜、屏);AS—信号箱(柜、屏);AT—电源自动切换箱(柜、屏);
AW—电度表箱(柜、屏);
QA—断路器箱;XD—接线盒、接线箱、插座箱

符号来源:GB/T 4728.2《电气简图用图形符号 第 2 部分:符号要素、限定符号和其他常用符号》;
GB/T 5094.2《工业系统、装置与设备以及工业产品 结构原则与参照代号 第 2 部分:项目的分类与分类码》

表10-3　　启动器、整流器、逆变器、动力配电箱的图形符号

图形符号	代表的电气设备名称	图形符号	代表的电气设备名称
	可逆式电动机直接在线接触器式启动器		整流器
	调节-启动器		逆变器
	步进启动器（启动步数可以示出）		电动机启动器（一般符号）
	带可控整流器的调节-启动器		星-三角启动器
	自耦变压器式启动器	AP	动力配电箱

符号来源：GB/T 4728.6《电气简图用图形符号　第6部分：电能的发生与转换》；
GB/T 4728.7《电气简图用图形符号　第7部分：开关、控制和保护器件》

二、电缆产品型号中各字母和数字的含义

电缆产品型号采用大写的英文字母和阿拉伯数字组成，用字母表示电缆的类别、导体材料、绝缘种类及特征，用数字表示铠装层类型和外被层类型。

（1）字母的含义：

1）类别：K—控制电缆；P—信号电缆；B—绝缘电线；R—绝缘电线；Y—移动式电缆。

2）导体：T—铜线（一般不表示）；L—铝线。

3）绝缘：Z—纸绝缘；X—天然橡胶；D—丁基橡胶；E—乙丙橡皮；V—聚氯乙烯；Y—聚乙烯；YJ—交联聚乙烯。

4）内护套材料：Q—铅包；L—铝包；H—橡套；P—非燃性橡套；V—聚氯乙烯护套；Y—聚乙烯护套。

5）特征：D—不滴油；P—分相金属护套；P—屏蔽。

（2）数字的含义：

1—裸金属护套；2—双钢带；11—裸金属护套，一级外护层（麻）；12—钢带铠装，一级外护层；21—钢带加固麻外套层；22—钢带铠装，二级外护套。

第二节 不同类型的动力系统图示例

图 10－1 所示为反映电动机供电关系的动力系统图（或主回路图）。动力系统图表达的内容是概括性的。动力系统图与其他系统图一样采用单线图表示。

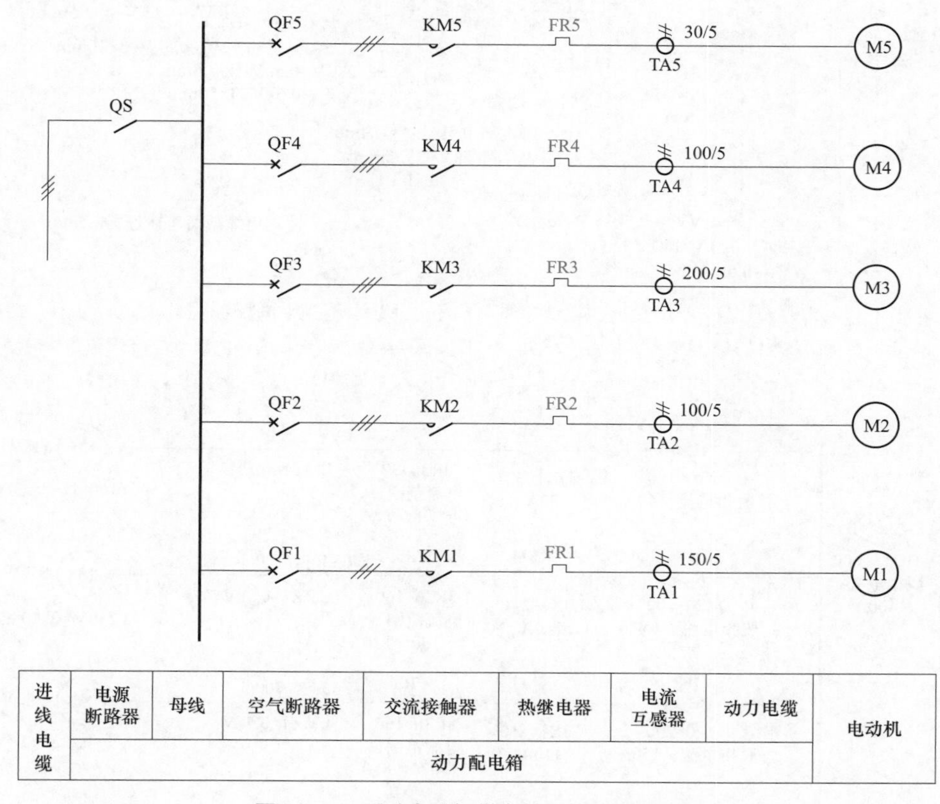

图 10－1　反映电动机供电关系的动力系统图

从图 10－1 可以看出，电动机的供电电源为交流三相 380V，电源经过动力配电箱隔离开关 QS 送到母线上，然后在每台电动机回路中分别经空气断路器 QF1～QF5、交流接触器 KM1～KM5、热继电器 FR1～FR5、电流互感器 TA1～TA5 的一次绕组送到电动机 M1～M5。图 10－1 仅能表示电动机的供电关系。

图 10－2 所示为安装在成品油输转泵房的机电设备的平面布置图。该图为简要框图，没有具体标注出建筑物平面图的定位轴线及尺寸。从图 10－2 也能直观地看出机电设备布置及电缆引入泵房的要求，以及电力电缆、控制电缆的型号与规格，还能看到控制按钮固定在墙面上，参照该图即可进行电缆敷设。

若在图 10－1 所示的动力系统图的基础上，在图形符号的边上直接标注设备型号、规格，就构成了新的系统图的表达方法，如图 10－3 所示。该图的优点是层次分明，表达内容清晰，

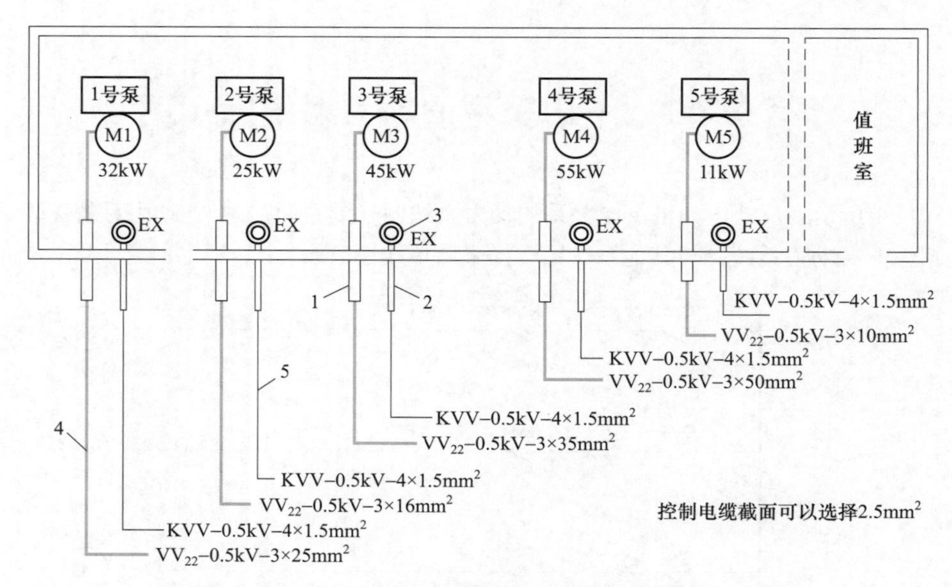

图10-2 安装在成品油输转泵房的机电设备的平面配置图

1—电动机主回路电缆穿过地墙的保护管；2—电动机控制回路电缆穿过地墙的保护管；3—防爆按钮盒；4—电动机主回路电力电缆；5—电动机回路控制电缆

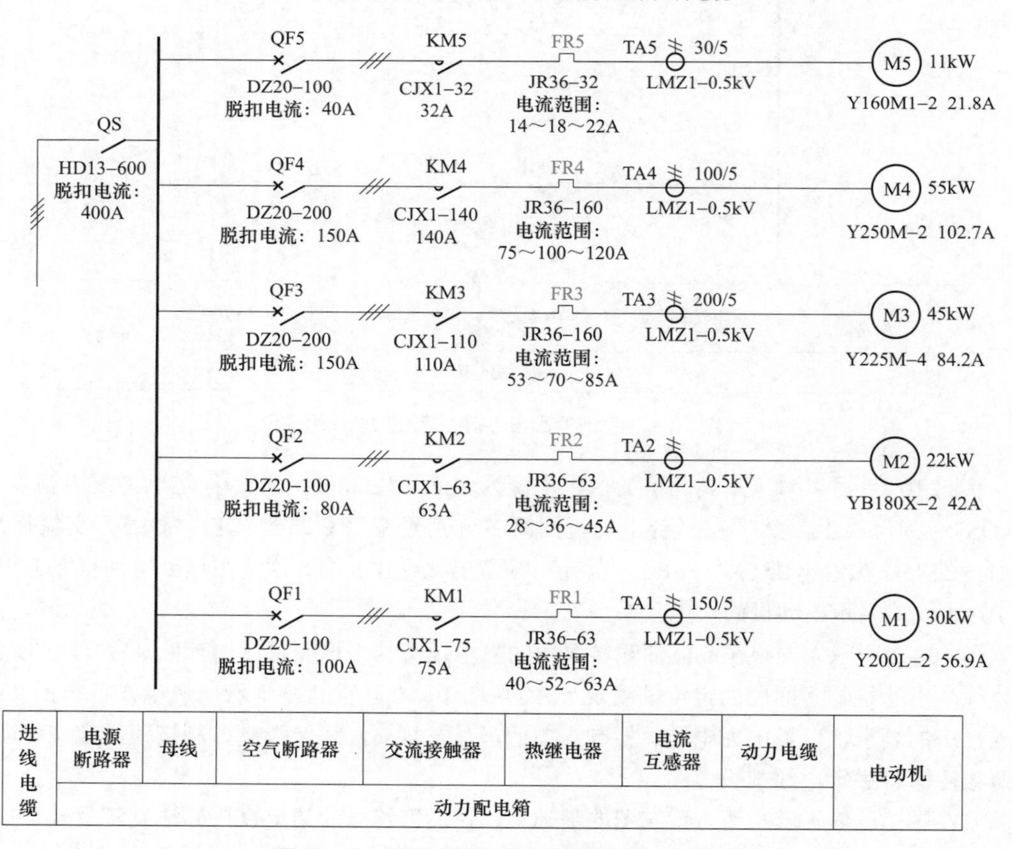

图10-3 标注设备型号、规格的动力系统图

它也是目前动力系统图常见的一种形式。图 10－3 包含三个主要的部分：画出了电源进线及母线、配电线路、启动控制设备、受电设备；标注了隔离开关、空气断路器、接触器、各种控制设备的型号、规格以及隔离开关和热继电器的额定电流；标注了电动机型号、功率、名称、编号。这些标注与平面配置图上的标注是一一对应的。这种方法一般用于回路较少的动力系统图。M1～M5 为防爆型电动机，应选择如图 10－4 所示的防爆型按钮开关。

图 10－4　隔爆型按钮开关

|第三节|　动力系统图与配置图的识图顺序

施工人员要根据电气施工任务进行识图，以了解任务的详细情况及要求。

（1）查看该电气工程的动力配置图，检查总共有几张图，以及每张图的名称。

（2）查看技术说明，从中了解设计单位对该工程提出的技术要求。

（3）查看动力配置图，从图纸上大体了解情况后，到施工现场依据图中所画的位置尺寸，要求查看动力设备（水泵、电动机）的安装位置，控制电气、测量仪表的安装地点，以及导线的走向，定出具体的施工方法。

（4）查看动力配置安装作业表，了解馈线的型号、截面面积、长度及作业次序。

（5）查看线路的配线方式，结合动力系统图，从配电间的配电盘、板、柜、箱看起，查看由几号配电盘上配出，经过何种开关，采取何种配线方式（是电缆直埋地中还是采用绝缘导线穿管）连接到用电设备上。

（6）查看与电气设备安装有关的土建部分，如基础平面图、立面图，了解建筑物的结构，以便正确施工。

（7）查看设备材料明细表，审查表中所选用的开关等是否适用于安装的场所，按表核对施工所需要的设备、开关、材料等是否已备好。

|第四节|　动力系统图与配置图的识图实例

高压配电站的开关柜和低压变电站的配电盘的基础土建工程已完成，室内电缆沟与电缆支架以及压缩机（高压电动机与压缩机为一体，泵与电动机为一体）安装固定在各自的基础上。在具备这一基本条件后，电工才能进入电气设备的安装、配线，以及母线、电缆等的施工阶段。电工首先接触的就是电气图纸。本节以某一工厂的高压配电站、低压变电站电气平面布置图为例，简要介绍动力系统图与配置图及电缆施工作业表的看识方法。

一、电气平面布置图

按照一定的比例表示建筑物外部或者内部的电源及电气设备布置情况的图纸称为电气平面布置图。变电站 6kV 部分电气平面布置图，如图 10－5 所示。

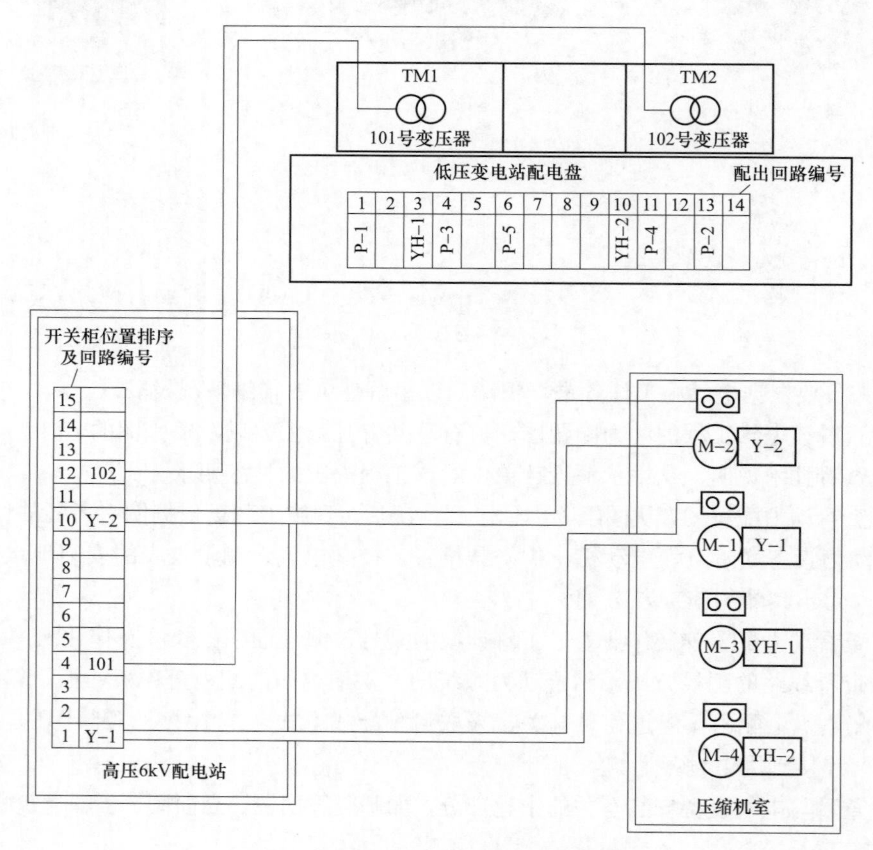

图 10－5　变电站 6kV 部分电气平面布置图

在该电气平面布置图中同时反映出三个部分：①高压 6kV 配电站开关柜的位置排序及回路编号；②10 号低压变电站两台变压器及变电站内配电盘的平面布置情况，以及配出回路编号；③压缩机室内安装的压缩机与润滑油泵的排列位置及设备名称编号。

为保持图面的清晰，高压开关柜、低压配电盘、导线（电缆）的型号、截面面积及每回线路的根数及电缆施工作业情况等，通过表格形式反映出来，即设备材料表、电缆施工作业表。

从图 10－5 可以看到，从高压 6kV 配电站到 10 号低压变电站，从高压 6kV 配电站到压缩机室，从 10 号低压变电站到输油泵房的电动机动力电缆、控制电缆、线路的平面图，这就是电缆线路工程用图。它能表示各单元电气之间外部电缆的配置情况，在该图中一般只标示电缆的种类、路径、敷设方式等。电缆线路工程用图是进行电缆敷设施工的基本依据。当一个电气工程敷设的电缆数量较多时，一般采用表格形式反映电缆敷设施工的作业顺序。

二、变电站的电源进线

10 号低压变电站的 101 号变压器电源由图 10－5 所示的 4 号开关柜断路器下侧引入，经负荷开关 101 与变压器一次侧连接，变压器二次侧经母线与隔离开关 301 电源侧连接，隔离开关 301 负荷侧与变电站 380V（Ⅰ段）主母线连接。

10 号低压变电站的 102 号变压器电源由图 10－5 所示的 12 号开关柜断路器下侧引入，经负荷开关 102 与变压器一次侧连接，变压器二次侧经母线与隔离开关 302 电源侧连接，隔离开关 302 负荷侧与变电站 380V（Ⅱ段）主母线连接。

Ⅰ段主母线与Ⅱ段主母线之间安装有隔离开关 312，用于母线间联络。母线下的低压配电盘内有根据不同需要安装的开关设备回路，向用电设备供电。

变压器的型号为 S7，容量为 1000kVA；变压器的一次侧电压为 6kV，二次侧电压为 0.4kV；变压器一次侧电流为 96.3A，二次侧电流为 1445A。

变压器、电动机线路（电缆）施工作业表见表 10－4。

表 10－4　　变压器、电动机线路（电缆）施工作业表

配出	启动设备	电力线路	控制线路	受电设备
编号	断路器型号、规格	高压开关柜到变压器	开关柜到变压器气体温控器件	受电设备图上标号
1	ZN－10（630A）	DYFBVV－10kV－3×50mm^2	DYFBKVV－0.5kV－6×2.5mm^2	1 号变压器　TM1
2	ZN－10（630A）	DYFBVV－10kV－3×50mm^2	DYFBKVV－0.5kV－6×2.5mm^2	2 号变压器　TM2
编号	断路器型号、规格	高压开关柜到电动机	高压开关柜到控制按钮	受电设备图上标号
3	ZN－10（630A）	DYFBVV－10kV－3×50mm^2	DYFBKVV－0.5kV－6×2.5mm^2	1 号压缩机　Y－1
4	ZN－10（630A）	DYFBVV－10kV－3×50mm^2	DYFBKVV－0.5kV－6×2.5mm^2	2 号压缩机　Y－2

三、输油泵房动力配电概况

图 10－6 和图 10－7 所示为某石化炼油厂的一个输油泵房 10 号变电站低压动力供电系统图和动力设备平面布置图。动力供电系统图主要表示电动机的供电方式、供电线路及控制方式。动力设备平面布置图主要表示电动机的安装位置、动力线路的敷设方式。在一个动力供电工程中，一般采用三相供电，要根据实际需要选择合适的配线方式。

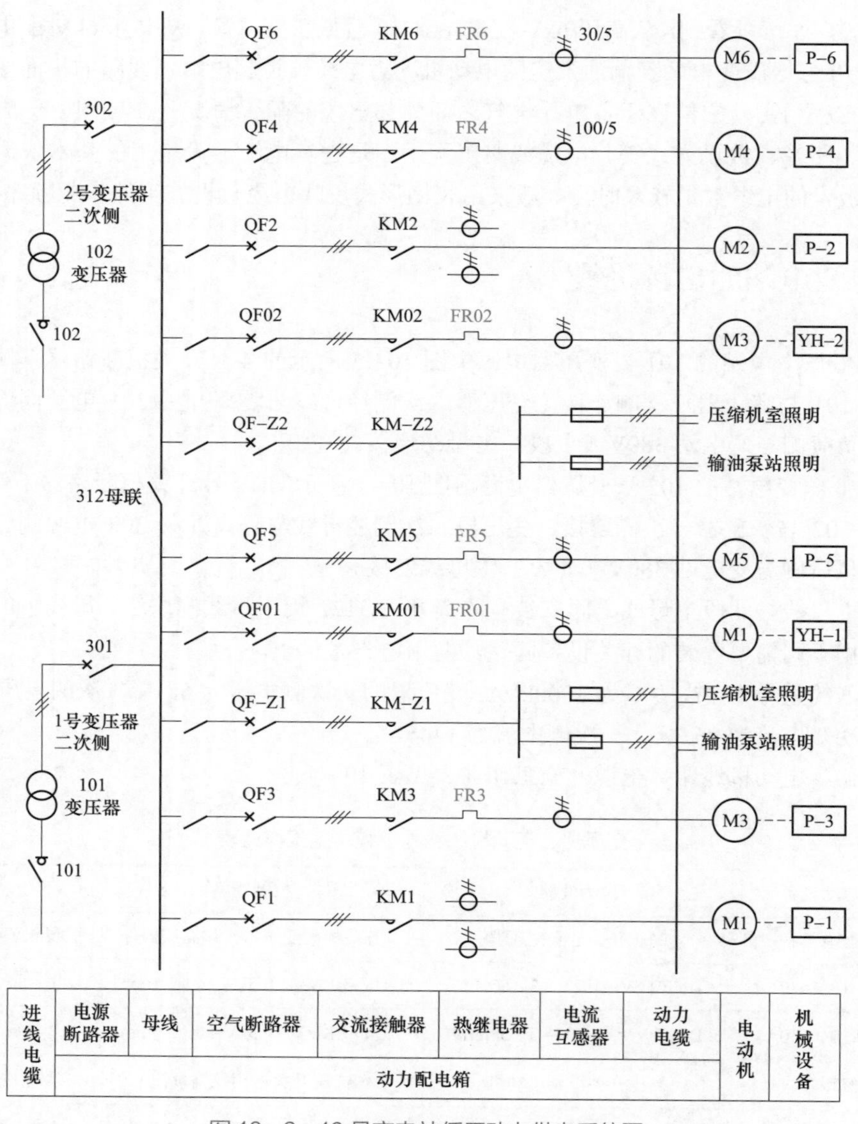

图 10-6　10 号变电站低压动力供电系统图

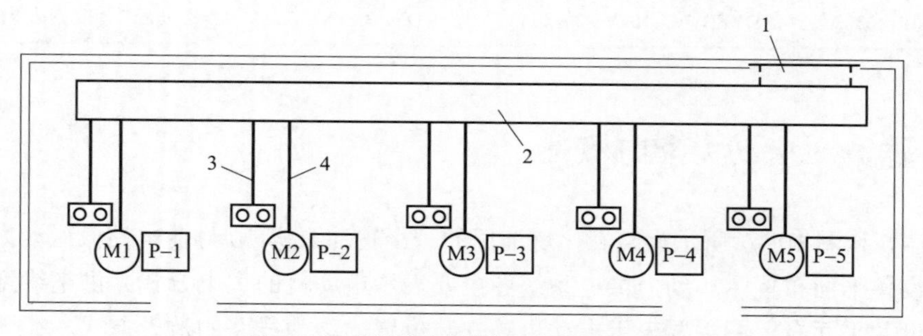

图 10-7　输油泵房动力设备平面布置图

1—桥架入口；2—桥架；3—主电缆保护管；4—控制电缆保护管

轴油泵房动力配线施工作业表见表10-5。

表10-5 轴油泵房动力配线施工作业表

配出	启动设备	动力线路	控制线路	电动机、传动机械
编号	接触器型号、规格	变电站配电盘到电动机	变电站配电盘到控制按钮	受电设备图上标号
1	CJ12-250（250A）	DYFBVV-1kV-3×120mm²	DYFBKVV-1kV-6×2.5mm²	M1 90kW 原料油泵 P-1
2	CJ12-250（250A）	DYFBVV-1kV-3×120mm²	DYFBKVV-1kV-6×2.5mm²	M2 90kW 原料油泵 P-2
3	CJ20-160（160A）	DYFBVV-1kV-3×70mm²	DYFBKVV-1kV-6×2.5mm²	M3 55kW 成品油泵 P-3
4	CJ20-160（160A）	DYFBVV-1kV-3×70mm²	DYFBKVV-1kV-6×2.5mm²	M3 55kW 原料油泵 P-4
5	CJ10X-60（60A）	DYFBVV-1kV-3×16mm²	DYFBKVV-1kV-3×2.5mm²	M5 22kW 通风机 P-5

四、压缩机室设备概况

图10-5中右侧为压缩机室电气平面布置图。压缩机室内安装有6kV三相交流异步电动机2台（压缩机Y-1、Y-2用），安装有三相低压交流异步电动机2台（润滑油泵YH-1、YH-2用）。

压缩机室动力配线施工作业表见表10-6。

表10-6 压缩机室动力配线施工作业表

配出	启动设备	动力线路	控制线路	电动机、传动机械
编号	接触器型号规格	变电站配电盘到电动机	变电站配电盘到控制按钮	受电设备图上标号
1	CJ10-40（40A）	DYFBVV-1kV-3×10mm²	DYFBKVV-0.5kV-3×2.5mm²	M1 7.5kW 润滑油泵 YH-1
2	CJ10-40（40A）	DYFBVV-1kV-3×10mm²	DYFBKVV-0.5kV-3×2.5mm²	M2 7.5kW 润滑油泵 YH-2

五、输油泵房电气设备概况

输油泵房安装有三相交流异步电动机5台，其中90kW电动机2台，55kW电动机2台，22kW电动机1台；被驱动的机械设备有P-1、P-2原料泵，P-3、P-4成品油泵，以及P-5通风机。

各电动机的控制保护除了采用空气断路器QF作（短路）过电流保护、用交流接触器作主电路中的控制设备外，还采用热继电器作过负荷保护，机前采用防爆按钮（带电流表）。输油泵房内的电动机按钮安装位置，如图 10－8 所示。

图 10－8　输油泵房内电动机按钮的安装位置

1—电动机；2—电动机主回路电缆；3—控制电缆；4—启停控制按钮；5—电流表

5 台低压电动机的电力电缆及控制电缆都从 10 号变电站的低压配电盘通过高空电缆桥架引来，90kW 电动机 M1 和 M2 采用的电缆型号为 DYFBVV－1kV－$3\times120mm^2$－110m，55kW 电动机采用的电缆型号为 DYFBVV－1kV－$3\times70mm^2$－110m；1 台 22kW 电动机采用的电缆型号为 DYFBVV－1kV－$3\times16mm^2$－125m，进入室内的电缆桥架引至电动机接线盒和防爆操作柱，并分别穿保护钢管（图 10－8 所示为安装结束并投入生产后的输油泵房）。5 台低压电动机的控制电缆相同，即控制电缆型号为 KVV_{22}－0.5kV－$6\times2.5mm^2$－110m。

第十一章

怎样看识电气照明系统图与配置图

本章介绍怎样看识电气照明系统图与配置图，内容包括照明灯具的种类、照明回路中简单的控制接线、照明配置图中灯具的标注、照明配置图中常用的图形符号、照明配电箱与内装开关设备、照明系统图与配置图，以及最重要的识图方法与步骤。

|第一节|　照明灯具的种类

电气照明设备主要包括各种不同的灯具、开关、插座、电铃风扇，以及许多灯具所需的启动器、电容器、控制器、配件、配管、穿线等。

照明灯具种类繁多，多达万余种，且形状各异，如图 11－1 所示。图 11－2 所示为石化生产装置或煤矿等易燃易爆场所中使用的防（隔）爆灯具外形，图 11－3 所示为防（隔）爆照明箱，图 11－4 所示为防（隔）爆穿线盒。家庭、商场、广告灯箱的各种灯具灯带见视频资源。

图 11－1　不同类型的照明灯具

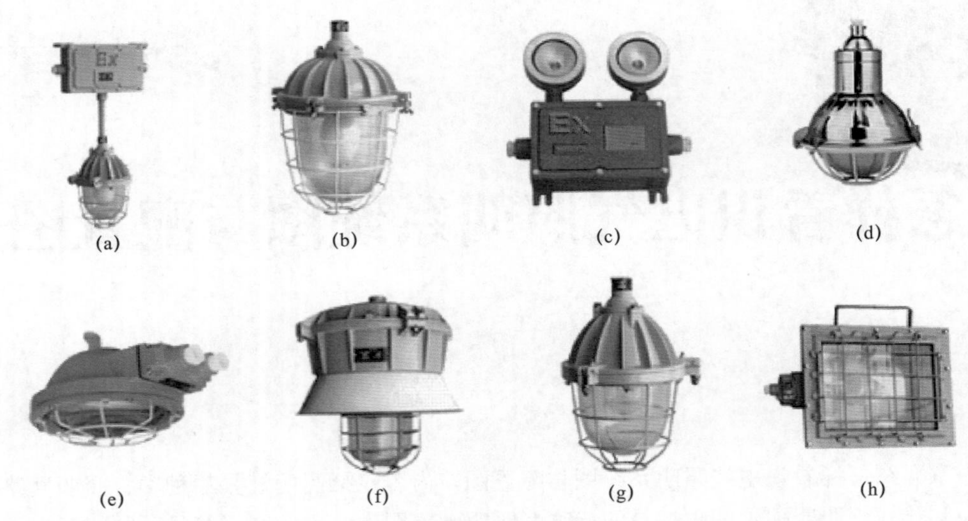

图 11-2　防（隔）爆灯具外形

（a）BAJ19 系列防爆应急灯；（b）CFD08 系列隔爆型防爆灯；（c）BYSD38-20（J）型防爆双头应急灯；（d）CFD13-e 系列增安型防爆灯；（e）CFD20 系列增安型防爆吸顶灯；（f）CFD15-e 系列增安型防爆灯；（g）CFD05 系列隔爆型防爆灯；（h）BGD22 系列防爆泛光灯

图 11-3　防（隔）爆照明箱

图 11-4　防（隔）爆穿线盒

|第二节|　照明回路中简单的控制接线

照明回路中最简单的控制接线就是家用电灯接线，一般采用拉线开关或扳把开关来控制灯的开与关。图 11－5 所示为采用拉线开关控制的照明实物接线图。

注：家用照明电源一般为单相 220V 交流电压，只有相线（俗称火线）与中性线（俗称零线、地线，实际上零线与地线是有区别的）之分。

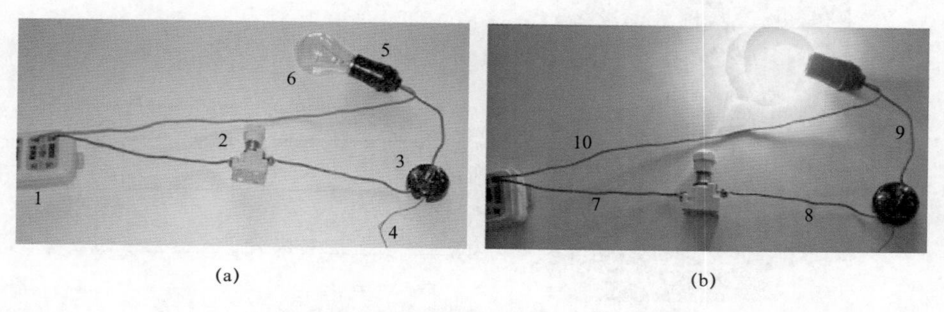

图 11－5　采用拉线开关控制的照明实物接线图

（a）未送电状态；（b）送电后亮灯状态

1—电源线；2—熔断器；3—拉线开关；4—拉线；5—灯头；6—灯泡；7—电源线（相线）；8—去拉线开关的线；9—去灯头的线；10—中性线

图 11－5 中的连接与实际连接是相符的。电源线中的相线先经过拉线开关后再与灯头连接。为了安全，相线必须接在开关上。开关断开时，用电器（灯头）两端没有电压，可以安全地更换灯泡而没有触电的危险。如果将灯具安装在高处，使用拉线开关就更安全、方便。

注：如果把图 11－5 中的相线和中性线互换后连接，那么电源相线将先经过灯头，再与拉线开关连接，相线直接与灯头连接。在此情况下，即使开关断开，灯头两端仍有电，更换灯泡时就有危险。这样的接线是不允许的。

把图 11－5 按规定的图形、文字、线型符号画出，即为照明接线图，如图 11－6 所示。

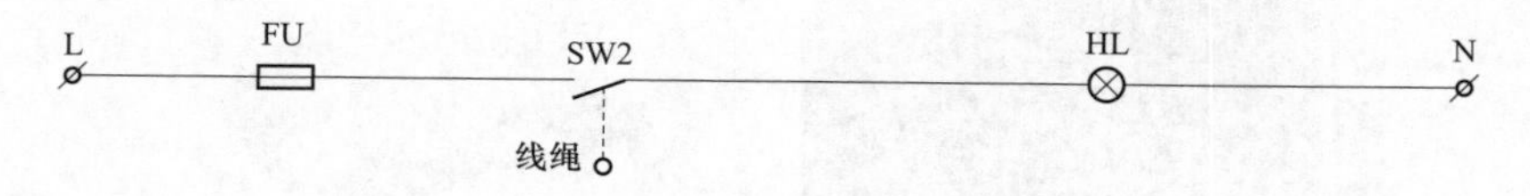

图 11－6　采用拉线开关控制的照明接线图

拉动线绳，拉线开关 SW2 触点闭合，灯 HL 得电发亮。第二次拉动线绳，拉线开关 SW2 触点断开，灯 HL 断电熄灭。当线路出现短路故障时，熔断器 FU 熔断，切断电路，从而对线路起到保护作用。一般家用照明电路熔丝的额定电流在 10A 以下。图 11－7 所示的电路除了开关的图形符号不同外，其余部分与图 11－6 所示的电路相同。

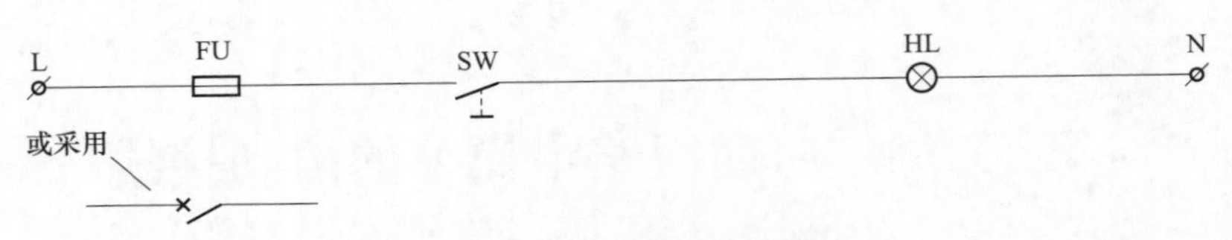

图 11-7　灯的一般接线方式（墙壁开关）

图 11－8 所示为安装在变电站内的日光灯接线图，它要比图 11－6 中灯的接线要难一点，因为该线路中增加了镇流器和启辉器。

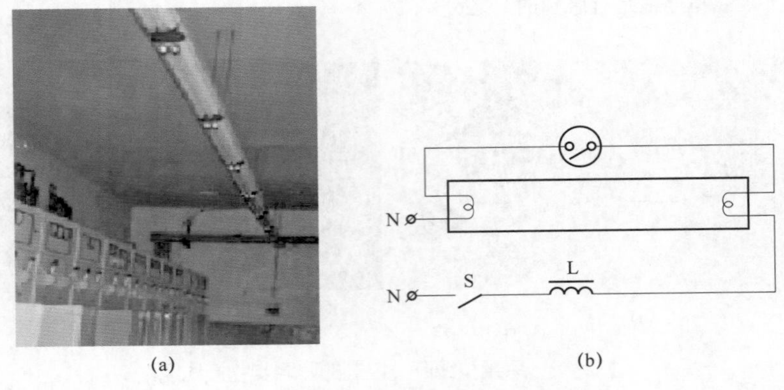

图 11-8　安装在变电站内的日光灯接线图

（a）现场图；（b）电路图

图 11－9 所示为安装在变电站内配电盘后墙壁上的座灯（白炽灯）与钢管配线，钢管采用卡子固定。

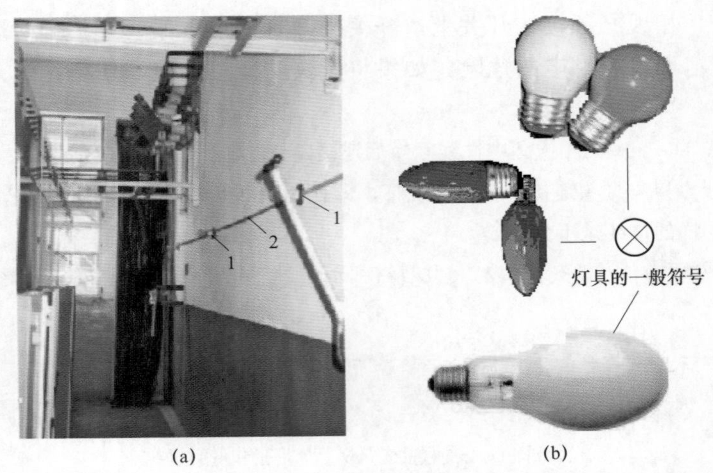

图 11-9　安装在变电站内配电盘后墙壁上的座灯（白炽灯）与钢管配线

（a）现场图；（b）灯具外形及符号

1—木台；2—配线钢管

可以安装在家庭中的各种灯具如图 11－10 所示，其中有日光灯、LED 灯等。LED 灯具有节电、使用寿命长等优点，很受人们欢迎。

(a)

(b)

(c)

图 11-10 可以安装在家庭中的各种灯具
（a）吊灯与壁灯；（b）LED 灯；（c）灯带

第三节 照明配置图中灯具的标注

表示灯具类型与灯具安装方式的符号，见表 11-1 和表 11-2。

表 11-1 表示灯具类型的符号

灯具名称	符号	灯具名称	符号
壁灯	B	工厂一般灯具	G
花灯	H	防爆灯	G 或专用带号
普通吊灯	P	荧光灯灯具	Y
吸顶灯	D	水晶底罩灯	J
卤钨探照灯	L	防水防尘灯	F
投光灯	T	搪瓷伞罩灯	S
柱灯	Z	无磨砂玻璃罩万能灯	WW

表 11-2 表示灯具安装方式的符号

安装方式	符号	安装方式	符号
自在器线吊式	X	弯式	W
固定线吊式	X1	吸顶安装式	DR
防水线吊式	X2	台上安装式	T
人字线吊式	X3	墙壁入式	BR
管吊式	L	支架安装式	J
链吊式	G	柱上安装式	Z
壁装式	B	座装式	ZH
吸顶式	D		

|第四节| 照明配置图中常用的图形符号

照明配置图中表示灯具的图形符号见表 11－3。

表 11－3　照明配置图中表示灯具的图形符号

图形符号	灯具的名称	图形符号	灯具的名称
⊗	灯 （一般符号）	⊗★	不同种类的灯 （★的含义见备注说明）
	泛光灯		聚光灯
	投光灯 （一般符号）		防爆荧光灯
	自带电源的事故照明灯		在专用电路上的事故照明灯
5	荧光灯、发光体 （一般符号） 示例：三管荧光灯、五管荧光灯		气体放电灯的辅助设备 （仅用于辅助设备与光源不在一起时）
	照明引出线 （示出配线）		在墙上的照明引出线 （示出来自左边的配线）

备注说明：
W—壁灯；R—筒灯；EX—防爆灯；P—吊灯；LL—局部照明灯、吸顶灯；EN—密闭灯；G—圆圈灯；L—花灯；ST—备用照明灯；SA—安全照明灯；E—应急灯

符号来源：GB/T 4728.8《电气简图用图形符号　第 8 部分：测量仪表、灯和信号器件》；
GB/T 4728.11《电气简图用图形符号　第 11 部分：建筑安装平面布置图》；
IEC 60617－11《电气简图用图形符号　第 11 部分　建筑与地形的安装平面图和简图》

为识图方便，这里给出一些照明配置图中常用的表示灯具的旧图形符号，以作阅读本书及实践中识图的参考，见表 11－4。

表 11－4　照明配置图中常用的表示灯具的旧图形符号

图形符号	灯具的名称	图形符号	灯具的名称
	灯 （一般符号）		壁灯
	单管日光灯		双管日光灯
	隔爆灯		天棚灯

续表

图形符号	灯具的名称	图形符号	灯具的名称
	安全灯		弯灯
	广照型灯		深照型灯
	矿山灯		防水防尘灯
	花灯		照明配电箱

照明配置图中表示开关与插座常用的图形符号，见表11－5。

表11－5　表示开关与插座常用的图形符号

图形符号	电气设备的名称	图形符号	电气设备的名称
AL	照明配电箱	ALE	事故照明配电箱
E	接地线	WLE	应急照明线
WD (WL)	低压照明线路	EX	防爆荧光灯
1C	单相暗装插座	1C	暗装单相密闭带保护极的电源插座
1EN	单相密闭带保护极的防水插座	3EN	带接地插孔的三相插座（密闭防水）
	单联单控开关		三联单控开关
EX	防爆单联单控开关	EX	防爆三联单控开关
	双极开关	EN	密闭防水三联单控开关
C	暗装单联单控开关	C	暗装三联单控开关
★（不带保护极的） ★（带保护极的）	1P—单相（电源）插座 3P—三相（电源）插座 1C—单相暗敷（电源）插座 3C—三相暗敷（电源）插座 如在插座图中说明，符号旁边的标注可以省略		1EX—单相防爆（电源）插座 3EX—三相防爆（电源）插座 1EN—单相密闭（电源）插座 3EN—三相密闭（电源）插座

符号来源：GB/T 50786《建筑电气制图标准》

住宅与办公室常用的开关与插座外形如图 11－11 所示。

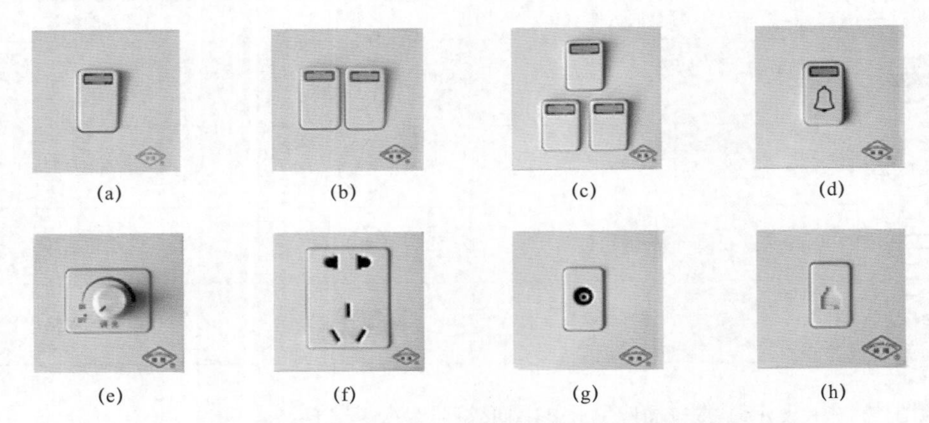

图 11－11 住宅与办公室常用的开关与插座外形

（a）86A 型 10A/250V 一开单控开关；（b）86A 型 10A/250V 二开单控开关；（c）86A 型 10A/250V 三开单控开关；（d）86A 型 250V 门铃开关；（e）86A 型调光开关；（f）86A 型 10A/250V 单相二、三极联体插座；（g）86A 型单联电视插座；（h）86A 型电话插座

第五节 照明配电箱与内装开关设备

照明配电箱的种类很多，可以选择定型成品，也可以选择空壳的照明配电箱，对其内部可根据实际情况选择合适的开关、电能表等器件进行组装。成品照明配电箱如图 11－12 所示。

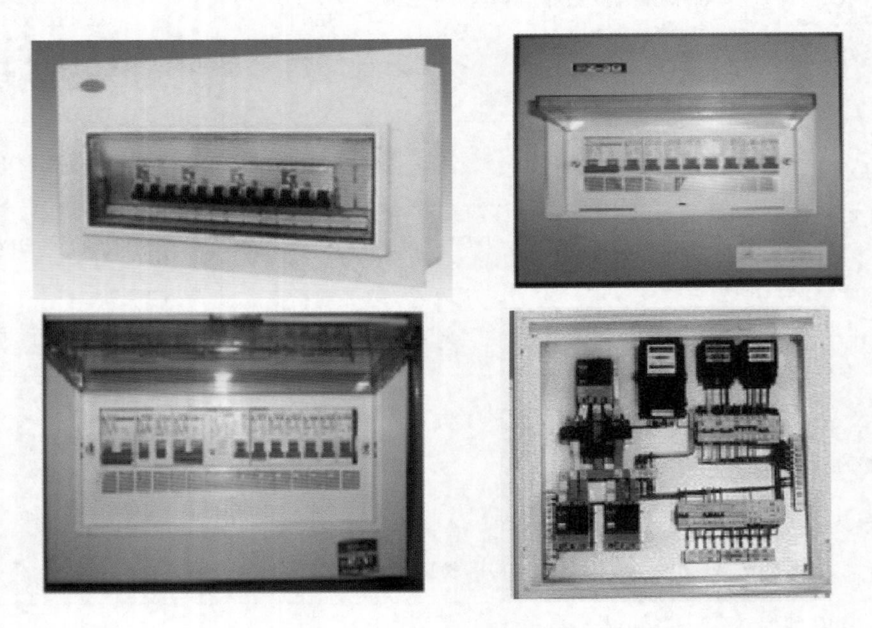

图 11－12 成品照明配电箱

一、照明配电箱的断路器

可以安装在照明配电箱内的断路器如图 11－13 所示。

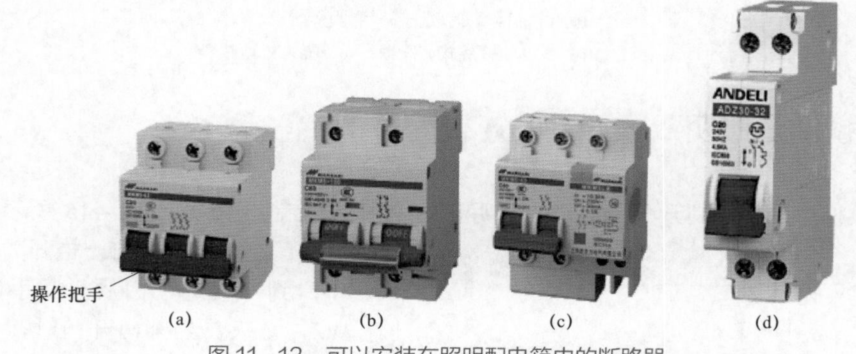

图 11－13 可以安装在照明配电箱内的断路器

（a）MKM5 系列；（b）MKM5-100 系列；（c）MKM5LE 系列；（d）AOE30（DPN）系列

MKM5 系列高分断小型断路器具有结构先进、性能可靠、分断能力强、外形美观小巧等优点，其壳体和部件采用耐冲击、高阻燃材料制成。该系列断路器适用于交流 50Hz 或 60Hz、额定工作电压在 400V 及以下、额定电流至 63A 的场所，主要用于办公楼、住宅和类似建筑物的照明、配电线路及设备的过负荷、短路保护，也可在正常情况下用于线路不频繁的转换。

MKM5－100 系列高分断小型断路器具有外形美观小巧、质量小、性能优良可靠、分断能力较强、脱扣迅速、采用导轨安装、使用寿命长等优点，其壳体和部件采用高阻燃及耐冲击塑料制成。该系列断路器适用于交流 50Hz 或 60Hz，单极 230V，二、三、四极 400V 的场所，主要用于线路的过负荷、短路保护，也可在正常情况下用于线路不频繁的转换。

MKM5LE 系列高分断小型漏电断路器具有结构先进、性能可靠、分断能力强、外形美观小巧等优点，其壳体和部件采用耐冲击、高阻燃材料制成。该系列断路器适用于交流 50Hz 或 60Hz、额定工作电压在 400V 及以下、额定电流至 63A 的场所，主要用于办公楼、住宅和类似建筑物的照明，以及配电线路及设备的过负荷、短路以及漏电保护，也可在正常情况下用于线路不频繁的转换。

AOE30（DPN）系列小型断路器具有分段能力强、体积小（宽度仅为 18mm）等优点。该系列断路器适用于交流 50Hz 或 60Hz、额定电压在 230V 及以下的单相住宅线路中，可以实现对电气线路的过负荷和短路保护。其中性线、相线同时切断，杜绝了相线、中性线接反或中性线对地电位造成的人身及火灾危险，是目前民用住宅领域最理想的配电保护开关。

二、照明配电箱的转换开关与熔断器

照明配电箱内经常采用的转换开关如图 11－14（a）所示，螺旋式熔断器如图 11－14（b）所示，插入式熔断器如图 11－14（c）所示。

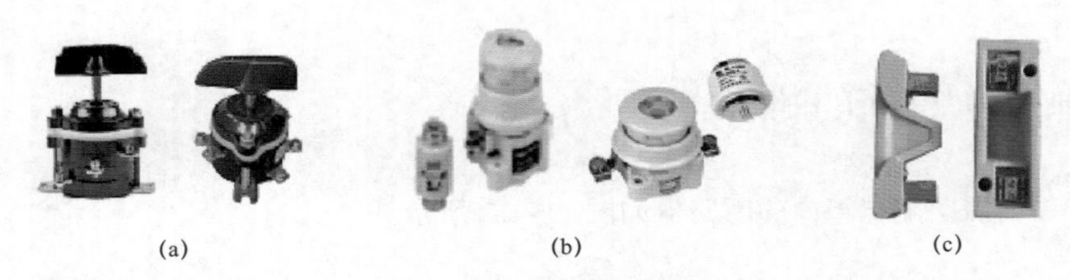

图 11－14　转换开关与熔断器

（a）转换开关；（b）螺旋式熔断器；（c）插入式熔断器

三、楼梯道照明双控开关的连接

过去楼梯道照明控制开关采用双控照明开关 W1，其控制电路如图 11－15 所示。开关安装在门侧，进门时将一楼开关灯 W1 点亮；到二楼进家门后，回手断开开关 W2，灯灭。当外出开门时，合上开关 W2，灯亮；下到一楼的门口，随手断开一楼的开关 W1，灯灭。

图 11－15　采用双控照明开关的楼梯道照明控制电路

电子时代的楼梯道照明控制方式发生了很大的变化，在楼梯道的灯头内装有集成化电路板，采用声、光控延时开关。声、光控延时开关型号较多，但电路相差不多。声、光控延时开关一般采用集成电路，具有性能优良、自动方便、安全省电、经久耐用等优点，是适用于工厂、宾馆、办公楼、教学楼、住宅楼梯道以及卫生间等场所最理想的自动开关。

光控开关通过光线控制，即在白天或光线较强时，在光控电路的作用下，开关断开自锁，声控对其不起作用，照明灯不亮。

声控开关通过声音控制其开与关，只有在天黑以后，当有人走过楼梯道，发出脚步声或其他声音（如手拍声）时，楼梯道灯会自动点亮，提供照明；当人们进入家门或走出住宅时，楼梯道灯延时 1min 后会自动熄灭。在白天，即使有声音，楼梯道灯也不会亮，因此可以达到节能的目的。

住宅楼梯道用声、光控延时开关的灯头外形如图 11－16 所示。其规格与安装如下：

（1）规格。适用电源：160～250V，50～60Hz；负载功率：25～60W。

（2）安装。将开关接入电源两端，安装时应该断开电源，不能带电安装（不安全），表面不能遮盖任何物品，以免影响正常工作。

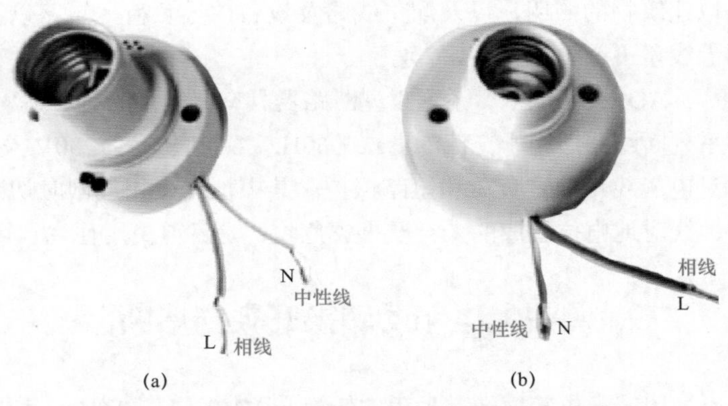

图 11－16　住宅楼梯道用声、光控延时开关的灯头外形

（a）光控延时开关；（b）声控延时开关

|第六节|　照明系统图与配置图

照明系统图与配置图能表示在屋内、外的某个位置安装了何种灯具、开关、插座，以及如何配线等信息。

一、单元楼层照明系统图示例

某单元楼层的照明系统图如图11－17所示。

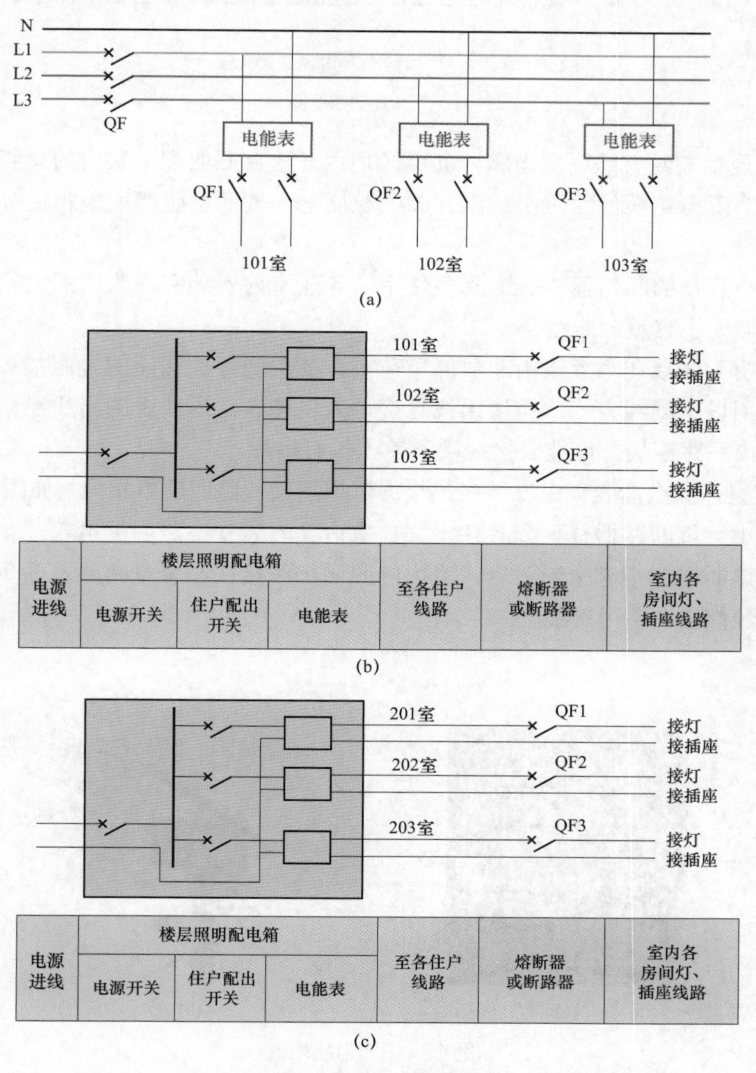

图11－17　某单元楼层的照明系统图（一）

（a）整个楼层的照明系统图；（b）一楼照明系统图；（c）二楼照明系统图

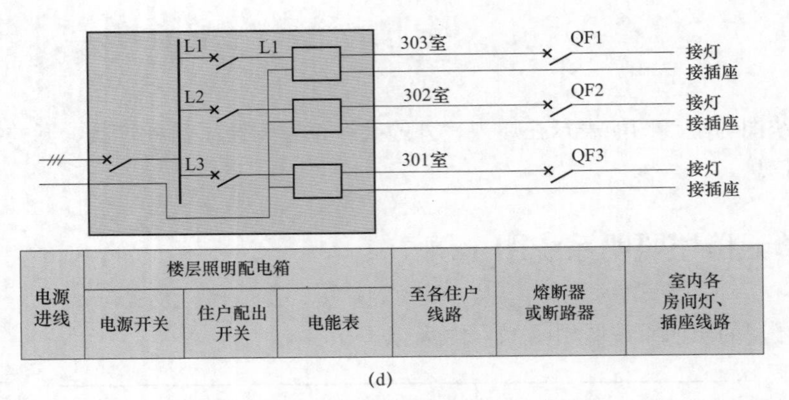

电源进线	楼层照明配电箱			至各住户线路	熔断器或断路器	室内各房间灯、插座线路
	电源开关	住户配出开关	电能表			

(d)

图 11－17　某单元楼层的照明系统图（二）

（d）三楼照明系统图

（1）各楼层都安装有照明配电箱，其电源均由一楼总照明配电箱内的总照明配电开关控制，各楼层照明配电箱内的总照明配电开关电源侧与一楼的总照明配电箱内分支断路器负荷侧连接。

经过这些小容量的断路器，分配到各住室，各住室内安装有小照明配电箱，箱内安装有电能表、熔断器或小容量的断路器。

室内的照明干线接在小容量断路器的负荷侧，各房间灯、插座的电源都接在该照明干线上。室内均采用以下配线方式：电源出线直接进入电能表，电能表的出线经熔断器或小容量的断路器与室内线路连接。电能表接线端子盖上加有铅封。

（2）各住室计量电能表集中安装在该楼层过道墙壁的照明配电箱内，如图 11－18（a）所示。再经过各小容量断路器分配到各住室，住室内又安装有小照明配电箱，箱内不安装电能表，而是安装熔断器或小容量断路器。室内的照明干线接在小容量断路器的负荷侧，各房间灯、插座的电源都接在室内干线上。

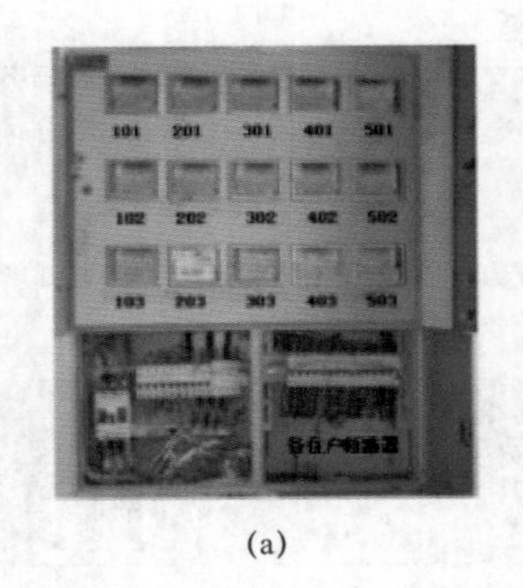

(a)

(b)

图 11－18　电能表箱

（a）楼道内的电能表箱；（b）杆上电能表箱

楼层过道墙上的照明配电箱平时上锁，由供电站人员管理，目前都采用这种照明配线方式。

（3）农村各住户计量电能表安装在户外电线杆上，如图 11－18（b）所示。农村各住户计量电能表系统如图 11－19 所示。其采用绝缘电线引入各住户，住户室内安装小照明配电箱，如图 11－20（a）所示。小照明配电箱内不装电能表，只装熔断器或小容量断路器。室内的照明干线接在小容量断路器的负荷侧，各房间灯、插座的电源都接在室内干线上，如图 11－20（b）所示。户外电线杆上的照明配电箱（计量电能表箱）平时上锁，由供电站人员管理，一般平房都采用这种照明配线方式。入户后，屋内一般采用断路器或熔断器，安装在一块木板上。

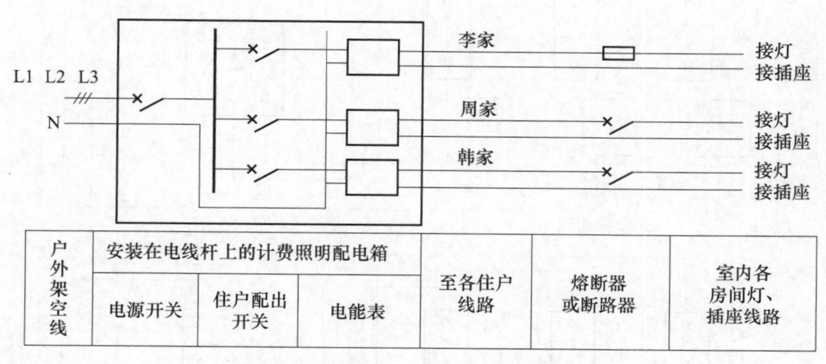

图 11－19　农村各住户计量电能表系统

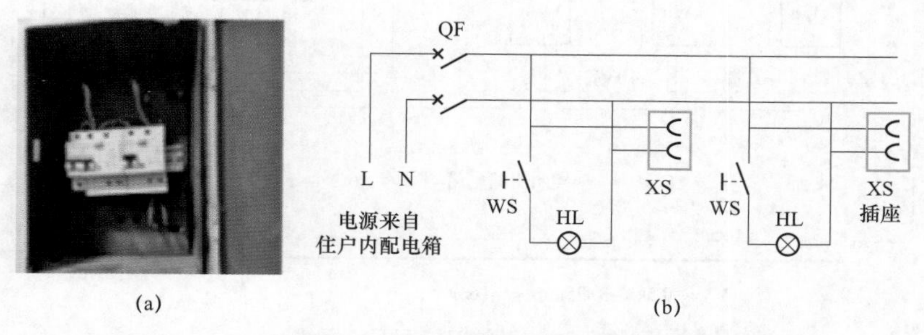

(a)　(b)

图 11－20　农村各住户室内小照明配电箱与灯、插座接线图

（a）小照明配电箱；（b）灯、插座接线图

二、单元楼层照明配线图示例

图 11－21 所示为某单元楼层照明配线图。从中可以看出，电源由户外架空线通过型号为 $VV_{22}-0.5kV-3\times 25mm^2+1\times 16mm^2$ 的四芯电缆引入单元的照明配电箱（一般安装在一楼过道的墙壁上），该照明配电箱作为单元照明系统的总电源配电箱。每一层楼的三户分别经过配电箱内的断路器 QF1、QF2、QF3，再经过分支照明开关引入每户。

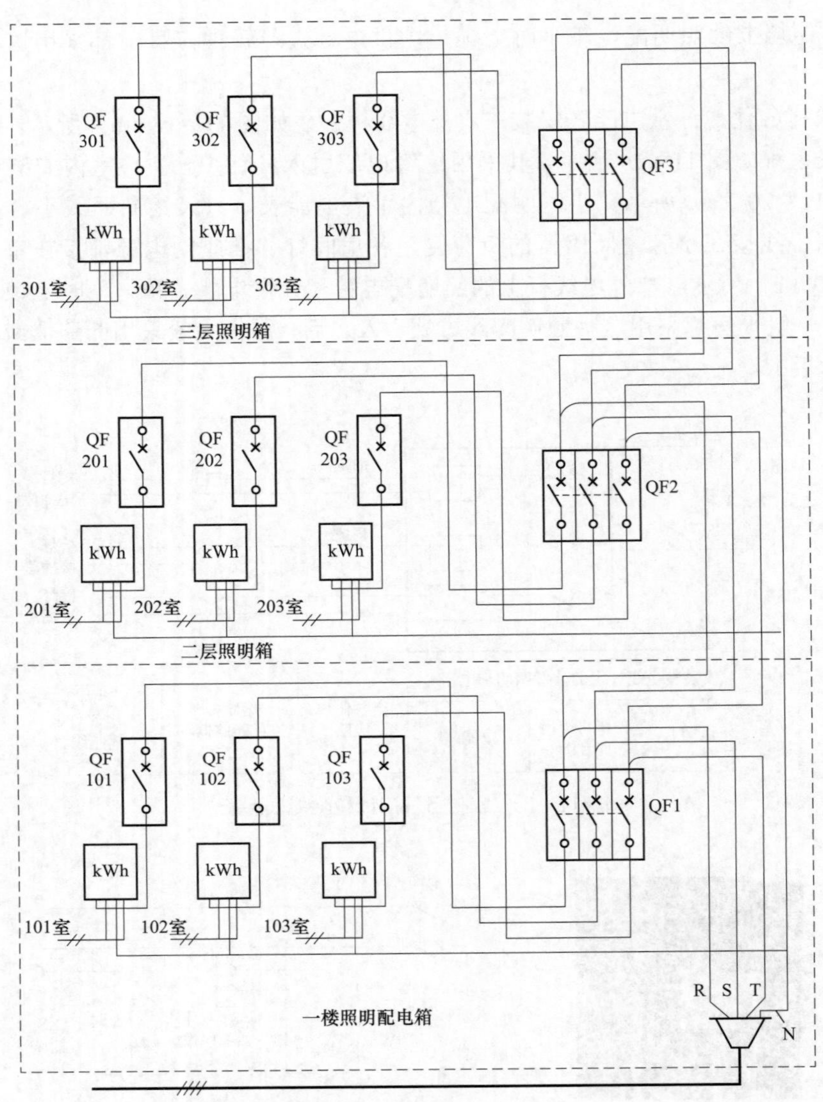

图 11–21　某单元楼层照明配线图

第七节　识图方法与步骤

一、识图的基本方法与步骤

（1）看图纸，确定安装任务与图纸的名称是否相同。

（2）看图形、文字符号，熟悉图纸上的图形和文字符号所表示的开关、灯具、导线以及连接方法。

（3）看材料设备表，了解该照明工程全部用料的型号、规格、数量等。

（4）看技术说明部分，从中了解有关的技术要求和有关规定。

（5）看照明系统图，从中大体了解照明工程的概况，从引入线到总开关直到每一个分支回路的开关，以及各带多少个灯具及插座等。

（6）看平面布置图，要结合现场的实际，确定开关、灯具的安装位置，看电源进线由何处进，以及采用何种配线方式。

（7）看每个灯具及开关的安装位置，按照接线图进行接线。

（8）看接地线（接地体）的安装位置，看选用的接地体是否合乎要求。

二、识图示例：消防水泵站的照明系统图

图 11－22 所示为一座消防水泵站的照明系统图，图 11－23 所示为消防水泵站的照明配线平面图。

该照明工程的送电顺序：合上照明开关箱内的配电间照明开关 QF1；合上照明开关箱内的泵房照明开关 QF2；合上照明开关箱内的值班室照明开关 QF3。

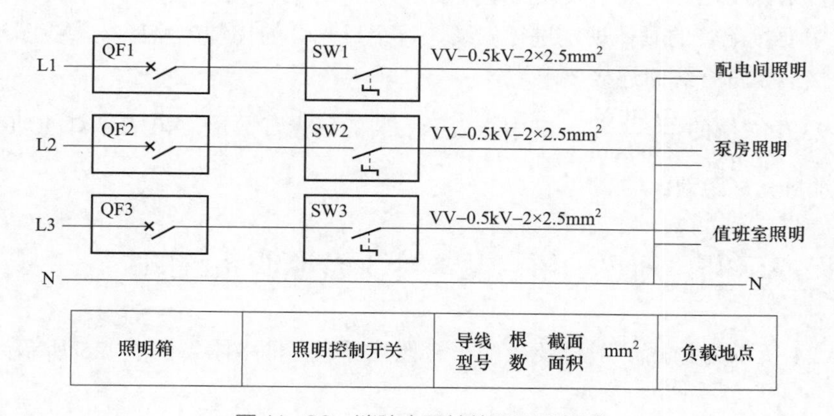

图 11－22　消防水泵站的照明系统图

在合上上述开关后，各回路送电。值班人员合上泵房内的墙壁照明开关 SW2，泵房灯亮。合上操作值班室内墙壁照明开关 SW3，值班室内的日光灯亮，反之灯灭。在该照明系统图中只给出了绝缘电线的型号、规格，其他方面要查设备材料表，此处省略。

照明配线平面图分为三部分：值班室照明、泵房照明、配电间照明。通过查表可知图形符号▭表示的是日光灯；图形符号▬表示的是照明开关箱；图形符号表示的是照明开关；图形符号⊙表示的是防水防尘灯；图形符号●表示的是球型灯；图形符号—//—中粗线表示的是钢管，斜线条数表示的是穿入该钢管内导线的根数。

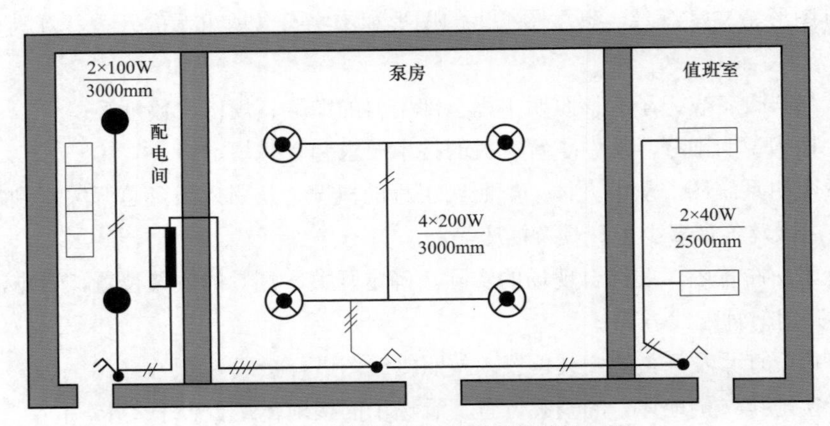

图 11－23　消防水泵站的照明配线平面图

技术说明：

（1）照明开关箱安装在配电站墙壁的明处，其安置中心距地面 1.5m，各照明回路的电源开关 QF1、QF2、QF3 安装在照明开关箱内。从照明系统图中可以看出，该照明工程是比较简单的。

（2）照明配线除在值班室内、天棚内暗设外，其他均采用 VV－0.5kV－2.5mm² 照明导线，通过穿有缝钢管敷设。

这样的技术说明已经明确了安装的基本要求，施工人员要了解上述要求并据此进行安装。在配管施工中要按配管的具体规定进行安装，每个日光灯的控制电路应按接线图进行安装，灯与开关的接线要符合线路连接要求。

图 11－23 中右侧的 $\frac{2\times40\text{W}}{2500\text{mm}}$，其中 2 表示安装的日光灯数量，40 表示灯的功率为 40W，2500mm 表示日光灯距地面的高度。

三、识图示例：加热炉平台及风冷平台照明系统图

图 11－24 所示为加热炉平台及风冷平台照明系统平面图，图 11－25 所示为对应的立面图。

看图时需要了解该照明系统的以下基本情况：①安装的灯具为立杆防爆灯，采用钢管配线；② 导线采用 BBLX－0.5kV－2.5mm²；③钢管采用水、煤气输送钢管，规格为 ϕ20（3/4 寸）；④钢管沿着梯子及平台栏杆明设，用卡子固定。

看图步骤如下：

先看加热炉平台及风冷平台照明平面图、立面图，从中了解加热炉及风冷平台有几层，每层平台距地的高度是多少，每盏灯的下部距平台的高度是多少。

看图 11－25 边沿的标高尺寸线、中间或上部的标高数字。要知道每层平台有多少盏灯及其安装位置，就要看平面图；要知道每层平面（台）照明电源由何引来，就要看导线的引导符号。

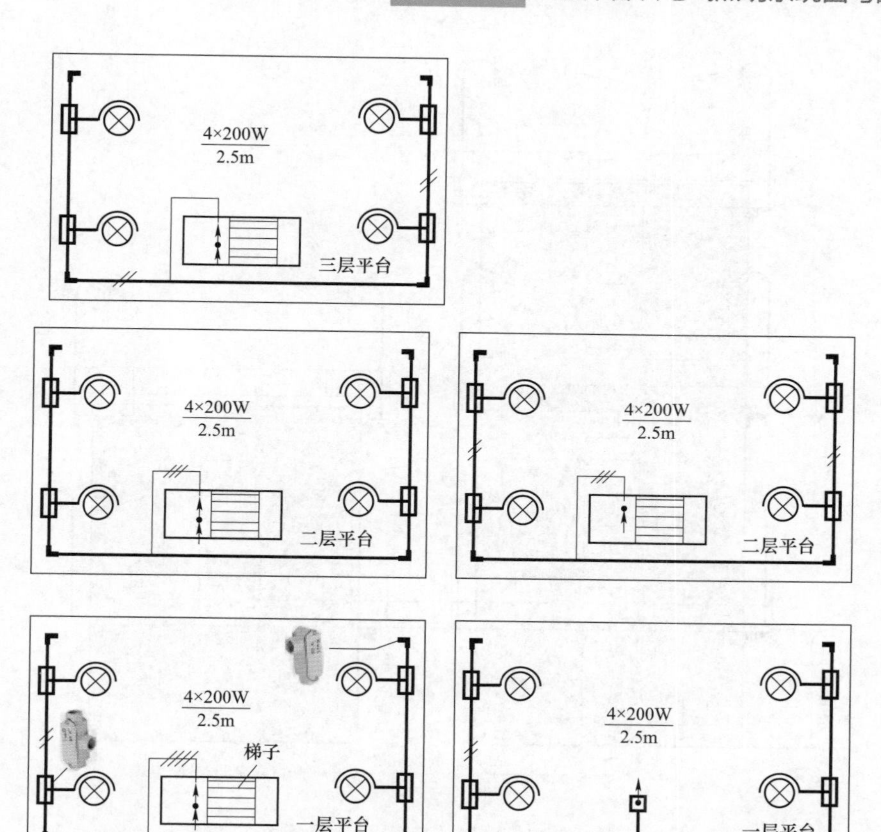

图 11－24 加热炉平台及风冷平台照明系统平面图

要知道每根（段）管内穿几根线，要看粗实线上的斜线有几条。有几条斜线，就在该管内穿几条导线。

要知道管配线中需要多少个接线盒，首先要看塔炉上的灯头数。既要从图中看，也要结合现场的实际看。看有几个转弯处，对看上去不容易穿线的地方加接线盒。

要知道照明线路负荷的分配情况，要看照明系统平面图与立面图中的灯具，表达式为 $\frac{4\times200W}{2.5m}$，其中 4 表示有 4 盏灯，每盏灯的功率为 200W，2.5m 表示灯的安装高度（指某一平面而言）。

看立面图标高符号 3000mm，其表示加热炉及风冷的第一层平台距地面为 3m。看梯子边上有的图形，查表后可知其表示气密式转换开关，该开关下面的尺寸线为 1200mm，表示开关的中心距地面 1.2m，开关固定在梯子边上。看加热炉及风冷第一层 3m 平台的照明平面图，有 8 个—⊗的图形，从图 11－25 可知其表示立杆防爆灯。图形表示导线是由第一层下部引来的（开关上引来），沿着梯子栏杆边沿固定钢管。

看平面图第一层平台的栏杆有粗实线—//—，上面有小短斜线，该线的末端一直到加热炉及风冷平台的第 4 个灯上，从中可以看到加热炉及风冷平台上没有图形，表示加热炉及风冷平台照明是用一只三极转换开关控制。

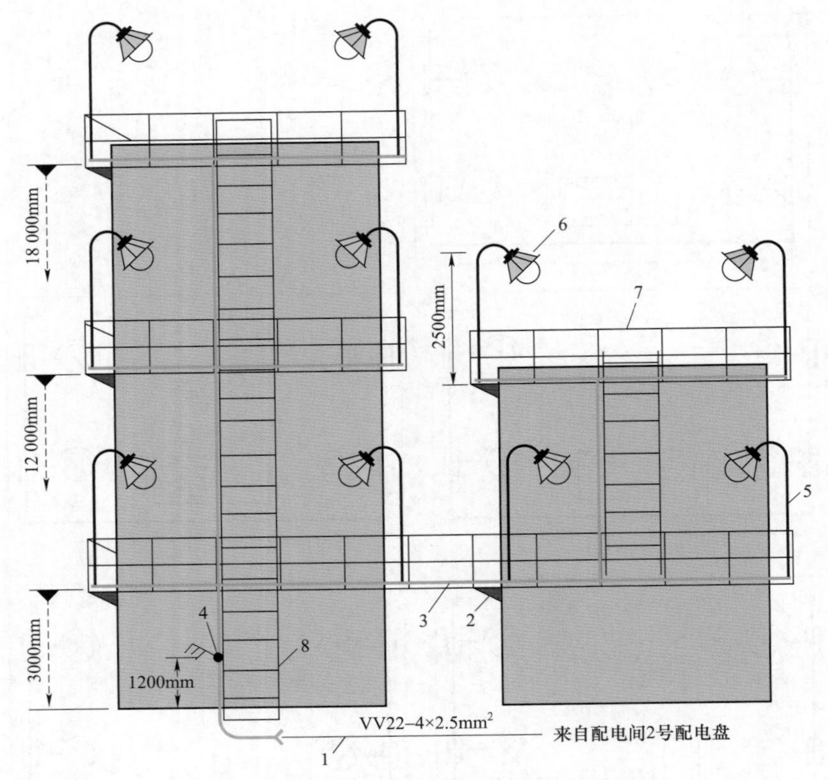

图 11-25　加热炉平台及风冷平台照明系统立面图

1—电缆；2—平台；3—钢管；4—气密式转换开关；5—立杆；6—防爆灯；7—栏杆；8—梯子

看平面图第一层平台梯子边上的图形，表示由此引向第二平台；看第二层平台梯子边上的图形，表示导线由下引来（即第一层平台）；看第二层平台有 4 盏灯。

看立面图第二层平台 12 000mm，表示加热炉第二层平台距地面 12m；看梯子边上的图形，表示导线由下引来，又引上第三层平台，看图形可知有 8 盏灯，安装高度为 2.5m。

看平面图第三层平台梯子边上有图形，表示第三层平台的灯线、电源由下引来；第三层平台有 4 盏灯，每盏 200W，安装高度为 2.5m。

在实际配线中要注意导线截面面积的选择，主线路的导线截面面积与相线的截面面积相同，中性线应比相线的截面面积小一点（可选颜色不同的线），这样在接线中比较容易区分。安装完毕后应对线路进行检查，看有无短路、接地等，一直到灯亮为止。

第十二章

怎样看识电气设备配线图与接线图

本章介绍怎样看识电气设备配线图与接线图，内容包括电气设备接线图与接线表、通用三相交流 380V 异步电动机电气原理基本接线图、有信号灯的双重联锁的电动机正反向运转 380V 控制电路原理与接线图，以及使用查线灯、万用表对多芯控制电缆校线。练兵板见视频资源。

|第一节| 电气设备接线图与接线表

电气设备接线图与接线表就是能够表示成套装置设备和装置连接关系的一种简图和表，用于电气设备的安装接线、线路检查、线路维修和故障处理。电气设备接线图分为单元接线图、互连接线图和端子接线图三种。同样，电气设备接线表也分为单元接线表、互连接线表和端子接线表三种。

一、单元接线图与单元接线表

单元接线图与单元接线表是表示成套装置或设备中一个结构单元件内连接关系的一种接线图与接线表，单元接线图如图 12－1 所示，单元接线表见表 12－1。单元接线图与单元接线

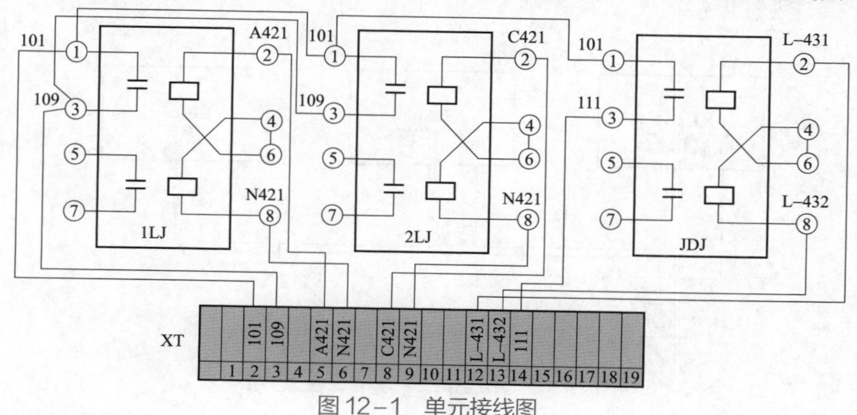

图 12－1　单元接线图

表表示单元内部的连接情况，通常不包括单元之间的外部连接，但可以给出与之相关的互连接线图的图号。单元接线图通常应按各个项目的相对位置进行绘制。单元接线表一般包括线缆号、线号、线缆型号及规格、连接点号、所属项目代号和其他说明等内容。

表 12-1　　单元接线表

线缆号	线号	线缆型号及规格	连接点Ⅰ			连接点Ⅱ			附注
			项目代号	端子号	参考	项目代号	端子号	参考	
	101		1LJ	1		XT	2		
	109		1LJ	3		XT	3		
	A421		1LJ	2		XT	5		
	N421		1LJ	8		XT	6		
	101		2LJ	1		1LJ	1		
	109		2LJ	3		1LJ	3		
	C421		2LJ	2		XT	8		
	N421		2LJ	8		XT	9		
	L-431		JDJ	2		XT	12		
	L-432		JDJ	8		XT	13		
	111		JDJ	3		XT	14		

二、互连接线图与互连接线表

互连接线图与互连接线表是表示成套设备或不同单元之间连接关系的一种接线图与接线表。图 12-2 所示为用连续线表示的互连接线图，图 12-3 所示为部分用中断线表示的互连接线图，表 12-2 为互连接线表。

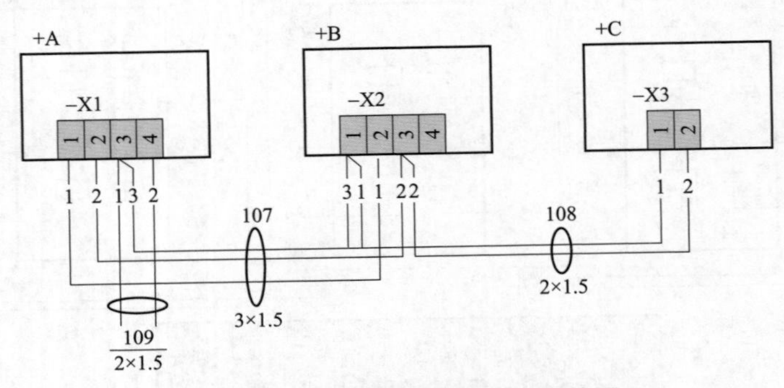

图 12-2　用连续线表示的互连接线图

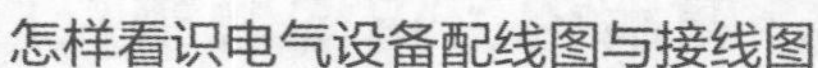

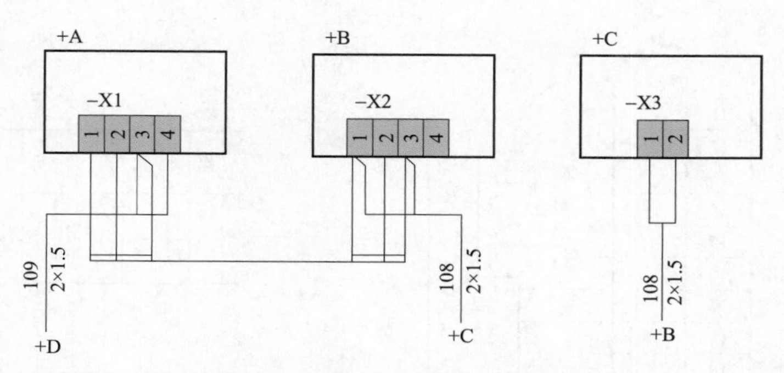

图 12-3 部分用中断线表示的互连接线图

表 12-2 互连接线表

线缆号	线号	线缆型号及规格	连接点 I			连接点 II			附注
			项目代号	端子号	参考	项目代号	端子号	参考	
107	1 2 3		+A-X1 +A-X1 +A-X1	1 2 3	109.1				
108	1 2		+B-X2 +B-X2	1 3	107.3 107.2				
109	1 2		+A-X1 +A-X1	3 4					

导线在接线图中可用连续线，如图 12-4（a）所示；也可用中断线，如图 12-4（b）所示。使用中断线表示时，在中断处必须标识导线的去向。导线、电缆、缆形线束等可用加粗的线条表示，在不致引起误解的情况下也可部分加粗。单线表示法如图 12-4（c）所示。

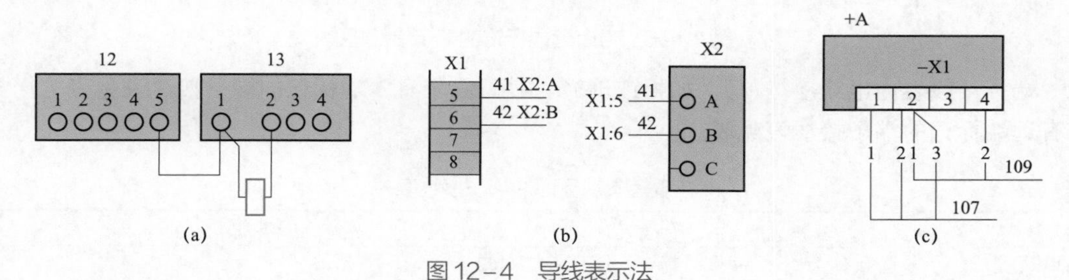

图 12-4 导线表示法

（a）用连续线表示；（b）用中断线表示；（c）用单线表示

三、端子接线图与端子接线表

端子接线图与端子接线表是表示成套装置或设备端子上的外部接线的一种接线图与接线表。端子接线图与端子接线表表示的是单元和设备的端子与外部导线的连接关系，通常不包括单元或设备的内部连接，但可提供与之相关的图号。端子接线图的视图应与接线面的视图一致，各端子应基本按其相对位置表示。带有本端标记的端子接线图，如图 12-5 所示；带有远端标记的端子接线图，如图 12-6 所示。

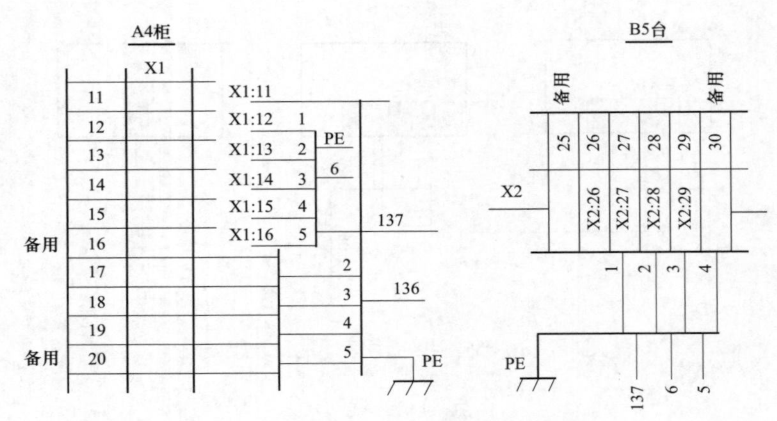

图 12-5 带有本端标记的端子接线图

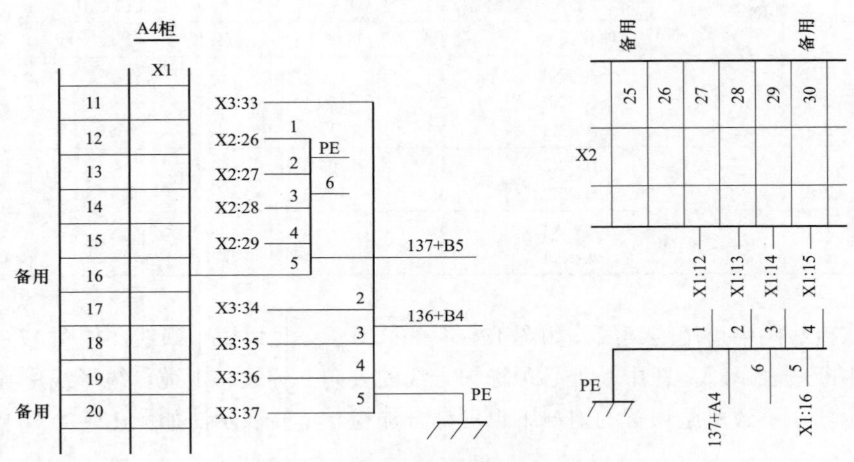

图 12-6 带有远端标记的端子接线图

端子接线表内电缆应按单元(如柜或屏)集中填写。带有本端标记的端子接线表见表 12-3，带有远端标记的端子接线表见表 12-4。

表 12-3 带有本端标记的端子接线表

A4 柜			B5 台		
136		A4	137		B4
	PE	接地线		PE	接地线
	1	X1：11		1	X2：26
	2	X1：17		2	X2：27
	3	X1：11		3	X2：28
	4	X1：11		4	X2：29
	5	X1：11	备用	5	
备用			备用	6	
	PE	(—)			
	1	X1：12			
	2	X1：13			
	3	X1：14			
	4	X1：15			
备用	5	X1：16			
备用	6	—			

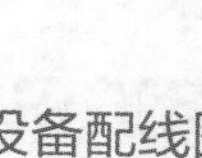

表 12－4 带有远端标记的端子接线表

A4 柜			B5 台		
136		A4	137		B4
	PE	接地线		PE	接地线
	1	×3＝33		1	×1＝12
	2	×3＝34		2	×1＝13
	3	×3＝35		3	×1＝14
	4	×3＝36		4	×1＝15
备用	5	×3＝37	备用	5	×1＝16
137	PE	B5			
	1	接地线			
	2	×2＝26			
	3	×2＝27			
	4	×2＝28			
备用	5	×2＝29			
备用	6				

在实际应用中，接线图可单独使用，也可与电路图、位置图等一起组合使用。接线图能够表示项目的相对位置、项目代号、端子代号、导线号、导线的型号及规格以及电缆敷设方式等内容。

所谓项目，是指接线图上用一个图形符号表示的基本件、部件、组件、功能单元设备、系统等。例如，继电器、电阻器、发电机、开关设备等都可以称为项目。项目代号是用来识别图、表及设备上的项目种类、层次关系以及实际位置等信号的一种特定代码。例如，用 KM 表示交流接触器，用 SB 表示按钮开关，用 TA 表示电流互感器等。接线图中完整的项目代号包括 4 个代号段，即高层代号、位置代号、种类代号和端子代号。

高层代号是指系统或设备中任何较高层次（对给予代号的项目而言）的项目代号。例如，石化企业生产装置中的电动机、泵、启动器和控制设备的泵装置等。

位置代号是指项目在组件、设备系统或建筑物中实际位置的代号。

种类代号是指用来标识项目种类的代号。种类代号与项目在电路中的功能无关。例如，各种接触器都可视为同一种类的项目。组件可以按其在给定电路中的不同作用而赋予不同的种类代号。例如，可根据开关在电力电路（作断路器）或控制电路（作选择器）中的作用而分别赋予其种类代号。

端子代号是完整的项目代号的一部分。当项目的端子有标记时，端子代号必须与项目上的标记一致；当项目的端子没有标记时，应在图上设定端子代号。端子代号通常采用数字或大写字母表示，特殊情况下也可用小写字母表示。例如，接触器 KM 线圈接线端子标记为 A1。

第二节 通用三相交流 380V 异步电动机电气原理基本接线图

图 12－7 所示为各种工厂中驱动不同用途的泵、风机、压缩机等生产设备的通用三相交流 380V 异步电动机电气原理基本接线图，这种图也称原理接线展开图。

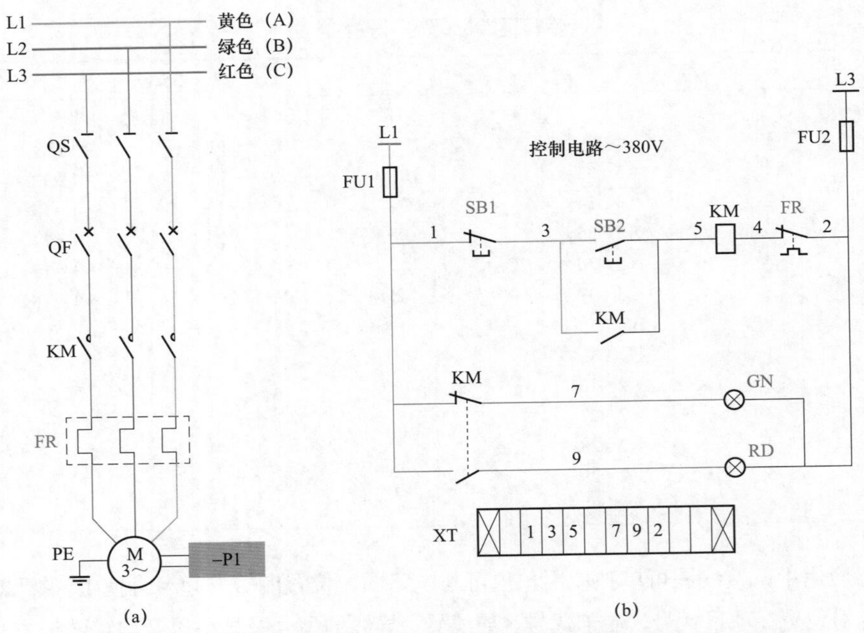

图 12-7　通用三相交流 380V 异步电动机电气原理基本接线图

（a）主回路（也称系统图）；（b）控制回路图（也称二次接线图）

一、设备安装与电缆敷设

主回路和控制回路中的电气设备，是按现场实际需要选型安装的。例如，对于电气设备的安装地点，主回路开关设备、继电保护、控制器件，一般安装在变配电站的低压配电盘上；操作器件、信号监视设备，一般安装在电动机附近或生产装置操作室（集中控制室）的控制操作屏（台）上。

在图 12-7 所示的电路中，三相隔离开关 QS、空气断路器 QF、交流接触器 KM、热继电器 FR、接线端子排 XT 安装在低压配电盘上，主回路设备之间的连接采用铜或铝母线。

电气设备安装位置与接线如图 12-8 所示。电动机 M 安装在泵与电动机的基座上，控制按钮 SB1、SB2 安装在机前方便操作的位置，信号灯安装在操作室的操作屏台上。

低压配电盘上的设备、控制线路与配电盘以外的设备（如控制按钮）连接时要经过接线端子排 XT。实际接（配）线时，要敷设两条控制电缆和一条电力电缆。

（1）从低压配电盘到机前控制按钮敷设一条控制电缆（ZRKVV-0.5kV-4×1.5mm²-100m）。

（2）从低压配电盘到生产装置控制屏敷设一条控制电缆（ZRKVV-0.5kV-4×1.5mm²-60m）。

（3）从低压配电盘到电动机前敷设一条电力电缆（ZRVV-0.5kV-3×35mm²-100m）。

电缆敷设后要经认真校线，然后按电路图的标号接线，将安装在电动机前设备、操作室、变电站配电盘的电气设备按图 12-7 所示的电路图连接成完整的控制线路。

图 12-7 中的线条表示的就是导线。要弄清哪些线是低压配电盘内设备器件之间的接线，哪些线需要经过端子排后再与盘外设备相连接。

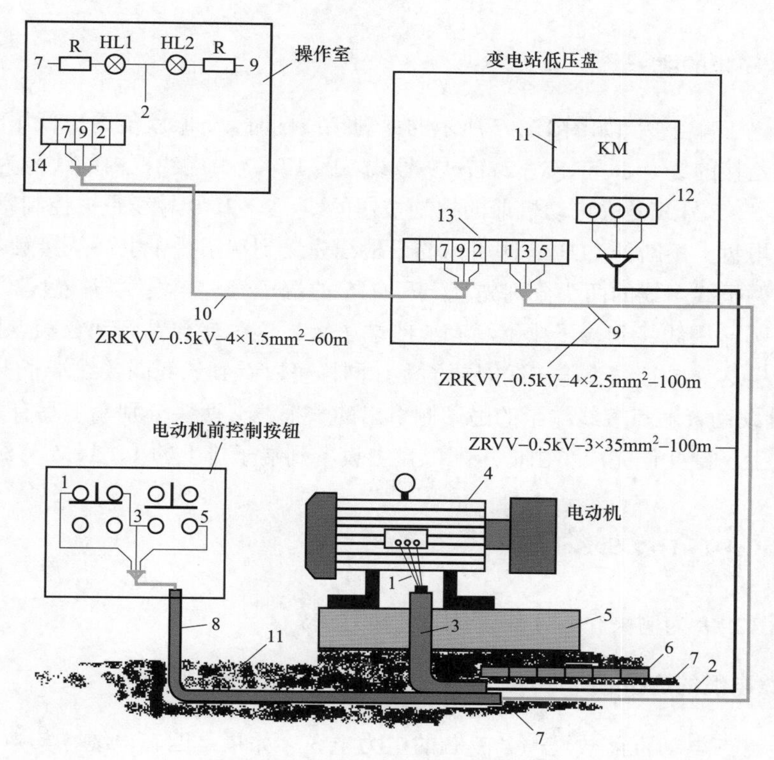

图 12-8　电气设备安装位置与接线

1—动力电缆芯线；2—动力电缆；3—动力电缆保护管；4—电动机；5—基础；6—红砖；7—沙子；8—控制电缆保护管；9、10—控制电缆；11—回填土

将低压配电盘内设备器件之间的线连接好后，凡是要与盘外设备进行连接的线，都要先引至端子排 XT 上，然后通过电缆与盘外设备连接。电路图中用虚线框起来的图形符号所表示的设备就是配电盘外设备，如图 12-7 中的控制按钮 SB1、SB2；在端子排图形外标出的编号如 1、3、5 等就是与外部设备进行连接的线号。

二、看图分线、配线与连接

下面以图 12-7 为例介绍看图分线、配线与连接的方法。

1. 盘内设备器件相互连接的线

在图 12-7 所示的电路中，低压配电盘内设备器件相互连接的线有 1、2、3、4、5、7、9 号线。接触器 KM 电源侧 L3 相端子引出的一根线与控制回路熔断器 FU2 上侧连接。控制回路熔断器 FU2 下侧引出的一根线与热继电器 FR 的动断触点一侧端子相连接（2 号线），从该动断触点的另一侧端子引出的一根线与接触器 KM 线圈的两个线头中的任意一个端子连接，这根线是 4 号线，从线圈的另一个线头端子引出的一根线就是 5 号线。接触器 KM 电源侧 L1 相端子引出的一根线与控制回路熔断器 FU1 的上侧连接，这根线是 1 号线。

2. 引至端子排的线

有经验的电工，当拿到如图 12－7 所示的原理接线图时，一眼就能看出低压配电盘上设备与外部设备相连接的线有 1、3、5、2、7、9 号线。图 12－7 中虚线框内的线号为 1、3、5、2、7、9，其中 1、3、5 号线是去电动机前的控制按钮的线，2、7、9 号线是去控制室信号灯的线。

从低压配电盘上熔断器 FU1 下侧引出的一根线先接到端子排 1 上。从接触器 KM 辅助动合触点引出的两根线，线的两头分别先套上写有 5 的端子号，一根线与接触器 KM 线圈的 5 号线相连接，另一根线接到端子排上写有 5 的端子上。这时就会看到动合触点接线端子上有两个线头，如果这个 5 号线头压在线圈端子上，同样可以看到该线圈接线端子上有两个线头。接触器 KM 辅助动合触点接线端子的另一侧引出的一根线（两头分别套上写有 3 的端子号）接到端子排 3 上，到此便完成了由低压配电盘上设备到端子排上的 1、3、5 号线的连接。

三、外部设备的连接

下面以图 12－8 为例来介绍外部设备的连接方法。

1. 主回路电缆的连接

低压配电盘到电动机前敷设一条三芯的电力电缆。如果是四芯电缆，其中一芯为保护接地。选用三芯电缆时不用校线。将变电站内的电缆一端分别与热继电器负载侧端子相连后，电缆的另一端与电动机绕组引出线端子相连即可。

2. 控制电缆走向

低压配电盘到电动机前控制按钮敷设两条四芯的控制电缆。先将电缆芯线校出，同一根线的两端穿上相同的端子号，打开控制按钮的盖，穿进电缆。

（1）将穿有端子号 1 的线头，接在停止按钮 SB1 的动断触点一侧端子上。

（2）将穿有端子号 5 的线头，接在启动按钮 SB2 的动合触点一侧端子上。

（3）将停止按钮的另一侧端子和启动按钮的另一侧端子先用导线连接，然后把穿有端子号 3 的线头，接到其中任意一个端子上。

（4）信号灯的连接，先将电缆的芯线校出，穿好线号，从控制回路熔断器 FU1 下侧再引出一根线（1 号线），接到接触器 KM 的辅助触点上，先确定接触器上的一对动合触点、一对动断触点作为信号触点使用，再将两个触点的一侧用线并联。

（5）从动合触点的另一侧端子引出的 9 号线接到端子排 9 号端子上，从动断触点的另一侧引出的 7 号线接到端子排 7 号端子上。从控制回路熔断器 FU2 下侧再引出一根线（2 号线），与端子排上的 2 号端子连接。

（6）从端子排 2 号端子上引出的一根线，通过电缆接到操作室控制屏上的端子排 2 号端子上，把操作室控制屏上的两个信号灯的一侧用线并联，然后用线将其与端子排 2 号端子连接好，再与电缆芯线 2 号线连接。

（7）从端子排 7 号端子和端子排 9 号端子引出的两根线，分别与电缆芯线中的 7 号线和 9 号线连接，电缆芯线 7 号线和 9 号线分别接到操作室控制屏端子排 7 号端子和 9 号端子上。

（8）从操作室控制屏端子排 7 号端子引出的一根线接到绿色信号灯 HL1 的电阻 R 上，从操作室控制屏端子排 9 号端子引出的一根线接到红色信号灯 HL2 的电阻 R 上。

至此，这台电动机的接线全部完成。

四、接线图的不同表达形式

图 12－7 所示的电路原理基本接线图可以画成另一种采用实际接线形式的接线图，即实际接线图，如图 12－9 所示。这种图用在简单的电路中是非常明显、直观的，从中能够清楚地看

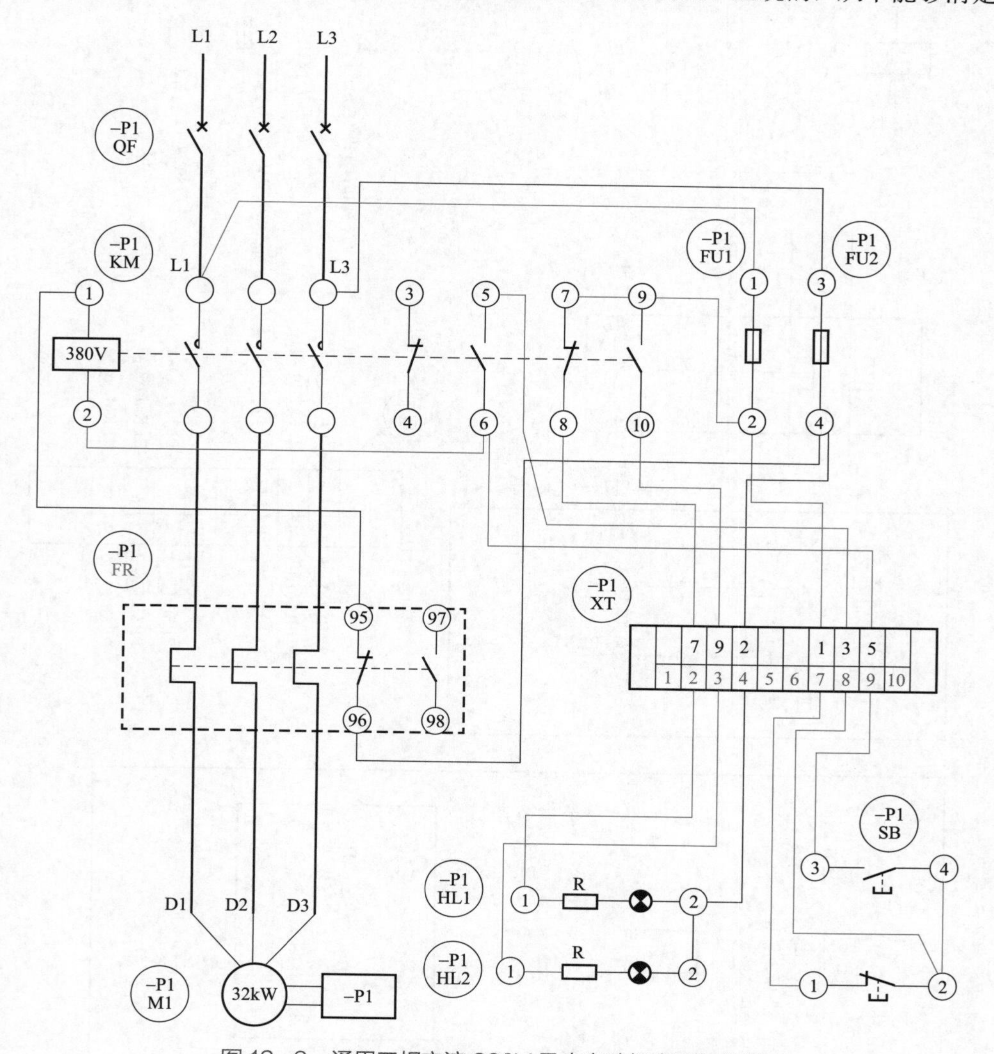

图 12－9 通用三相交流 380V 异步电动机实际接线图

到线路的走向，且方便接线；但对于回路设备较多、构成复杂的线路，采用这种图会显得图面线条繁多凌乱，且多有重复交叉，容易画错，也很难看懂。

图 12－9 也可以画成另一种形式的接线图，如图 12－10 所示，即采用中断线表示线路走向的接线图，也即互连接线图或配线图。这种图使用相对编号法，不具体画出各电气元件之间的连线，而是采用中断线和文字、数字符号来表示导线的来龙去脉。只要能认识元件的名称、触点的性质、排列的编号，不用理解电路工作原理就可进行接线（配线）。

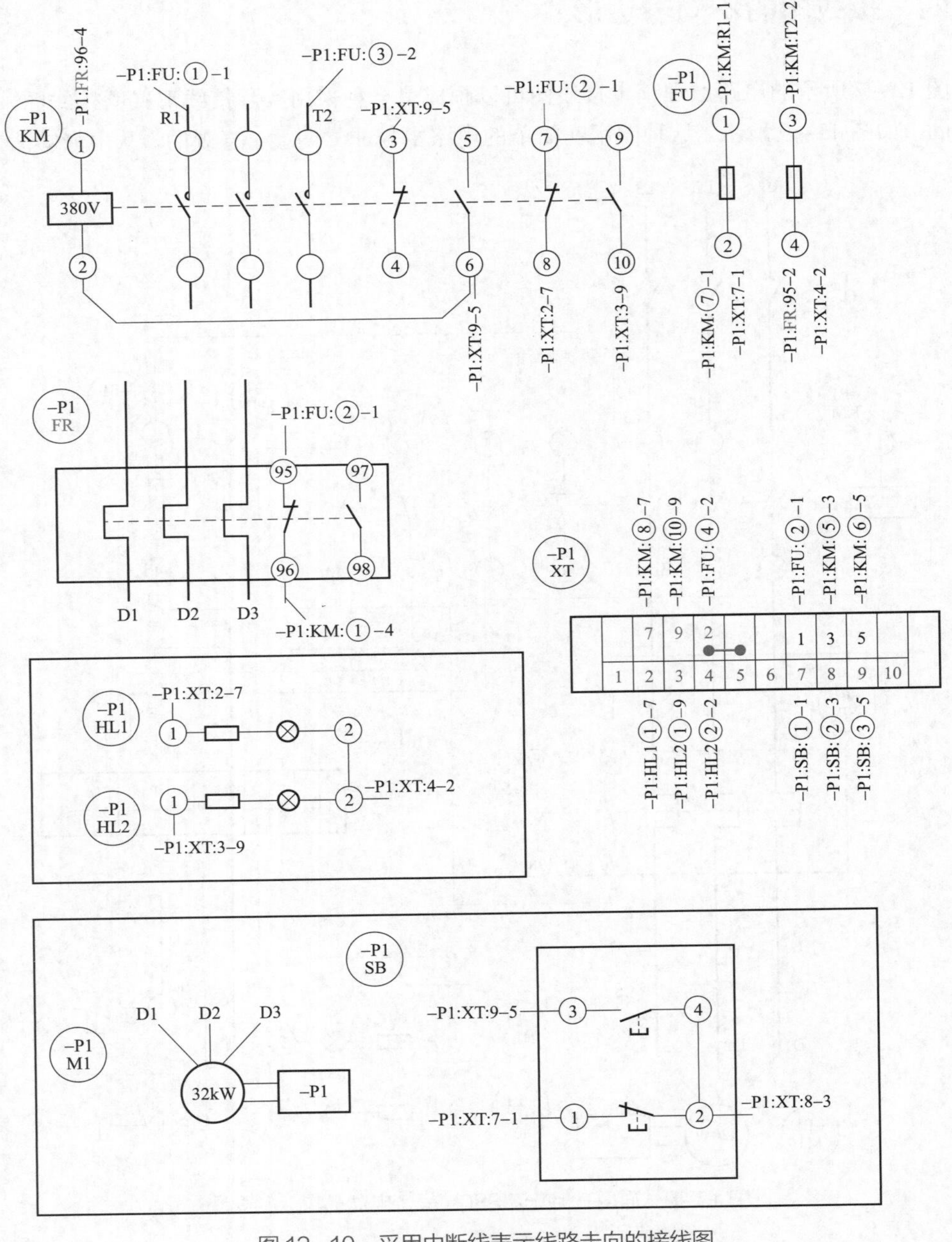

图 12－10　采用中断线表示线路走向的接线图

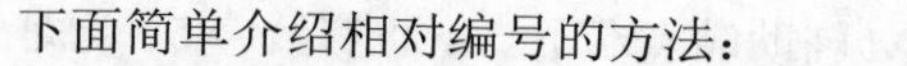

下面简单介绍相对编号的方法：

在 A 的设备上编 B 的号，在 B 的设备上编 A 的号。例如，在图 12－10 中，停止按钮 SB1 的动断触点①边上的－P1：+A：XT：①－1 不是停止按钮 SB1 的编号，而是另一台设备元件的编号，其表示从这台设备上的这个端子引出的线，要接到哪台设备的哪个触点（线圈）端子上。例如：

（1）－P1：+A：XT：①－1，表示从停止按钮动断触点的一侧①端子引出的线，要与低压配电盘+A 上的端子排 XT 的 1 号端子连接。

（2）－P1：SB1：①－1，表示由端子排（1）引出的线，要接到停止按钮 SB1 一侧端子①上。

由此可以看出，－P1：+A：XT：①－1 和－P1：SB1：①－1 表示的是一根线，在线的两端（线头）分别穿上写有 1 的端子号。其中，一端接在端子排（1）上，另一端接在停止按钮端子①上。

其他的以此类推，直到把线接完。

采用回路标号的配线图也是一种常用的配线图，如图 12－11 所示。能够看得懂原理接线图，就能按该图进行接线。图 12－11 中的接触器 KM 线圈端子②下斜线所指的数字 5 就是电路图中的回路标号。

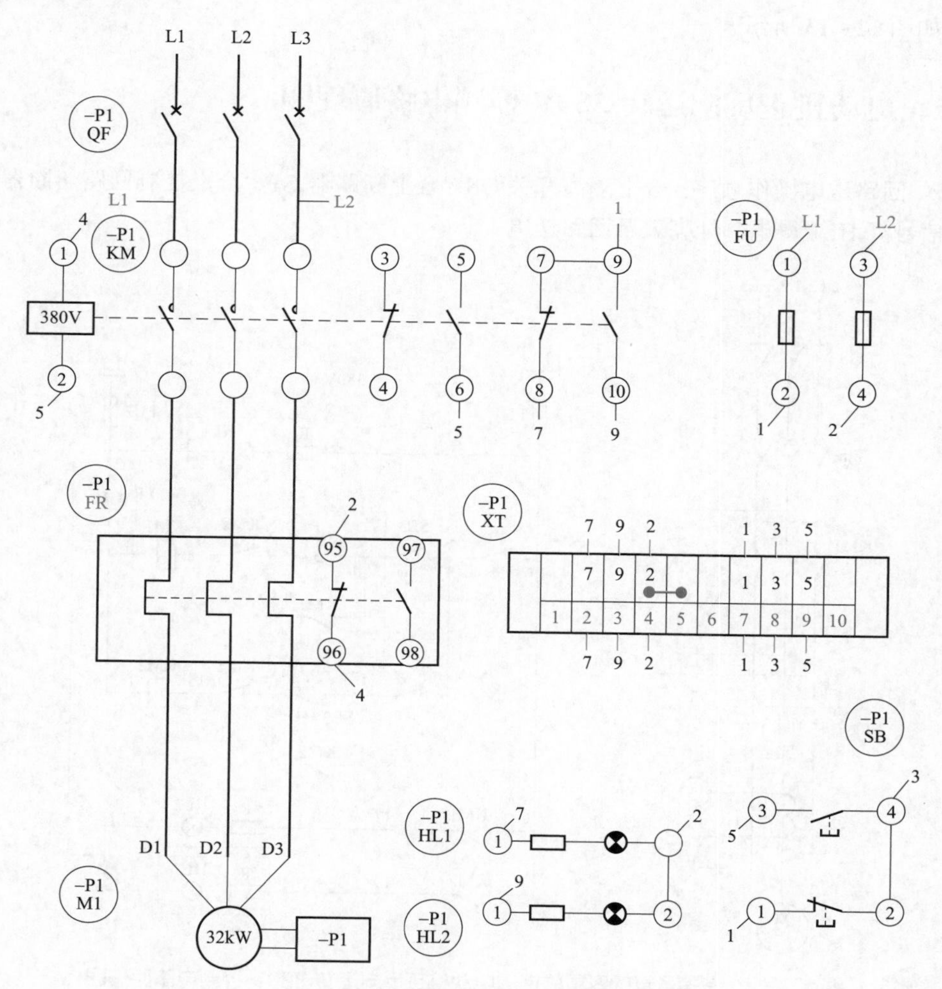

图 12－11 采用回路标号的配线图

接触器 KM 线圈端子②下有数字 5，接触器 KM 辅助触点端子⑥下也有数字 5，这是一根导线，表示导线的一头接在接触器 KM 线圈端子②上，另一头接在接触器 KM 辅助触点端子⑥上。

接触器 KM 辅助触点端子⑥下有数字 5，端子排⑨上有数字 5，这也是一根导线，表示导线的一头接在辅助触点端子⑥上，另一头接在端子排⑨上。

其他的以此类推，直到把线接完。

|第三节| 有信号灯的双重联锁的电动机正反向运转 380V 控制电路原理与接线图

有信号灯的双重联锁的电动机正反向运转 380V 控制电路，其原理图如图 12－12 所示，接线图如图 12－13 所示。

一、电动机正反向运转 380V 控制电路原理图

（1）回路送电操作顺序。合上隔离开关 QS；合上断路器 QF；合上控制回路熔断器 FU1、FU2。信号灯 HL1 得电，灯亮表示回路送电。

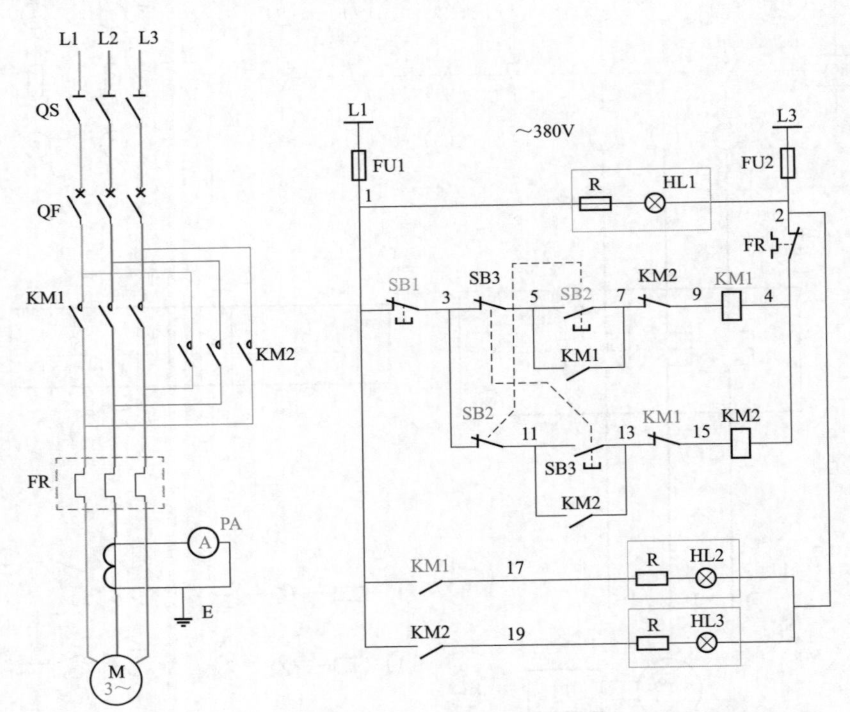

图 12－12 有信号灯的双重联锁的电动机正反向运转 380V 控制电路原理图

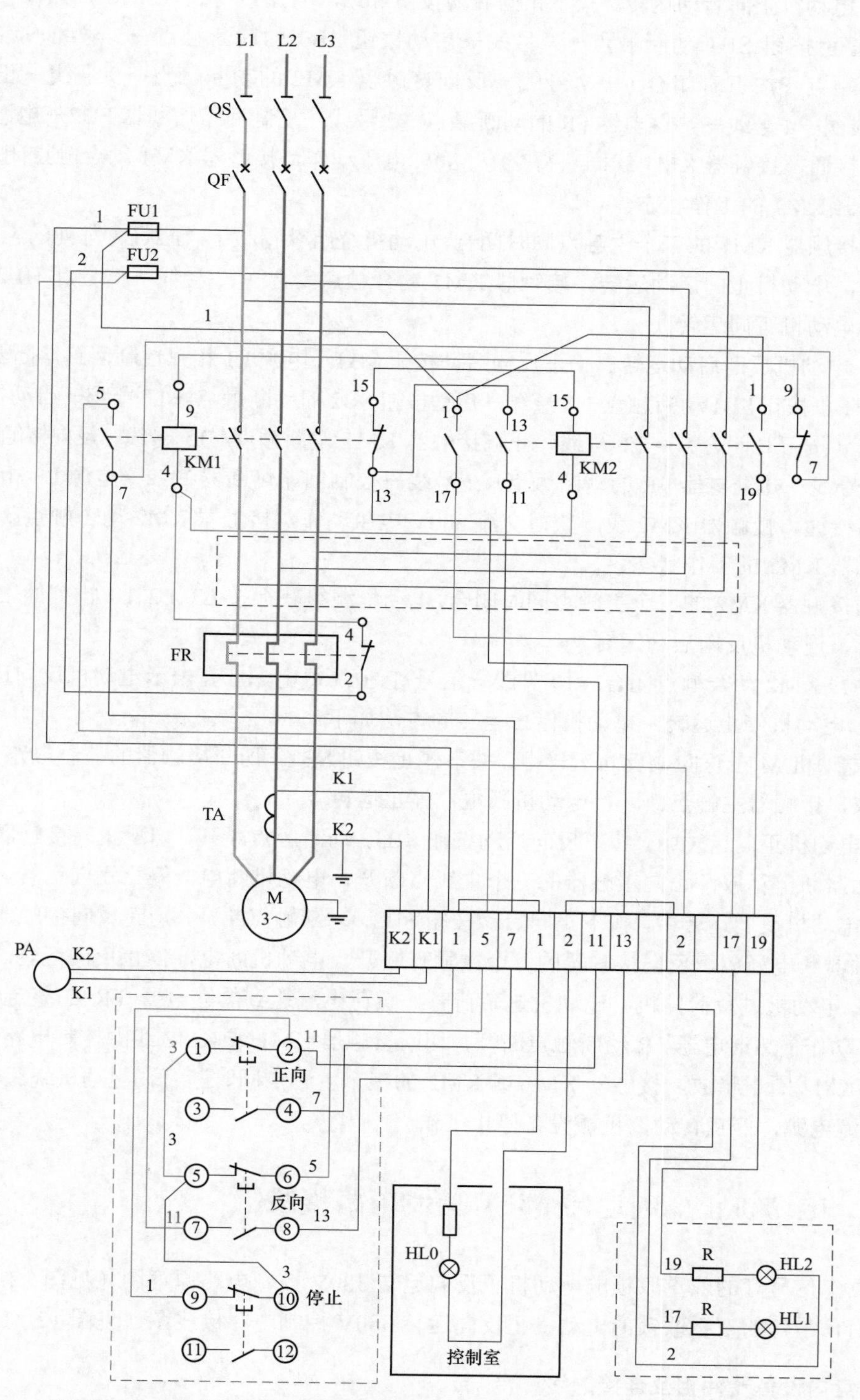

图 12-13 有信号灯的双重联锁的电动机正反向运转 380V 控制电路接线图

（2） 电动机正向启动运转。按下正向启动按钮 SB2，电源 L1 相→控制回路熔断器 FU1→1 号线→停止按钮 SB1 动断触点→3 号线→启动按钮 SB3 的动断触点→5 号线→启动按钮 SB2 动合触点（按下时闭合）→7 号线→反向接触器 KM2 的动断触点→9 号线→正向接触器 KM1 线圈→4 号线→热继电器 FR 的动断触点→2 号线→控制回路熔断器 FU2→电源 L3 相。

电路接通，接触器 KM1 线圈获得交流 380V 电压动作，接触器 KM1 动合触点闭合自保，维持接触器 KM1 的工作状态。

正向接触器 KM1 的三个主触点同时闭合，电动机绕组获得按 L1、L2、L3 排列的三相 380V 交流电源，电动机正向启动运转。接触器 KM1 动合触点闭合→17 号线→信号灯 HL2 得电，灯亮表示电动机正向运转。

（3） 电动机反向启动运转。按下反向启动按钮 SB3，电源 L1 相→控制回路熔断器 FU1→1 号线→停止按钮 SB1 动断触点→3 号线→启动按钮 SB2 的动断触点→11 号线→启动按钮 SB3 动合触点（按下时闭合）→13 号线→正向接触器 KM1 动断触点→15 号线→反向接触器 KM2 线圈→4 号线→热继电器 FR 的动断触点→2 号线→控制回路熔断器 FU2→电源 L3 相。

电路接通，接触器 KM2 线圈获得交流 380V 电压动作，接触器 KM2 动合触点闭合自保，维持接触器 KM2 的工作状态。

反向接触器 KM2 的三个主触点同时闭合，电动机绕组获得按 L3、L2、L1 排列的三相 380V 交流电源，电动机反向启动运转。

接触器 KM2 动合触点闭合→19 号线→信号灯 HL3 得电，灯亮表示电动机反向运转。

（4） 电动机停止运转。电动机停止运转的方法如下：

1）电动机 M 在正向或反向运转中，按下停止按钮 SB1，切断接触器的控制电路，接触器断电释放，接触器主触点断开，电动机断电，停止运转。

2）电动机正向运转中，按下反向启动按钮 SB3，动断触点断开，切断正向接触器的电路，正向接触器断电释放，正向接触器的三个主触点断开，电动机断电，停止正向运转。

3）电动机反向运转中，按下正向启动按钮 SB2，动断触点断开，切断反向接触器的电路，反向接触器断电释放，反向接触器的三个主触点断开，电动机断电，停止反向运转。

（5） 电动机过负荷停机。电动机过负荷时，负荷电流达到热继电器 FR 的整定值，热继电器 FR 动作，热继电器 FR 动断触点断开，切断接触器 KM1 或 KM2 线圈控制电路，接触器 KM1 或 KM2 断电释放，接触器 KM1 或 KM2 的三个主触点同时断开，电动机绕组脱离三相 380V 交流电源，停止转动，机械设备停止工作。

二、电动机正反向运转 380V 控制电路接线图

根据有信号灯的双重联锁的电动机正反向运转 380V 控制电路原理图（见图 12－12），可以画出有信号灯的双重联锁的电动机正反向运转 380V 控制电路接线图（见图 12－13）。

1. 盘内设备器件相互连接的线

（1） 从接触器 KM2 电源侧 L1 相端子引出的一根线与控制回路熔断器 FU1 的上侧端子连

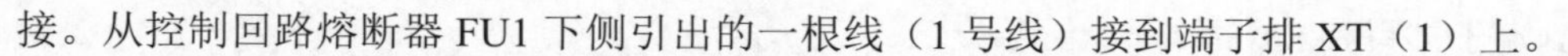

接。从控制回路熔断器 FU1 下侧引出的一根线（1 号线）接到端子排 XT（1）上。

（2）从接触器 KM2 电源侧 L3 相端子引出的一根线与控制回路熔断器 FU2 的上侧端子连接。从控制回路熔断器 FU2 下侧引出的一根线（2 号线）与热继电器 FR 动断触点一侧端子连接。

（3）从热继电器 FR 动断触点另一侧端子引出的一根线（4 号线）与接触器 KM1 线圈的两个线头中的任意一个端子连接。

（4）从 4 号线端子上引出的一根线与接触器 KM2 线圈的一侧端子连接，这根线一般称为跨接线。

2. 相互制约的联锁接线

（1）正向接触器 KM1 与反向接触器 KM2 的联锁接线。从接触器 KM1 线圈的一侧端子 9 引出的一根线（9 号线），与反向接触器 KM2 动断触点的一侧端子 9 连接；反向接触器 KM2 动断触点的另一侧端子引出的一根线（7 号线），与正向接触器 KM1 动合触点的一侧端子 7 连接。由这个端子 7 引出的一根线（7 号线）与端子上的 7 相接，完成正向接触器 KM1 与反向接触器 KM2 触点的联锁接线。正向接触器 KM1 控制电路受到反向接触器 KM2 的动断触点的控制，若该触点接触不良或断线、断开，则正向接触器 KM1 不能启动。

（2）反向接触器 KM2 与正向接触器 KM1 的联锁接线。从接触器 KM2 线圈的一侧端子 15 引出的一根线（15 号线），与正向接触器 KM1 动断触点的一侧端子 15 连接；正向接触器 KM1 动断触点的另一侧端子引出的一根线（13 号线），与反向接触器 KM2 动合触点的一侧端子 13 连接。由这个端子 13 引出的一根线（13 号线）与端子上的 13 相接，完成反向接触器 KM2 与正向接触器 KM1 触点的联锁接线。反向接触器 KM2 控制电路受到正向接触器 KM1 的动断触点的控制，若该触点接触不良或断线、断开，反向接触器 KM2 不能启动。

3. 引到端子排上的线

（1）从接触器 KM1 辅助动合触点 5 引出一根线，线的两头分别先穿上写有 5 的端子号，这根线接到端子排写有 5 的端子上。

（2）从接触器 KM1 辅助动合触点 7 引出一根线，线的两头分别先穿上写有 7 的端子号，这根线接到端子排写有 7 的端子上。这时就会看到接触器 KM1 动合触点端子 7 上有两个线头。

（3）接触器 KM1 得电动作时，接触器 KM1 动合触点闭合，使 5 号线与 7 号线接通，5 号线一般称为接触器 KM1 的自保线或自锁线。

（4）从接触器 KM2 辅助动合触点 11 引出一根线，线的两头分别先穿上写有 11 的端子号，这根线接到端子排写有 11 的端子上。

（5）从接触器 KM2 辅助动合触点 13 引出一根线，线的两头分别先穿上写有 13 的端子号，这根线接到端子排写有 13 的端子上。这时就会看到接触器 KM1 动合触点端子 13 上有两个线头。

（6）接触器 KM2 得电动作时，接触器 KM2 动合触点闭合，使 11 号线与 13 号线接通，11 号线一般称为接触器 KM2 的自保线或自锁线。

（7）从电流互感器 TA 的 K1 端子引出一根线，线的两头分别先穿上写有 K1 的端子号，这根线接到端子排写有K1的端子上。

（8）从电流互感器TA的K2端子引出一根线，线的两头分别先穿上写有K2的端子号，这根线接到端子排写有K2的端子上。电流互感器TA的K2端子引出一根线与盘体连接。

至此，完成了由配电盘上设备到端子排上的1、13、5、11、7号线的连接。

4. 控制按钮的连接线

从端子排XT（1）下侧引出的一根线，通过控制电缆中的1号线与停止按钮SB2的动断触点端子⑩连接，把停止按钮SB1动断触点的一侧端子⑨→⑦→⑤→③→①用线连接，即为3号线（也称跨接线）。

5. 与电流表PA的接线

将端子排前控制电缆中的K1、K2号线，与端子排上写有K1、K2的端子连接；将控制电缆中另一端的K1、K2号线，分别与电流表PA的两个端子连接。

6. 控制按钮的接线

（1）正向启动按钮的接线。从端子排XT（7）下侧引出的一根线，通过控制电缆中的7号线与正向启动按钮SB2的动合触点端子④连接，正向启动。

（2）反向启动按钮的接线。从端子排XT（13）下侧引出的一根线，通过控制电缆中的13号线与反向启动按钮SB3的动合触点端子⑧连接，反向启动。

（3）切断反向运转联锁的接线。从端子排XT（11）下侧引出的一根线，通过控制电缆中的11号线与正向启动按钮SB2的动断触点端子②连接，用于切断反向控制电路。

（4）切断正向运转联锁的接线。从端子排XT（5）下侧引出的一根线，通过控制电缆中的5号线与反向启动按钮SB3的动断触点端子⑥连接，用于切断正向控制电路。

注： 接线前要把引到端子排上的1、13、5、11、7号线拉直，两头穿上相同的端子号，然后把线号为1、13、5、7、11的导线排列打成一把并固定，而且要按图进行接线。

7. 主回路电缆的连接

接线前，已对三芯的电力电缆进行了相间、对地绝缘检测，且结果合格。

在图12－13中，低压配电盘到电动机前敷设了一条三芯的电力电缆。不用校线，将变电站内电缆的一端分别与热继电器FR负载侧的三相端子相连后，电缆的另一端与电动机三相绕组引出线的端子连接即可。

8. 低压配电盘上设备与外部设备相连接的线

低压配电盘上设备与外部设备相连接的线，是指电动机、机前控制按钮的接线。去电动机、机前控制按钮的线有几根，要看端子排上有几个数字，一个数字就代表一根线。去电动机、机前控制按钮的线，应采用6～7芯控制电缆。先校对芯线并穿上端子号，然后按图标号，将控制电缆的一端芯线与端子排上具有相同标号的端子连接，控制电缆的另一端芯线与控制按钮内部连接线上具有相同标号的端子连接。

三、安全接线方法

在正反向运转电动机控制电路接线过程中，在主回路配置连接后，图 12－14 中接触器主触点负荷侧正反向转换所用的线（虚线框内）不要接，热继电器 FR 负荷侧至电动机的负荷线（电缆）可接上。

在控制回路接线时，首先要确定正向接触器 KM1 线圈的两个引出线端子，将其中的一个与反向接触器 KM2 线圈的两个引出线中的一个端子连接，由该端子再与热继电器 FR 动断触点的一侧相连（即 4 号线），热继电器 FR 动断触点的另一端与控制回路熔断器 FU2 下侧连接（即 2 号线），控制回路熔断器 FU2 另一侧与接触器的电源侧 L3 相主端子连接，从而完成了从接触器电源侧端子经热继电器 FR 到接触器线圈的接线。

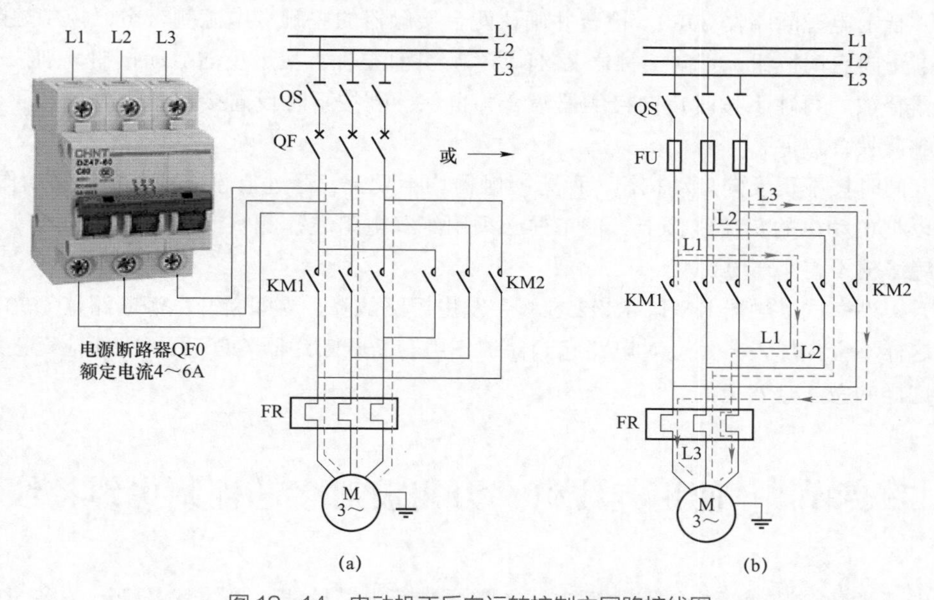

图 12－14　电动机正反向运转控制主回路接线图

（a）电动机正向运转，电源相序不变；（b）电动机反向运转，电源相序改变

从接触器电源 L1 相侧端子引出的导线经控制回路熔断器 FU1 后连接到端子排 1 上，在以下的接线过程中，只要不把控制线路接到主回路中去，即使控制回路接错线，也不会发生短路故障；在控制回路接线结束，并经校线正确无误后，检查并确认接触器上的消弧装置已全部上好，卡簧卡住或螺钉上紧；送电后通过正反转分别启停接触器 KM1、KM2，验证接触器 KM1、KM2 的动作情况是否正确。

两台接触器能够分别按指令动作或释放后，再将拆掉的线重新接上。进行正式试车，如果电动机的方向与指令方向相反，停电后将热继电器 FR 负荷侧下接线端子处的线头调换一下即可。

如果出现按下正向运转启动按钮 SB2 或反向运转启动按钮 SB3，电动机的方向不改变（是同一方向），则图 12－14 中的反向运转接触器 KM2 负荷侧的相序接错，没有改变电源相序。此时，与接触器 KM2 电源侧的母线相序 L1、L2、L3 相同，改为接触器 KM2 负荷侧按 L3、L2、L1 顺序连接。

四、安全试车方法

电动机的容量较大时，完成主回路及控制回路的接线后，至电动机的负荷线不要连接，主回路中的电源隔离开关不要合上，控制回路熔断器合上，可选择一个 15A 以下的三相隔离开关，可装有熔丝，熔丝额定电流为 5A，从备用回路中取一电源作为空试接触器 KM1、KM2 的电源，其连接方法如图 12－14 所示。

空试接触器 KM1、KM2 的方法：

（1）合上电源断路器 QF0，检查并确认两台接触器的主触点电源侧带电，控制熔断器带电。按下正向启动按钮，正向接触器 KM1 动作，并且自保；按下反向启动按钮，刚按下时正向接触器释放，再往下按时反向接触器吸合并自保；刚按下时反向接触器释放，再往下按时正向接触器吸合自保。

（2）同时按下正反向启动按钮，两台接触器均不吸合。经过上述空试，接触器动作正确，这时可以把电动机的负荷线接上。试车前必须用绝缘电阻表检测负荷电缆相间的绝缘，电动机绕组绝缘值不得小于 0.5MΩ。

（3）如果空试接触器 KM1、KM2 过程中发生短路故障，立即断开电源断路器 QF0，切断电源，这样不会损坏设备，会对电路起到保护作用。断开断路器 QF0 后，重新检查接线是否正确，这样的做法是安全的。

|第四节|　使用查线灯、万用表对多芯控制电缆校线

在电气设备安装或查找线路故障中往往需要进行电缆校线。校线就是把一条多芯电缆的芯线进行正确区分并对其做好标记，为接线做准备的操作过程。校线时，可使用查线灯、万用表、绝缘电阻表等。

一、查线灯制作与操作方法

查线灯可称校线灯、电池灯，又可称对号灯。常用的查线灯可以由两节 1 号或 5 号电池、手电筒用 2.5V 或 3.8V 小灯泡（1 只），以及导线制成，制作时可按图 12－15 所示的方法进行接线。连接后，采用带颜色（如红色、蓝色）的绝缘塑料带，将电池＋极（红灯）用红色的绝缘带包上，将电池－极用蓝色或黑色的绝缘带包上，这样就做成了两节电池的简易查线灯，如图 12－16 所示。查线灯用来检查开关触点的通断，确定触点的性质，确定控制线路是否有断

路或接触不良、短路等故障，检测额定功率为 1.5kW 及以上的三相电动机绕组是否断线、接地，检测校对多芯控制电缆等。使用查线灯检测触点或控制线路前，应该把查线灯的两只表笔短接，灯亮表示查线灯是完好的，可以使用。

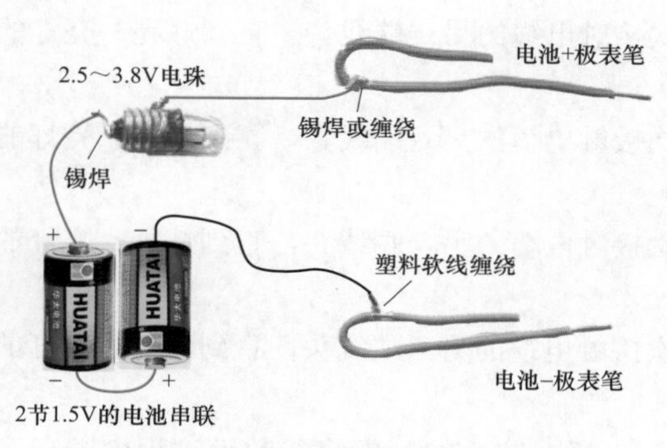

图 12－15　制作查线灯时的接线

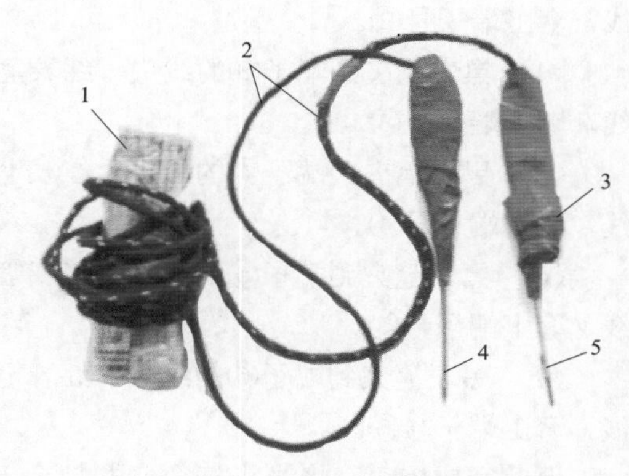

图 12－16　两节电池的简易查线灯

1—电池；2—塑料软线；3—电珠的位置包一层塑料；4—电池－极表笔；5—电池＋极表笔

二、使用查线灯对多芯同颜色控制电缆的校线

按需要的长度将控制电缆长度截断，按接线需要的尺寸去掉电缆两端的绝缘保护层，芯线是同颜色的，扒出线头，做好电缆头。电缆盘卷后，使用查线灯对芯线进行校线。控制电缆芯线的校线过程，如图 12－17 所示。使用查线灯对多芯同颜色控制电缆的校线见视频资源。

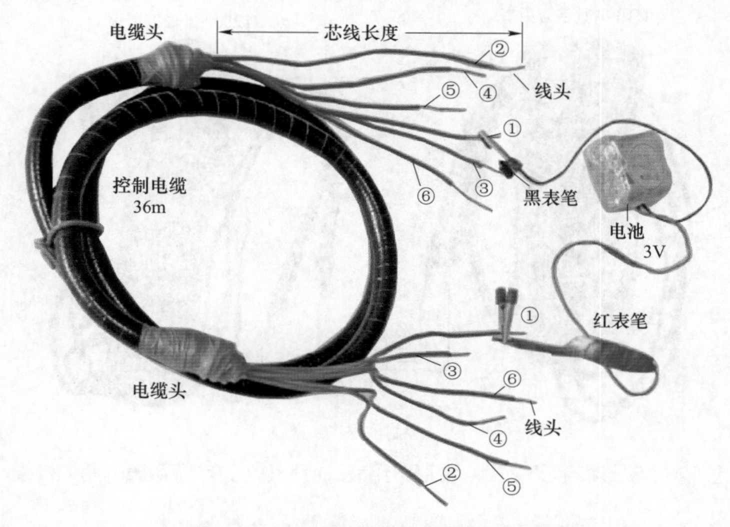

图 12－17　控制电缆芯线的校线过程

（1）将电缆一端各芯线的线头先套上端子号①、②、③、④、⑤、⑥。

（2）黑表笔夹到端子①的线头，红表笔依次接触电缆的另一端线头，直到灯亮。亮灯的线，套上端子号①。

（3）黑表笔夹到端子②的线头，红表笔依次接触电缆的另一端线头，直到灯亮。亮灯的线，套上端子号②。

（4）黑表笔夹到端子③的线头，红表笔依次接触电缆的另一端线头，直到灯亮。亮灯的线，套上端子号③。

（5）黑表笔夹到端子④的线头，红表笔依次接触电缆的另一端线头，直到灯亮。亮灯的线，套上端子号④。

（6）黑表笔夹到端子⑤的线头，红表笔依次接触电缆的另一端线头，直到灯亮。亮灯的线，套上端子号⑤。

（7）黑表笔夹到端子⑥的线头，红表笔依次接触电缆的另一端线头，直到灯亮。亮灯的线，套上端子号⑥。

至此完成校线，将线头打个弯并把全部线头包好，防止控制电缆在敷设过程中端子号脱落。

三、使用 UT200A 钳形万用表、UT39A 数字万用表的两人校线

控制电缆一端在地面变电站配电盘内，另一端在离地面 30m 高的电动机前控制室。控制电缆芯线中有一根线是蓝色的，两人确定蓝色的线作为公用线，并商定了联络方式。使用 UT200A 钳形万用表、UT39A 数字万用表的两人校线如图 12－18 所示。使用 UT200A 钳形万用表、UT39A 数字万用表的两人校线见视频资源。

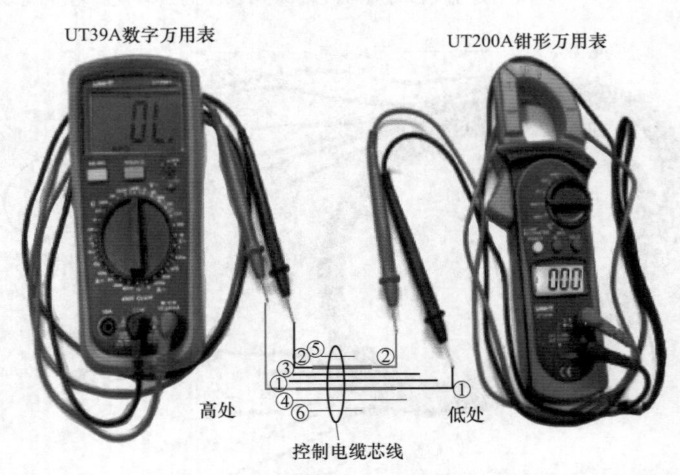

图 12－18 使用 UT200A 钳形万用表、UT39A 数字万用表的两人校线

高处：蓝色的线头套上端子号①，其他线头套上端子号②、③、④、⑤、⑥。使用 UT39A 数字万用表，两线接通时，显示屏显示两位数字（如 0.0），声响红灯亮。

低处：使用 UT200A 钳形万用表，两线接通时只显示四位数字（如 1255），蜂鸣器不响。

校线的工作过程如下：

高处：红表笔夹到公用线①上不动；黑表笔夹到端子号②的线头上，数字万用表的量程开关置于二极管声光挡，等待声响红灯亮。

低处：钳形万用表置于二极管声光挡，黑表笔夹到蓝色线①上不动；按下黄色开关键，红表笔依次接触各线头，显示屏上有四位数字显示的线，套上端子号②；红表笔点击线头②三次，显示屏上的四位数字闪动三次，通知高处换下一根线③。

高处：看到数字万用表显示“0.0”，声响红灯亮；黑表笔夹到端子号③的线头上，等待声响红灯亮。

低处：看到钳形万用表显示“OL”时，红表笔依次接触各线头，显示屏上有四位数字显示的线，套上端子号③；红表笔点击线头③三次，显示屏上数字闪动三次，通知高处换下一根线④。

高处：看到数字万用表显示“0.0”，声响红灯亮；黑表笔夹到端子号④的线头上，等待声响红灯亮。

低处：看到钳形万用表显示“OL”时，红表笔依次接触各线头，显示屏上有四位数字显示的线，套上端子号④；红表笔点击线头④三次，显示屏上数字闪动三次，通知高处换下一根线⑤。

高处：看到数字万用表显示“0.0”，声响红灯亮；黑表笔夹到端子号⑤的线头上，等待声响红灯亮。

低处：看到钳形万用表显示“OL”时，红表笔依次接触各线头，显示屏上有四位数字显示的线，套上端子号⑤；红表笔点击线头⑤三次，显示屏数字闪动三次，通知高处换下一根线⑥。

高处：看到数字万用表显示“0.0”，声响红灯亮；黑表笔夹到端子号⑥的线头上，等待声响红灯亮。

低处：红表笔依次接触各线头，显示屏上有数字显示的线，套上端子号⑥；红表笔点击⑥号线三次，约 3s 的时间。

高处：看到数字万用表显示“0.0”，声响红灯亮，约 3s 的时间，这是通知撤离现场的信号。

至此，完成控制电缆芯线的校线工作。

进行实际控制回路接线时，将端子号①、②、③、④、⑤、⑥换成控制回路中的线号，如 1、3、5、7、9、2。

四、使用 UT39A 数字万用表对多芯控制电缆的校线

若多芯控制电缆中有一根线是蓝色的，则选择这根芯线作为公用线。使用 UT39A 数字万用表对多芯控制电缆进行校线，如图 12－19 所示。一个人往返甲、乙处，使用 UT39A 数字万用表对多芯不同颜色控制电缆的校线见视频资源。

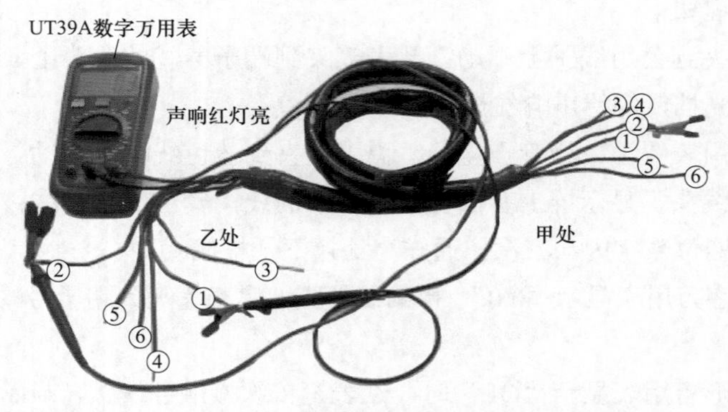

图 12-19 使用 UT39A 数字万用表对多芯控制电缆的校线

控制电缆芯线的校线过程如下：

甲处：蓝色的线头套上端子号①作为公用线，一根红线套上端子号②，两线夹在一起。

乙处：数字万用表置于二极管通断声光挡，黑表笔接触公用线①的线头，红表笔依次接触红线头，数字万用表声响红灯亮的线，套上端子号②。数字万用表置于“OFF”挡，选择一根红线套上端子号③，与公用线①夹在一起。

甲处：数字万用表置于二极管通断声光挡，黑表笔接触公用线①的线头，红表笔接触红线头，数字万用表声响红灯亮的线，套上端子号③。数字万用表置于“OFF”挡，选择一根红线套上端子号④，与公用线①线头夹在一起。

乙处：数字万用表置于二极管通断声光挡，黑表笔接触公用线①的线头，红表笔接触红线头，数字万用表声响红灯亮的线，套上端子号④后。数字万用表置于“OFF”挡，选择一根红线套上端子号⑤，与公用线①线头夹在一起。

甲处：数字万用表置于二极管通断声光挡，黑表笔接触公用线①的线头，红表笔接触红线头，数字万用表声响红灯亮的线，套上端子号⑤后，取下线夹。数字万用表置于“OFF”挡，剩下的一根线不用校线，这根线的两端套上端子号⑥。

至此，完成了对这条控制电缆芯线的校线。

五、使用 UT39A 数字万用表对多芯多颜色控制电缆的校线

按需要长度将一根多芯多颜色的控制电缆截断，按接线需要的尺寸去掉电缆两端的绝缘保护层，看到芯线有四种颜色，其中黄线、蓝线各 4 根，红线、绿线各 3 根。扒出线头，做好电缆头。接线前，使用 UT39A 数字万用表对多芯多颜色的控制电缆进行校线，如图 12-20 所示。一个人往返甲、乙处，使用 UT39A 数字万用表对多芯多颜色控制电缆的校线见视频资源。

控制电缆芯线的校线过程如下：

甲处：红线套端子号①，绿线套端子号②，黄线套端子号③，蓝线套端子号④，用线夹将这四根线夹在一起。

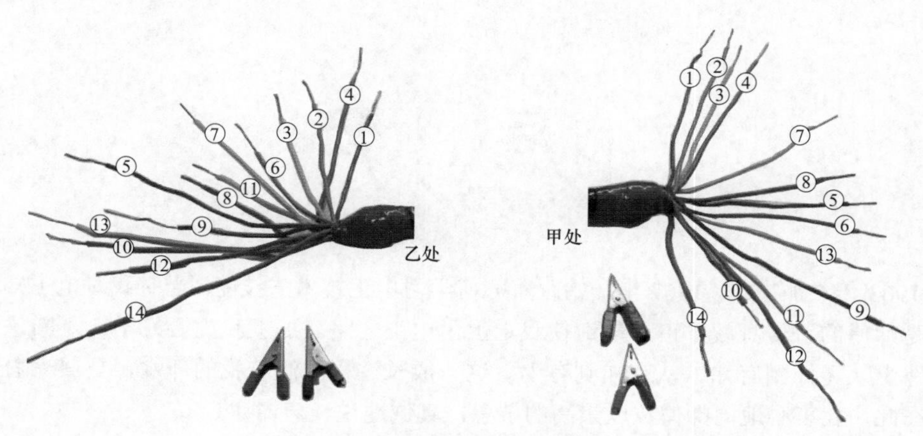

图12-20 多芯多颜色的控制电缆校线

乙处：数字万用表置于二极管通断挡，黑表笔接触红线，红表笔接触一根绿线。到声响红灯亮，红表笔接触一根黄线。到声响红灯亮，红表笔接触一根蓝线。到声响红灯亮，红线套端子号①，绿线套端子号②，黄线套端子号③，蓝线套端子号④，一次校出四根线。

然后，将红线套端子号⑤，绿线套端子号⑥，黄线套端子号⑦，蓝线套端子号⑧，用线夹将这四根线夹在一起。将数字万用表置于“OFF”挡。

甲处：数字万用表置于二极管通断挡，黑表笔接触红线，红表笔接触一根绿线。到声响红灯亮，红表笔接触一根黄线。到声响红灯亮，红表笔接触一根蓝线。到声响红灯亮，红线套端子号⑤，绿线套端子号⑥，黄线套端子号⑦，蓝线套端子号⑧，又校出四根线。将线头打折，用线夹将这四根线夹在一起。将数字万用表置于“OFF”挡。

然后，将红线套端子号⑨，绿线套端子号⑩，黄线套端子号⑪，蓝线套端子号⑫，用线夹将这四根线夹在一起。剩下的两根线，黄线套端子号⑬，蓝线套端子号⑭。

乙处：数字万用表置于二极管通断挡，黑表笔接触红线，红表笔接触一根绿线。到声响红灯亮，红表笔接触一根黄线。到声响红灯亮，红表笔接触一根蓝线。到声响红灯亮，红线套端子号⑨，绿线套端子号⑩，黄线套端子号⑪，蓝线套端子号⑫。剩下的两根线，黄线套端子号⑬，蓝线套端子号⑭，将线头打折。将数字万用表置于“OFF”挡。

甲处：数字万用表置于二极管通断挡，黑表笔、红表笔分别接触各线夹，数字万用表声响但红灯没亮，证实校线正确无误，取下线夹。将数字万用表置于“OFF”挡。

至此完成校线工作。接线前，把校线用的端子号换成控制电路中的线号，如1、3、5、7、9、11、13、15、4、2、N等。

以上几个控制电缆芯线的校线实例，在校线的实际工作中可能会遇到。校线的方法有很多，以上实例仅起抛砖引玉的作用。

后　记

我 1963 年参加工作，1967 年开始跟着师傅学习电工技术与技能。当时我对电工知识一窍不通，是师傅的言传身教、谆谆教诲使我走上了电工之路。加上我虚心好学，不断进步，才在这条路上从无知到有知、从有知到有为。这一成长过程浸润着我的汗水，更凝聚着师傅的心血。在此，我衷心地向师傅致以崇高的敬意，真诚地说一声谢谢！

38 年的电工生涯，我先后从事过变电站的运行倒闸操作、事故处理，生产单位机械设备电气部分的维修、维护及电路故障的处理，电气设备的安装、检修、接线、调试等工作。之后，我也带出了几位徒弟。如今，他们中有助理工程师、工人技师，有的甚至成为电气专家。

1997 年，中国石化出版社出版了我的第一本书《炼油厂电工技术问答》。2005 年退休后，我开始总结工作经验、体会，撰写书稿，先后在化学工业出版社、中国电力出版社出版了几本书，都受到了读者的好评。《全彩图解电工识图快捷入门》一书，是为刚刚踏入电工岗位的青年朋友而写的。在阅读过程中，读者会发现书中的许多控制电路很相似，一只信号灯连接在控制电源两端，送电后灯亮，可表明该回路已经送电；增加两只信号灯后，可以显示电动机处于停止状态还是运转状态。虽然只增加了两只信号灯，但控制电路的功能已经发生了变化。电路中的开关、继电器触点、接触器辅助触点、按钮触点排列顺序发生变化，其回路的线号、接线顺序也会随之变化。通过这些相似的电路，读者可以认识到电路控制的灵活性，提高对控制电路的理解能力。

今年我已 79 岁，虽然患有高血压、脑血栓、心脏病、眼底出血等多种疾病，看稿子经常出现重影，可是我坚持写作，致力于将自己的点滴经验、体会分享给从事电工工作的年轻朋友，以尽绵薄之力。这也是我对社会、对师傅的回报。青年朋友们，书中难免会有一些不妥之处。若阅读过程中，您能够发现书中的不妥，说明您的识图能力提高了。我诚恳地希望你们认真阅读此书，并能从中获益，这是我最大的心愿。

我的 QQ 号：1989499460、1227887693；微信：夕阳的奉献。

黄北刚